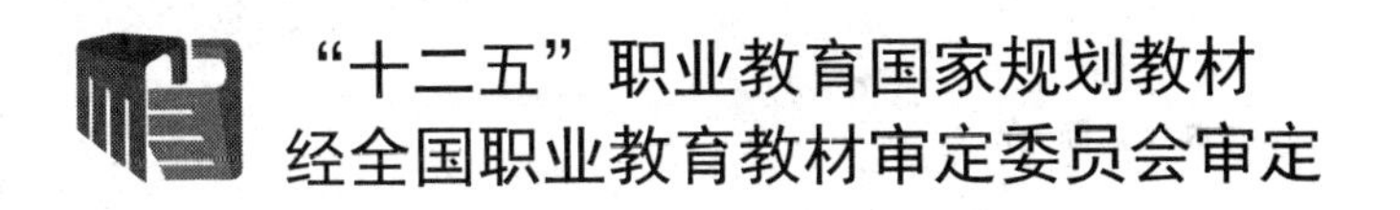

“十二五”职业教育国家规划教材
经全国职业教育教材审定委员会审定

高职高专计算机任务驱动模式教材

Visual C#程序设计项目案例教程（第2版）

郑 伟 杨 云 陶延涛 主 编
高述涛 吴和静 赵白露 张建奎 杨晓庆 副主编

清华大学出版社
北 京

内 容 简 介

本书采用任务驱动模式编写，突出学生实际动手能力的培养，所选用项目来自企业真实案例。本书以C#作为开发语言，以 Visual Studio 2012 作为开发平台，数据库采用 SQL Server 2008，从开发人员的角度出发，讲解了7个设计项目，从简单应用程序的编写到企业级应用程序的构建，内容涉及 Windows Forms 基础应用程序、数据库应用程序。从基础架构，到数据库的设计、用户界面的构建以及类层次关系的构建，由浅入深地进行讲述，本着理论必需、够用的原则，对涉及的知识点进行精讲，让学生既知其理，又懂得使用方法。通过项目与任务的实施，提高学生的动手能力。每个项目都有拓展训练，通过这些训练可达到举一反三的目的。

本书适合作为大学本科、高职高专院校计算机相关专业学生的教材，也可作为编程爱好者的自学用书，还可供成人教育和在职人员做培训教材使用。

图书在版编目（CIP）数据

Visual C#程序设计项目案例教程/郑伟，杨云，陶延涛主编. --2版. --北京：清华大学出版社，2014（2019.7重印）

高职高专计算机任务驱动模式教材

ISBN 978-7-302-37333-9

Ⅰ. ①V… Ⅱ. ①郑… ②杨… ③陶… Ⅲ. ①C语言－程序设计－高等职业教育－教材 Ⅳ. ①TP312

中国版本图书馆 CIP 数据核字(2014)第 159522 号

责任编辑：张龙卿
封面设计：徐日强
责任校对：袁　芳
责任印制：刘祎淼

出版发行：清华大学出版社
　　网　　址：http://www.tup.com.cn，http://www.wqbook.com
　　地　　址：北京清华大学学研大厦A座　　**邮　　编**：100084
　　社 总 机：010-62770175　　**邮　　购**：010-62786544
　　投稿与读者服务：010-62776969，c-service@tup.tsinghua.edu.cn
　　质 量 反 馈：010-62772015，zhiliang@tup.tsinghua.edu.cn
　　课 件 下 载：http://www.tup.com.cn，010-62795764
印 装 者：三河市少明印务有限公司
经　　销：全国新华书店
开　　本：185mm×260mm　　**印　张**：20.75　　**字　　数**：471千字
版　　次：2011年6月第1版　2014年11月第2版　　**印　　次**：2019年7月第5次印刷
定　　价：48.00元

产品编号：061097-02

编审委员会

出版说明

我国高职高专教育经过十几年的发展，已经转向深度教学改革阶段。教育部于2006年12月发布了教高[2006]第16号文件《关于全面提高高等职业教育教学质量的若干意见》，大力推行工学结合，突出实践能力培养，全面提高高职高专教学质量。

清华大学出版社作为国内大学出版社的领跑者，为了进一步推动高职高专计算机专业教材的建设工作，适应高职高专院校计算机类人才培养的发展趋势，根据教高[2006]第16号文件的精神，2007年秋季开始了切合新一轮教学改革的教材建设工作。该系列教材一经推出，就得到了很多高职院校的认可和选用，其中部分书籍的销售量都超过了3万册。现重新组织优秀作者对部分图书进行改版，并增加了一些新的图书品种。

目前国内高职高专院校计算机网络与软件专业的教材品种繁多，但符合国家计算机网络与软件技术专业领域技能型紧缺人才培养培训方案，并符合企业的实际需要，能够自成体系的教材还不多。

我们组织国内对计算机网络和软件人才培养模式有研究并且有过一段实践经验的高职高专院校，进行了较长时间的研讨和调研，遴选出一批富有工程实践经验和教学经验的双师型教师，合力编写了这套适用于高职高专计算机网络、软件专业的教材。

本套教材的编写方法是以任务驱动、案例教学为核心，以项目开发为主线。我们研究分析了国内外先进职业教育的培训模式、教学方法和教材特色，消化吸收优秀的经验和成果。以培养技术应用型人才为目标，以企业对人才的需要为依据，把软件工程和项目管理的思想完全融入教材体系，将基本技能培养和主流技术相结合，课程设置中重点突出、主辅分明、结构合理、衔接紧凑。教材侧重培养学生的实战操作能力，学、思、练相结合，旨在通过项目实践，增强学生的职业能力，使知识从书本中释放并转化为专业技能。

一、教材编写思想

本套教材以案例为中心，以技能培养为目标，围绕开发项目所用到的知识点进行讲解，对某些知识点附上相关的例题，以帮助读者理解，进而将知识转变为技能。

考虑到是以“项目设计”为核心组织教学，所以在每一学期配有相应的实训课程及项目开发手册，要求学生在教师的指导下，能整合本学期所学的知识内容，相互协作，综合应用该学期的知识进行项目开发。同时，在教材中采用了大量的案例，这些案例紧密地结合教材中的各个知识点，循序渐进，由浅入深，在整体上体现了内容主导、实例解析、以点带面的模式，配合课程后期以项目设计贯穿教学内容的教学模式。

软件开发技术具有种类繁多、更新速度快的特点。本套教材在介绍软件开发主流技术的同时，帮助学生建立软件相关技术的横向及纵向的关系，培养学生综合应用所学知识的能力。

二、丛书特色

本系列教材体现目前工学结合的教改思想，充分结合教改现状，突出项目面向教学和任务驱动模式教学改革成果，打造立体化精品教材。

(1) 参照和吸纳国内外优秀计算机网络、软件专业教材的编写思想，采用本土化的实际项目或者任务，以保证其有更强的实用性，并与理论内容有很强的关联性。

(2) 准确把握高职高专软件专业人才的培养目标和特点。

(3) 充分调查研究国内软件企业，确定了基于Java和.NET的两个主流技术路线，再将其组合成相应的课程链。

(4) 教材通过一个个的教学任务或者教学项目，在做中学，在学中做，以及边学边做，重点突出技能培养。在突出技能培养的同时，还介绍解决思路和方法，培养学生未来在就业岗位上的终身学习能力。

(5) 借鉴或采用项目驱动的教学方法和考核制度，突出计算机网络、软件人才培训的先进性、工具性、实践性和应用性。

(6) 以案例为中心，以能力培养为目标，并以实际工作的例子引入概念，符合学生的认知规律。语言简洁明了、清晰易懂，更具人性化。

(7) 符合国家计算机网络、软件人才的培养目标；采用引入知识点、讲述知识点、强化知识点、应用知识点、综合知识点的模式，由浅入深地展开对技术内容的讲述。

(8) 为了便于教师授课和学生学习，清华大学出版社正在建设本套教材的教学服务资源。在清华大学出版社网站(www.tup.com.cn)免费提供教材的电子课件、案例库等资源。

高职高专教育正处于新一轮教学深度改革时期，从专业设置、课程体系建设到教材建设，依然是新课题。希望各高职高专院校在教学实践中积极提出意见和建议，并及时反馈给我们。清华大学出版社将对已出版的教材不断地修订、完善，提高教材质量，完善教材服务体系，为我国的高职高专教育继续出版优秀的高质量的教材。

清华大学出版社

高职高专计算机任务驱动模式教材编审委员会

2014年3月

前言

C#是微软公司发布的一种面向对象的、运行于.NET Framework之上的高级程序设计语言。C#是微软公司研究员Anders Hejlsberg的最新研究成果。C#看起来与Java有着惊人的相似，它包括了诸如单一继承、接口，以及与Java几乎同样的语法和编译成中间代码再运行的过程。但是C#与Java有着明显的不同，它借鉴了Delphi的一些特点，与COM(组件对象模型)是直接集成的，而且它是微软公司.NET Windows网络框架的主角。

Visual C#是微软公司开发的C#编程语言的集成开发环境。其中Visual是微软相关产品的一致性的“品牌名称”，正如微软其他的产品一样：Visual Basic、Visual FoxPro和Visual C++。所有这些产品都与一个图形化的集成开发环境打包在一起，并且支持基于Windows的应用程序的快速开发。

本书在第1版的基础上，对内容进行了优化，软件开发版本由原来的Visual Studio 2010升级为Visual Studio 2012，数据库版本由原来的SQL Server 2005升级为SQL Server 2008。

本书的每个案例开发步骤都以通俗易懂的语言进行描述，从最基础的控件和语句进行讲解，详细介绍每一个开发步骤。每一个项目都有完整的开发流程。

本书由潍坊职业学院郑伟、山东职业学院杨云、荆楚理工学院陶延涛担任主编，湖南外贸职业学院高述涛、黑龙江东方学院吴和静、滨州职业学院赵白露、潍坊职业学院张建奎、河南建筑职业技术学院杨晓庆担任副主编。其中项目3、5、6、7中部分内容由郑伟编写，项目4、6、7中部分内容由杨云编写，项目2、3、4中部分内容由陶延涛编写，项目4、7中部分内容由高述涛编写，项目1、6、7中部分内容由吴和静编写，项目1、3、5中部分内容由赵白露编写，项目4、6中部分内容由张建奎编写，项目3、4、5中部分内容由杨晓庆编写。来自企业的工程师曹晶、蔡世颖、曲树波、魏罗燕也参与了该书部分章节的编写。

由于编者水平有限，疏漏之处在所难免，敬请读者批评、指正。

编　者

2014年5月

前言

目　录

项目 1　设计制作用户登录界面

通过本项目，让读者了解 Visual C# 及其编程环境。了解 Visual C# 最新的编程环境 Visual Studio 2012 的安装方法及安装步骤，了解 Visual Studio 2012 的新特性及编程环境各模块的功能。通过制作用户登录系统，让读者掌握使用 Visual Studio 2012 开发 Windows 应用程序的步骤及方法。

任务 1.1　创建 Visual C# 编程环境

1.1.1　了解.NET 框架和 C# 语言

1. 微软.NET 框架介绍

随着网络经济的到来，微软希望帮助用户能够在任何时候、任何地方、利用任何工具都可以获得网络上的信息，并享受网络通信所带来的便捷。.NET 战略就是为了实现这样的目标而设立的。微软公司曾公开宣布，今后将着重于网络服务和网络资源共享的开发工作，将会为公众提供更加丰富、有用的网络资源与服务。微软的.NET 标志如图 1-1 所示。

图 1-1　微软.NET 标志

微软新一代平台的正式名称叫做“新一代 Windows 服务”，微软已经给这个平台注册了正式的商标 Microsoft. NET。在.NET 环境中，微软不仅仅是平台和产品的开发者，并且还将作为架构服务提供商、应用程序提供商开展全方位的 Internet 服务。

微软.NET 平台的基本思想是，侧重点从连接到互联网的单一网站或设备上，转移到计算机、设备和服务群组上，使其通力合作，提供更广泛更丰富的解决方案。用户将能够控制信息的传送方式、时间和内容。计算机、设备和服务将能够相辅相成，从而提供丰富的服务。企业能提供一种方式，允许用户将他们的产品和服务无缝地嵌入自己的电子构架中。这种思路将扩展 20 世纪 80 年代首先由 PC 赋予的个人权限。

微软.NET将开创互联网的新局面,HTML的显示信息将通过可编程的基于XML的信息得到增强。XML是经"万维网联盟"定义并受到广泛支持的行业标准,Web浏览器标准也是由该组织创建的。XML提供了一种从数据的演示视图分离出实际数据的方式。这是新一代互联网的关键,提供了开启信息的方式,以便对信息进行组织、编程和编辑;能更有效地将数据分布到不同的数字设备上;允许各站点进行合作,提供一组能相互作用的"Web服务"。

.NET环境中的突破性改进在于:

- 使用统一的Internet标准(如XML)将不同的系统对接。
- 这是Internet上第一个规模较大的高度分布式应用服务架构。
- 使用了一个名为"联盟"的管理程序,这个程序能全方位管理平台中运行的服务程序,并且为它们提供强大的安全保护支持。

.NET的核心组件如下:

- 一组用于创建互联网操作系统的构建块,其中包括Passport.NET(用于用户认证)及用于文件存储的服务、用户最佳选择项管理、日历管理及众多的其他任务。
- 构建和管理新一代服务的基本结构和工具,包括Visual Studio.NET、.NET企业服务器、.NET框架和视窗系统.NET。
- 能够启用新型智能互联网设备的.NET设备软件。

2. C#语言介绍

C#(读作C Sharp),是微软公司在2000年6月发布的一种编程语言,并在微软职业开发者论坛(PDC)上首次出现。且它是微软公司.NET Windows网络框架的主角。.NET体系结构如图1-2所示。

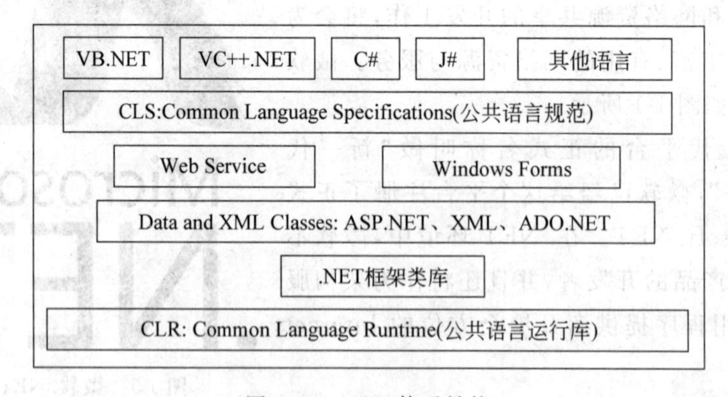

图1-2 .NET体系结构

.NET Framework是用于Windows的新托管代码编程模型。它强大的功能与新技术结合起来,用于构建具有视觉上引人注目的用户体验的应用程序,实现跨技术边界的无缝通信,并且能支持各种业务流程。

1.1.2　安装 Visual Studio 2012 编程环境

Visual Studio 2012 能够开发的程序包括项目和网站两种，其中可以开发项目的工具有 Visual C#、Visual Basic、Visual C++ 和 Visual J# 等。Visual C# 项目应用程序是 Visual Studio 2012 的重要组成部分。

Visual Studio 2012 提供了新的应用程序开发环境。利用联网设备和基于云的服务，用户可以获得比以往任何时候都更大、更精彩的机会。独立的开发人员随时随地都可以进行连接，向网络上的用户提供自己所编写的优秀应用程序。通过 Visual Studio 2012，大型的开发团队可以获得明显的业务优势——执行效率越快，优势越明显。Visual Studio 2012 是到目前为止最卓越的版本。它的目的就是帮助用户在重视创意、重视速度的市场中发展壮大。

Visual Studio 2012 提供了在 Windows 8 中开发应用程序的新的模板、设计工具以及测试和调试工具——在尽可能短的时间内构建具有强大吸引力的应用程序。同时，Blend for Visual Studio 还为用户提供了一款可视化工具集，让用户可以充分利用 Windows 8 全新而美观的界面。

对于 Web 开发，Visual Studio 2012 为用户提供了新的模板、更优秀的发布工具和对新标准(如 HTML 5 和 CSS 3)的全面支持，以及 ASP .NET 中的最新优势。此外，用户还可以利用 Page Inspector 在 IDE 中与正在编码的页面进行交互，从而更轻松地进行调试。对于移动设备，ASP .NET 可以使用优化的控件针对手机、平板电脑以及其他小屏幕来创建应用程序。

1. Visual Studio 2012 的新特性

(1) Visual Studio Express 2012 的高效性

Visual Studio Express 2012 为桌面应用的开发扩充了更多的 Visual Studio 工具，为开发者提供了 Express 工具，为他们在使用 C#、VB. NET 以及 C++ 开发 Windows 桌面应用时提供帮助，使开发者上手更快。

(2) 全新的 F# 工具帮助 Web 开发

Visual Studio Express 2012 的 F# 工具为 Web 开发者提供了免费扩展功能，可在 ASP. NET、Azure 以及 Cloud 平台上使用 F# 进行开发。

(3) Visual Studio 2012 的 TFS Power Tools

TFS Power Tools 为开发团队提供了一切所需服务，如 Team Foundation Server 2012 的安装以及高级备份工具，Windows Explorer 扩展以及模板编辑器。

(4) Visual Studio 2012 的 Productivity Power Tools

Productivity Power Tools 是一种增强工具，提供了命令行形式的操作，帮助开发者更高效地完成任务。

(5) 对 Windows Embedded 的支持

Windows Embedded Compact 的开发现在得到了 Visual Studio 2012 的全面支持,包括访问 ALM。

(6) 提供更强大的 VSIP 支持

Visual Studio 2012 在发布之时就给出了超过 100 款新产品,证明其强大的 Visual Studio 生态系统支持,受到开发者的热烈欢迎。

(7) 全新的语言包支持

Visual Studio 2012 令开发者可使用本地语言进行 UI 开发。

2. Visual Studio 2012 的 6 大技术特点

- Visual Studio 2012 和 Visual Studio 2010 相比,最大的新特性莫过于对 Windows 8 Metro 开发的支持。Metro 天生为"云+端"而生,简洁、数字化、内容优于形式、强调交互的设计已经成为未来的趋势。不过对于开发者而言,要想使用这项新功能,必须安装 Windows 8 RP 版。该版本中包含了新的 Metro 应用程序模板,增加了 JavaScript 功能、一个新的动画库,并提升了使用 XAML 的 Metro 应用程序的性能。
- Visual Studio 2012 RC 在界面上,比 Beta 版更容易使用,彩色的图标和按照开发、运行、调试等环境区分的颜色方案让人爱不释手。
- Visual Studio 2012 集成了 ASP. NET MVC 4,全面支持移动和 HTML 5,WF 4.5 相比 WF 4 更加成熟,并且现在它的设计器已经支持 C# 表达式(之前只能用 VB. NET)。
- Visual Studio 2012 支持. NET 4.5,与. NET 4.0 相比,. NET 4.5 进行了更多的完善和改进,该版本也是 Windows RT 中提出来的首个框架库,. NET 获得了和 Windows API 同等的待遇。
- Visual Studio 2012+TFS 2012 实现了更好的生命周期管理,可以这么说,Visual Studio 2012 不仅是开发工具,也是团队的管理信息系统。
- Visual Studio 2012 对系统资源的消耗并不大,不过需要 Windows 7/8 的支持。

3. 安装 Visual Studio 2012 编程环境

安装 Visual Studio 2012 编程环境之前,首先应检查计算机硬件、软件系统是否符合要求,完全安装 Visual Studio 2012 编程环境后占用的空间大约在 10GB,所以在安装前,应确保有足够的硬盘空间。

将 Microsoft Visual Studio 2012 安装程序光盘放入光驱,启动安装程序 vs_ultimate. exe 文件,将出现安装程序的主界面,如图 1-3 所示。

在图中选中"我同意许可条款和条件"复选框,会出现如图 1-4 所示的界面。

单击"下一步"按钮,进入如图 1-5 所示的安装功能选择界面。

在功能选择界面中选择安装的程序开发功能,然后单击"安装"按钮,进入如图 1-6 所示的界面。

安装进度完成后,会出现如图 1-7 所示的"安装成功"提示界面。

图 1-3 Visual Studio 2012 安装提示界面

图 1-4 安装界面

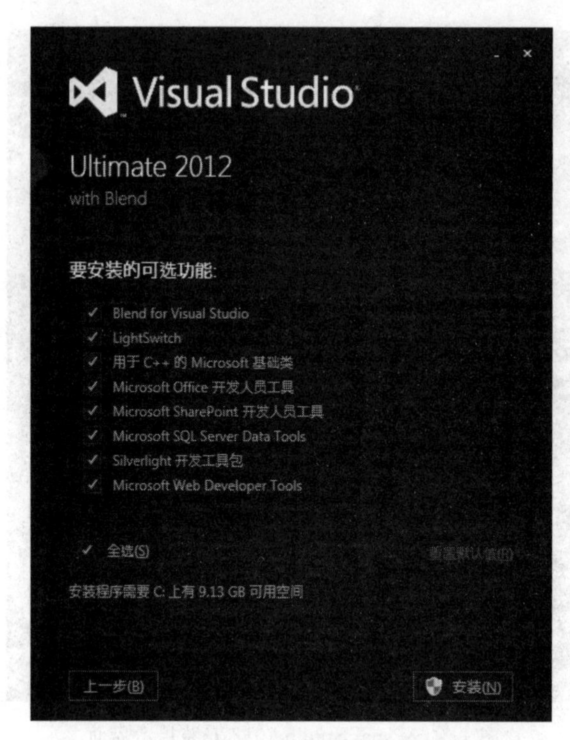

图 1-5　安装功能选择界面

图 1-6　“安装进度”界面

图 1-7　“安装成功”提示界面

安装成功后，在如图 1-7 所示的安装成功提示界面中，单击“启动”按钮，会出现如图 1-8 所示的“选择默认环境设置”界面。

图 1-8　“选择默认环境设置”界面

在如图1-8所示的界面中,选择“Visual C#开发设置”选项,然后单击“启动 Visual Studio”按钮,会出现如图1-9所示的 Visual Studio 2012 的启动界面。

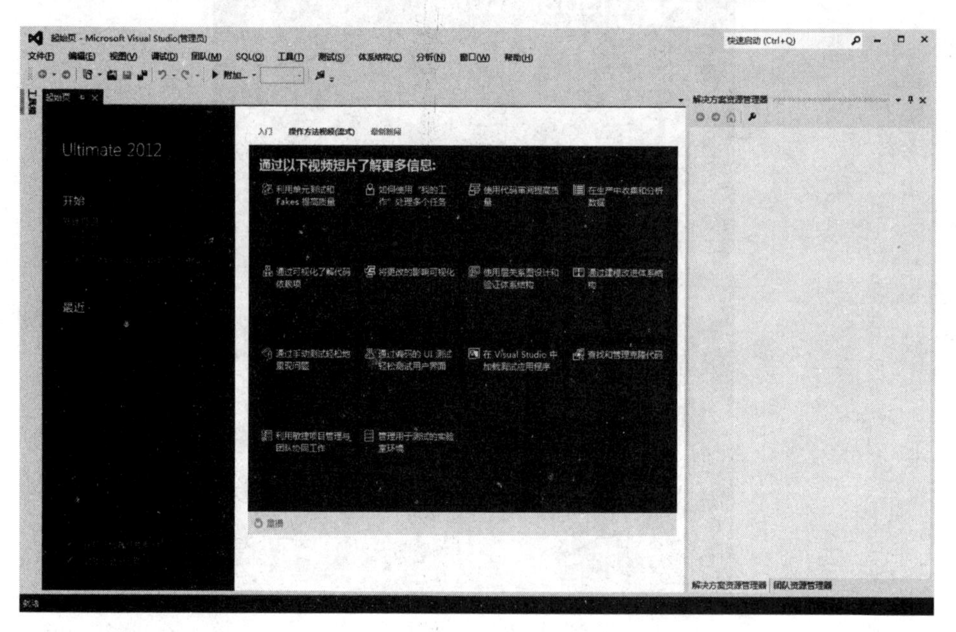

图1-9 Visual Studio 2012 的启动界面

1.1.3 了解 Visual Studio 2012 的菜单项和工具栏

Visual Studio 是一套完整的开发工具集,用于生成 ASP.NET Web 应用程序、XML Web Services、桌面应用程序和移动应用程序。Visual Basic、Visual C++、Visual C#和 Visual J#全都使用相同的集成开发环境(IDE),利用此集成开发环境可以共享工具且有助于创建混合语言解决方案。

Visual Studio 2012 的开发环境主要由以下几部分组成:菜单栏、工具栏、窗体、工具箱、属性窗口、解决方案资源管理器、服务器资源管理器等。

下面对菜单栏进行介绍。

菜单栏包括“文件”、“编辑”、“视图”、“项目”、“数据”、“工具”、“调试”、“测试”、“分析”、“窗口”和“帮助”等。其中包含了开发 Visual C#程序常见的命令。

(1)“文件”菜单中常用的功能包括以下几种。

- 新建:支持新建项目、网站、团队项目、文件等;“新建”菜单项如图1-10所示。
- 打开:支持打开已有的项目/解决方案、网站、团队项目和文件等;“打开”菜单项如图1-11所示。
- 关闭:关闭正在编写的项目。
- 关闭解决方案:关闭正在编写的解决方案。
- 保存选定项:保存当前正在编写的解决方案。
- 最近使用的项目和解决方案:打开最近编写的项目和解决方案。

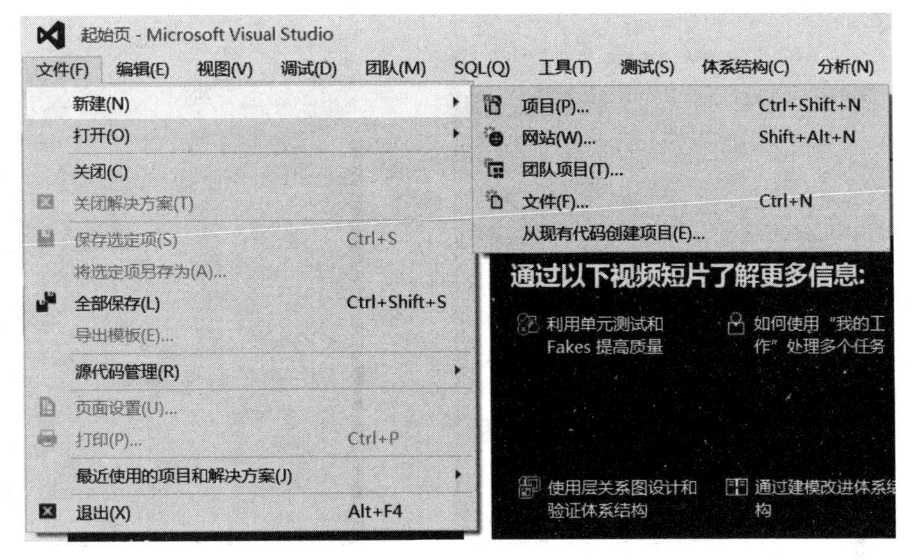

图 1-10 “文件”菜单中的“新建”菜单项

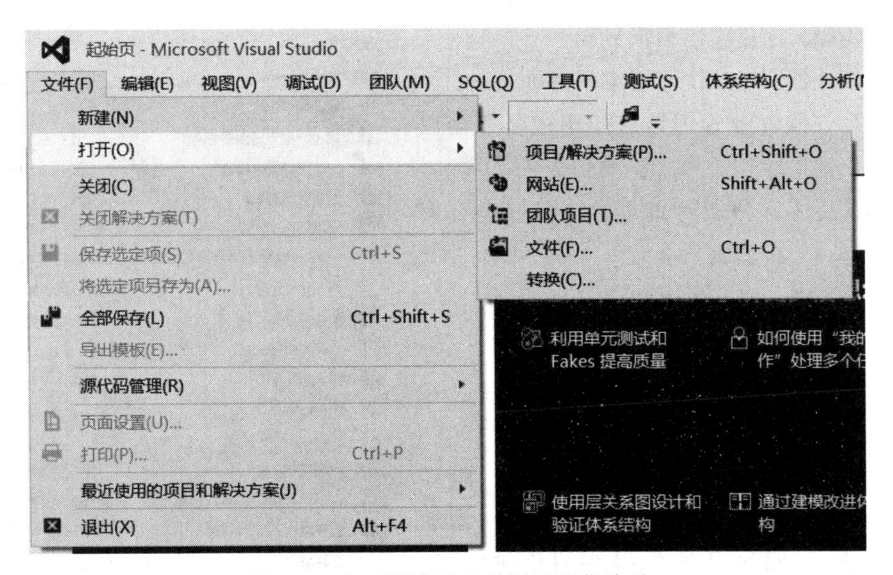

图 1-11 “文件”菜单中的“打开”菜单项

• 退出：退出 Visual Studio 2012 编程环境。

“文件”菜单如图 1-12 所示。

(2) “编辑”菜单常用的功能有：撤销、重做、剪切、复制、粘贴、查找和替换等。“编辑”菜单如图 1-13 所示。

(3) “视图”菜单常用的功能有：代码、设计器、解决方案资源管理器、团队资源管理器、服务器资源管理器、体系结构资源管理器、调用层次结构、类视图、代码定义窗口、对象浏览器、错误列表、输出、任务列表、工具箱、查找结果、工具栏、全屏显示等。

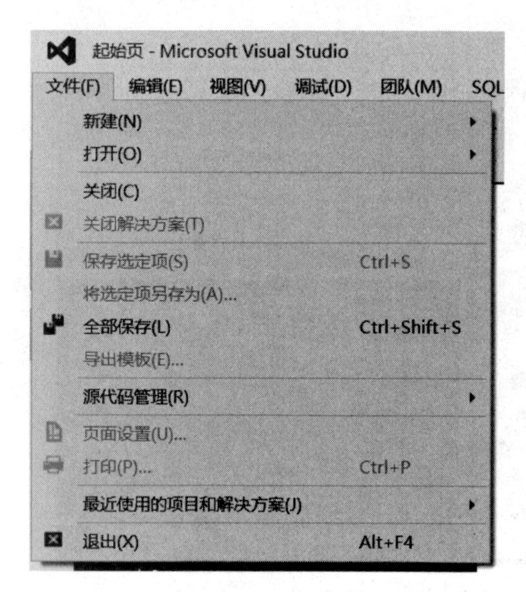

图 1-12 “文件”菜单

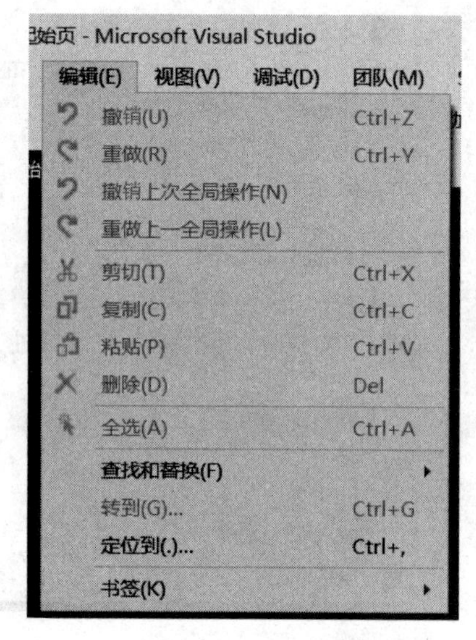

图 1-13 “编辑”菜单

- 代码：打开代码编辑界面。
- 设计器：打开设计器编辑界面。
- 服务器资源管理器：打开和服务器以及数据库相关内容的操作界面。
- 解决方案资源管理器：打开解决方案资源管理器窗口。
- 类视图：打开类视图窗口。
- 工具箱：打开工具箱窗口。
- 属性窗口：打开控件的属性窗口。

“视图”菜单的界面如图 1-14 所示。

(4)“项目”菜单常用的功能有：添加 Windows 窗体、添加用户控件、添加组件、添加类、添加新项、添加现有项、从项目中排除、显示所有文件、添加引用、添加服务引用等。“项目”菜单如图 1-15 所示。

(5)“生成”菜单常用的功能有：生成解决方案、重新生成解决方案、清理解决方案、配置管理器等。生成菜单如图 1-16 所示。

(6)“调试”菜单常用的功能有：窗口、启动调试、开始执行(不调试)、启动性能分析、附加到进程、异常、选项和设置等。“调试”菜单如图 1-17 所示。

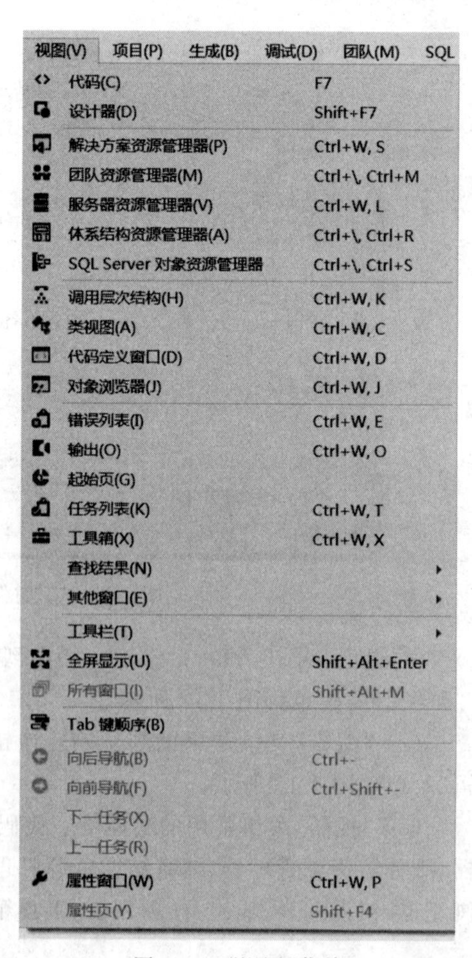

图 1-14 “视图”菜单

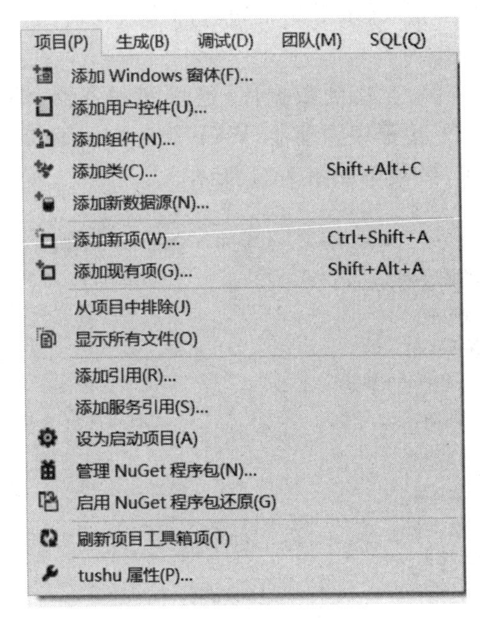

图 1-15　“项目”菜单

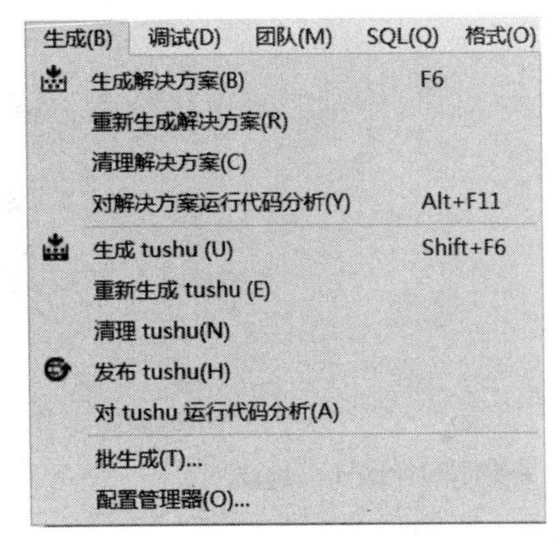

图 1-16　“生成”菜单

(7)“团队”菜单主要是用于连接到团队服务器。“团队”菜单如图 1-18 所示。

(8) SQL 菜单常用的功能有：架构比较和 Transact-SQL 编辑器等，SQL 菜单如图 1-19 所示。

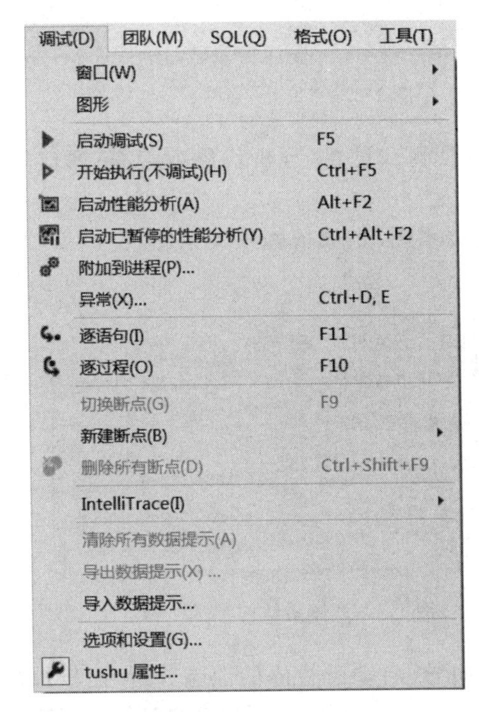

图 1-17　“调试”菜单

图 1-18　“团队”菜单

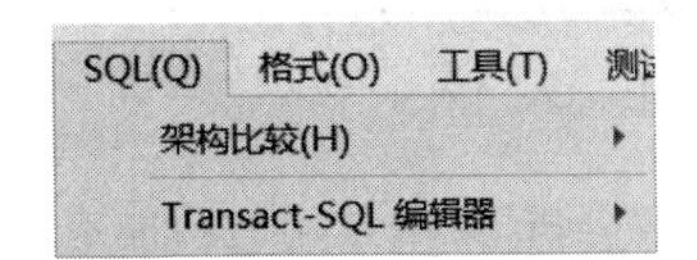

图 1-19　SQL 菜单

(9)“格式”菜单常用的功能有：对齐、使大小相同、水平间距、垂直间距、在窗体中居中、顺序、锁定控件等，“格式”菜单如图1-20所示。

(10)“工具”菜单常用的功能有：附加到进程、连接到数据库、连接到服务器、添加SharePoint连接、代码段管理器、选择工具箱项、外接程序管理器、WCF服务配置编辑器、外部工具、导入和导出设置、自定义、选项等，“工具”菜单如图1-21所示。

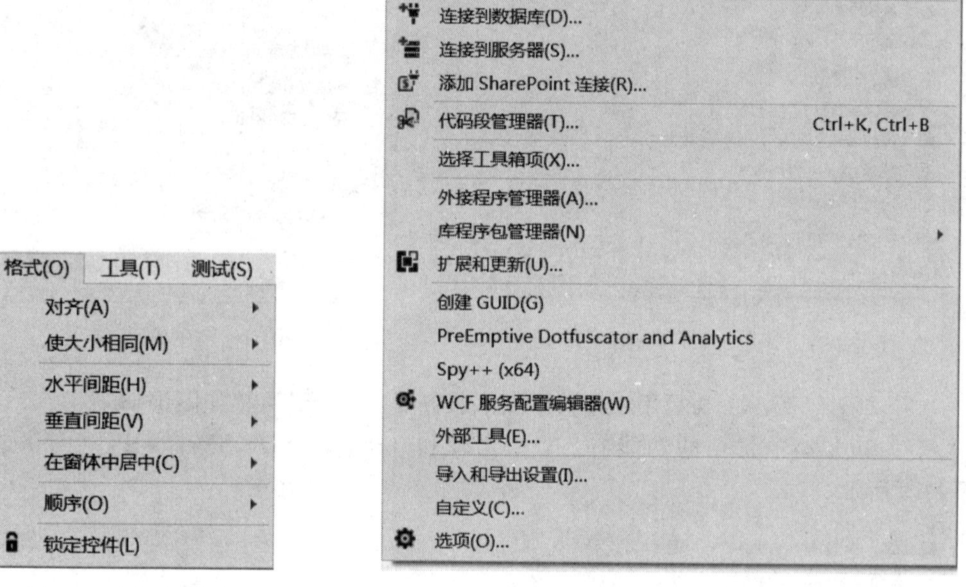

图1-20 “格式”菜单

图1-21 “工具”菜单

(11)“测试”菜单常用的功能有：运行、调试、测试设置、分析代码覆盖率、窗口等，“测试”菜单如图1-22所示。

(12)“体系结构”菜单常用的功能有：新建关系图、生成依赖项关系图、窗口等，“体系结构”菜单如图1-23所示。

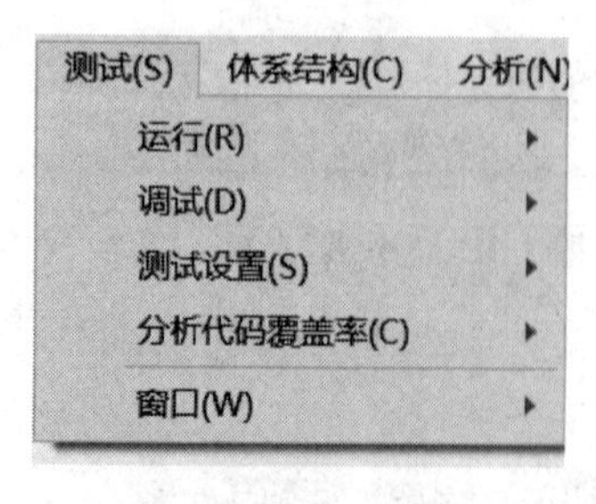

图1-22 “测试”菜单

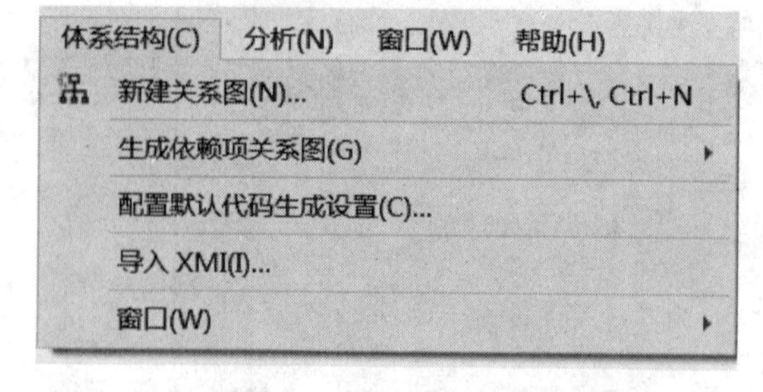

图1-23 “体系结构”菜单

(13)“分析”菜单常用的功能有：启动性能向导、启动已暂停的性能分析、比较性能报告、探查器、对解决方案运行代码分析、对配置代码进行分析、为所选项目计算代码度量值、为解决方案计算代码度量值、窗口等，“分析”菜单如图1-24所示。

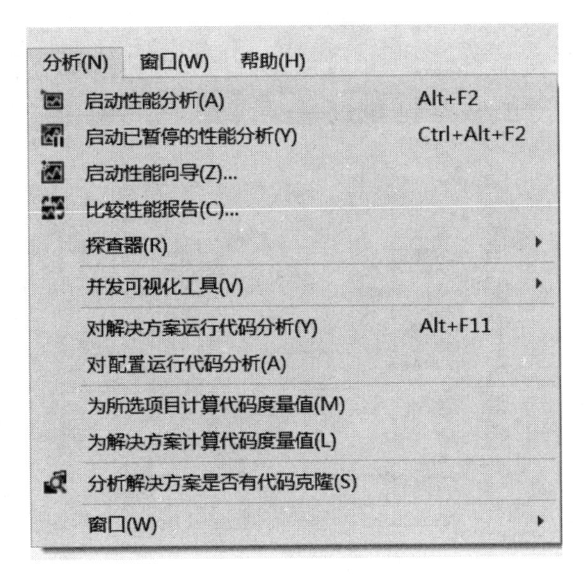

图 1-24　“分析”菜单

任务 1.2　用户登录界面的实现

1.2.1　简单 Visual C# 应用程序的设计流程

在 Visual Studio 2012 编程环境下开发 Visual C# Windows 应用程序一般具有以下几个步骤。

(1) 需求分析

根据实际应用需要,进行需求分析,需要设计程序具有什么样的功能,对应的功能需要什么样的控件来实现,以及需要编写什么样的代码等。

(2) 新建 Visual C# Windows 应用程序项目

打开 Visual Studio 2012,新建一个 Visual C# Windows 应用程序,一个应用程序就是一个项目,或者叫“解决方案”,用户根据所要创建的程序要求,选择合适的应用程序类型。创建 Visual C# Windows 应用程序项目的界面如图 1-25 所示。

(3) 新建用户界面

建立项目之后,根据程序的功能要求,在窗体上合理地布置控件,并调整控件合适的大小和位置,如图 1-26 所示。

(4) 设置对象的属性

布局好控件之后,需要对控件的外观以及初始状态进行设置,以满足程序的需要,设置属性可以打开“属性窗口”进行设置。

(5) 编写代码

布局好控件并设置好控件的初始属性之后,即可以编写代码。可以右击控件或窗体,

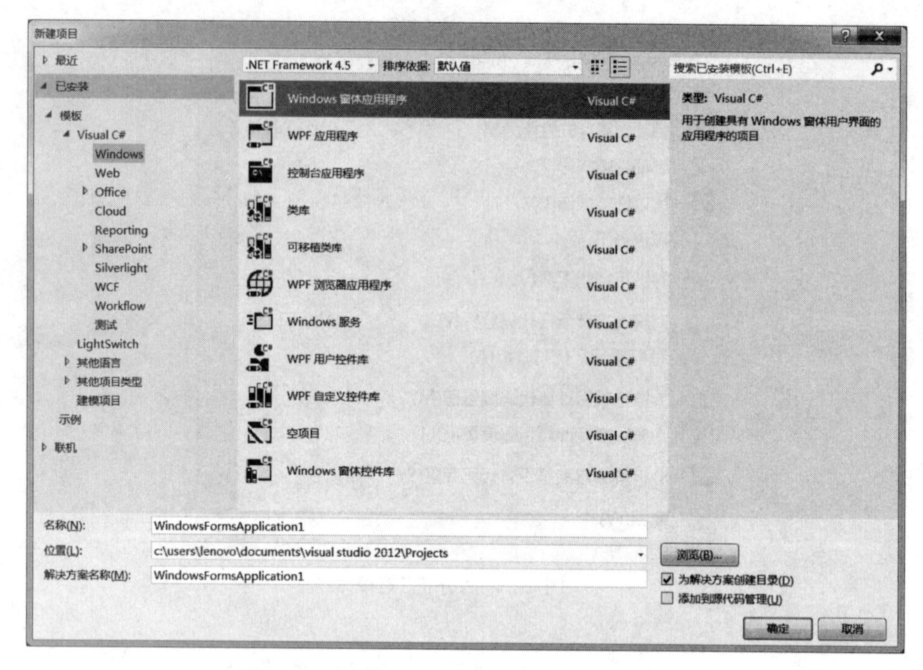

图 1-25 新建 Visual C# Windows 应用程序

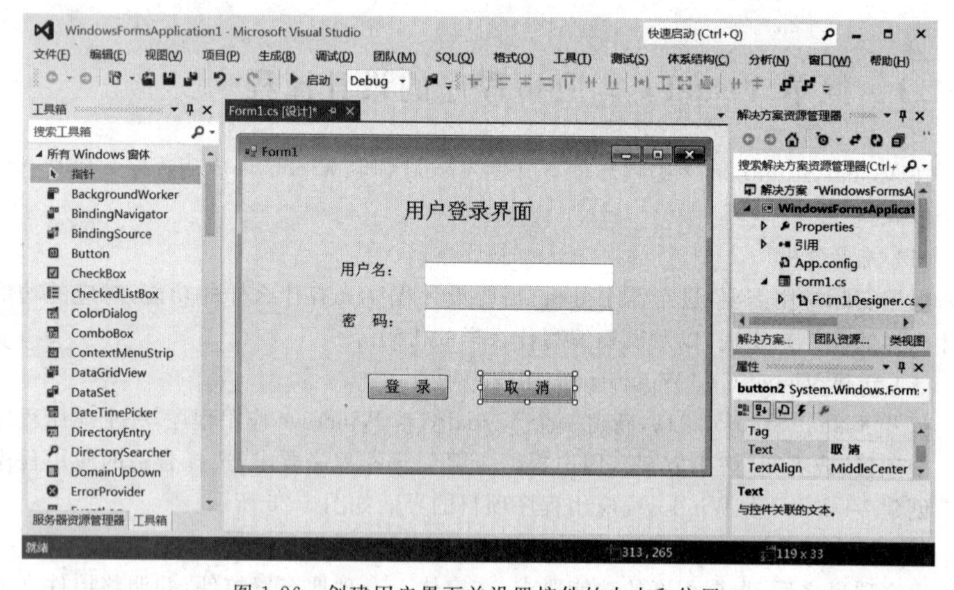

图 1-26 创建用户界面并设置控件的大小和位置

通过选择菜单的"属性窗口"中的事件选择需要编写的事件,也可以直接进入代码界面编写代码。代码的编写将根据程序的需要进行选择,如图 1-27 所示。

(6) 运行调试程序

完成上述步骤后,就可以运行程序,并做测试,以发现问题并及时修改。调试和改错是程序开发过程中非常重要的步骤,需要反复使用,以尽可能地优化程序。

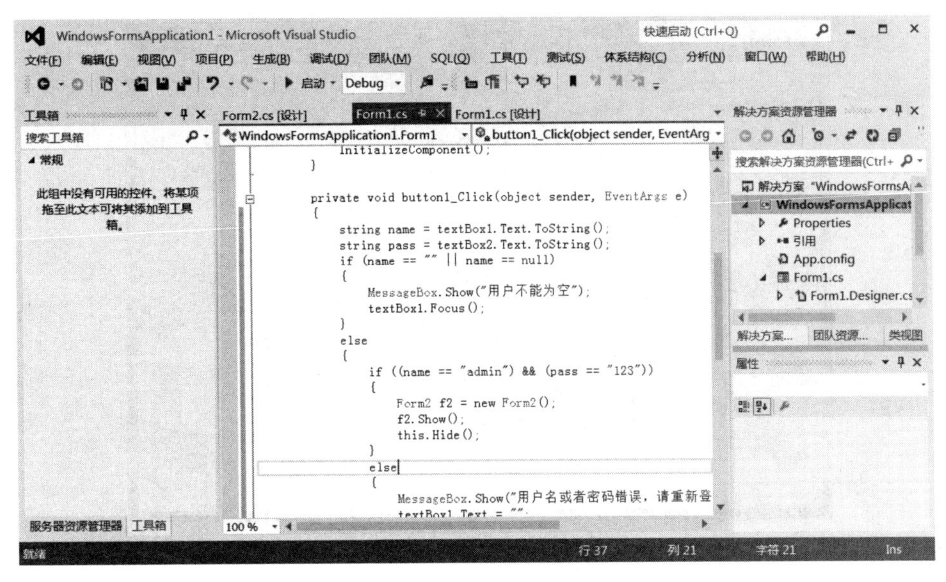

图 1-27 编写代码界面

(7) 生成可执行文件

程序开发完成并正确运行后，需要将程序生成为可执行文件并发布出去。

(8) 部署应用程序

编写好的应用程序，可以在 Visual Studio 2012 中进行部署，以自动创建安装文件。

用户登录狭义上可理解为计算机用户为进入某一项应用程序而进行的一项基本操作，以便该用户在该网站上能进行相应操作。用户登录界面可以有效地区分操作人是该程序的用户还是非用户，有利于保障双方权益。在用户登录界面，输入用户名及密码，然后确认并进入系统。

1.2.2 设计用户登录系统界面

1. 要求和目的

要求：

设计一个用户登录界面，对用户输入的“用户名”和“密码”进行验证，假设正确的用户名为 admin，密码为“123”。如果用户名和密码验证成功后，将进入登录后的界面；如果用户名或者密码验证失败，将给出错误提示，并要求重新登录。用户登录界面如图 1-28 所示，用户登录后的界面如图 1-29 所示，“错误提示”界面如图 1-30 所示。

目的：

掌握标签控件(Label)的使用方法。

掌握文本框控件(TextBox)的使用方法。

掌握编写 C# 基本语句的方法。

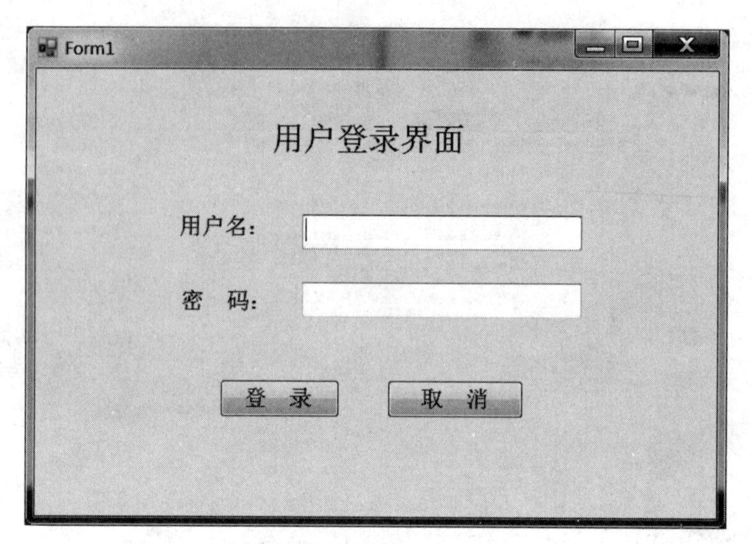

图 1-28　用户登录界面

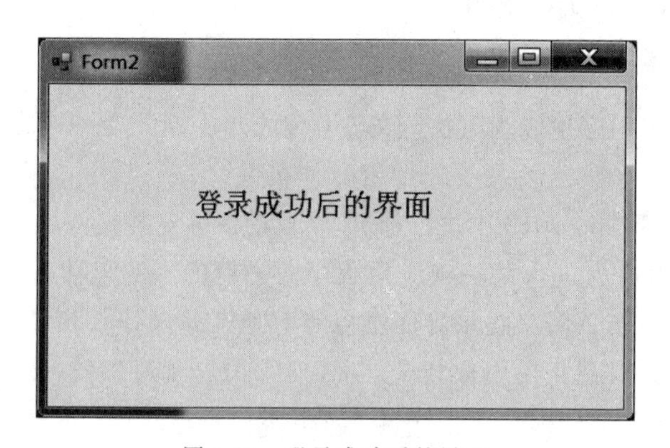

图 1-29　登录成功后的界面

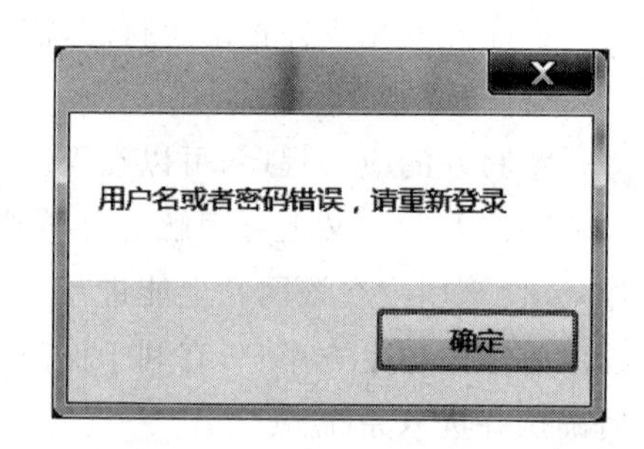

图 1-30　用户名或者密码错误的提示界面

掌握简单 Visual C# Windows 应用程序的编写流程。

2. 设计步骤

(1) 设计界面

打开 Visual Studio 2012 编程环境，选择"文件"→"新建"→"项目"菜单命令。创建一个名称为"1-2-1"的 Visual C# Windows 应用程序，如图 1-31 所示。

首先将窗体的 Text 属性改为"用户登录"。从工具箱中拖入 1 个 Label 控件并添加到窗体中，用于显示文本"用户登录界面"，并设置 Label 控件的合适字体属性。再拖入 2 个 Label 控件，分别用于显示文本"用户名"、"密码"。然后拖入 2 个 TextBox 控件，分别用作"用户名"和"密码"的输入框。设置显示密码的 TextBox 控件的 PasswordChar 属性为"*"。最后拖入 2 个 Button 控件，分别用作"登录"和"取消"按钮。设计好的界面如图 1-32 所示。

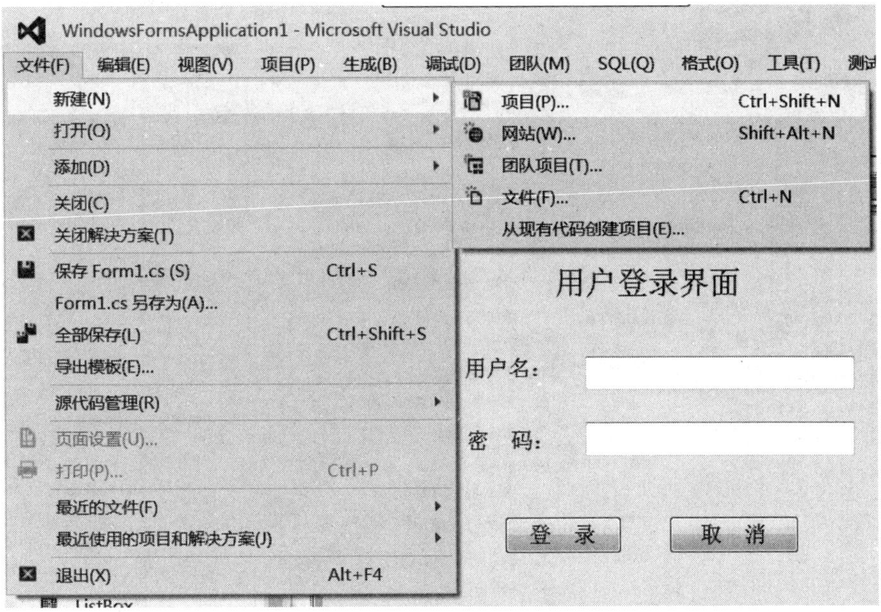

图 1-31　“新建项目”的步骤

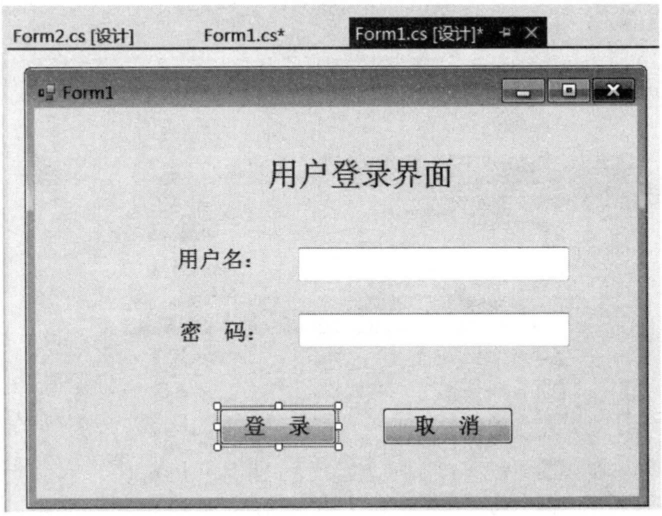

图 1-32　用户登录程序的设计界面

右击项目“1-2-1”，在弹出的菜单中选择“添加”→“Windows 窗体”命令，如图 1-33 所示。将出现添加新的 Windows 窗体的向导“添加新项”对话框，如图 1-34 所示。

在新添加的 Form2 窗体中拖入 1 个 Label 控件，用于显示文本“登录成功后的界面”，如图 1-35 所示。

(2) 编写代码

双击“登录”按钮，进入该按钮的单击事件，编写程序如代码 1-1 所示。

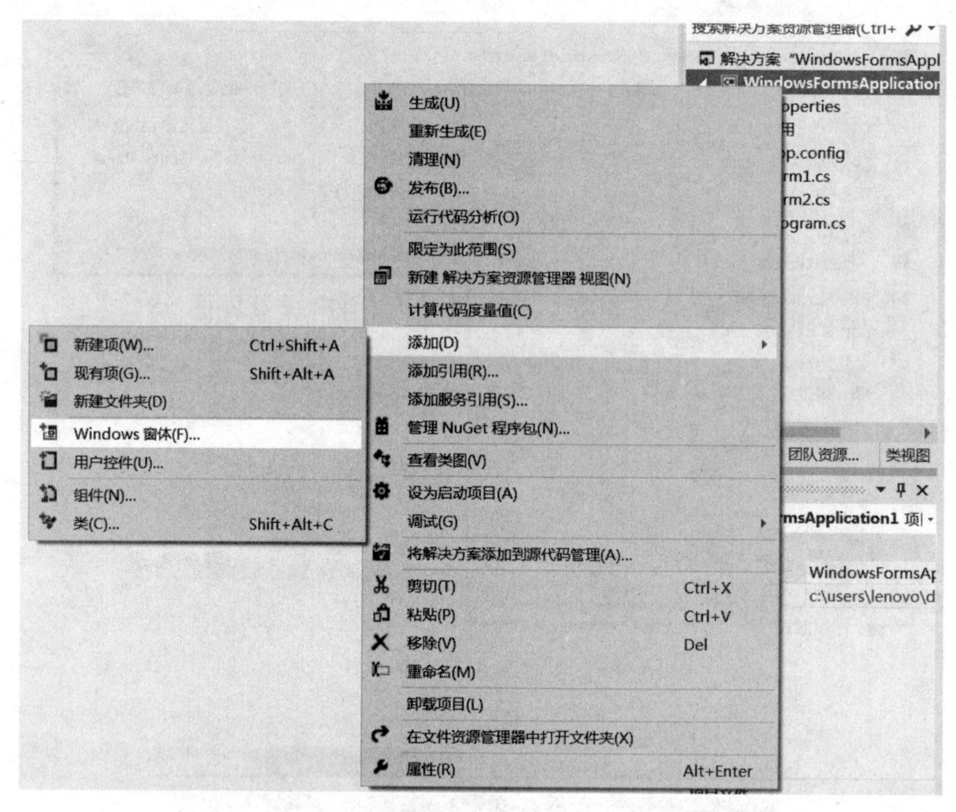

图 1-33　在项目中添加“Windows 窗体”

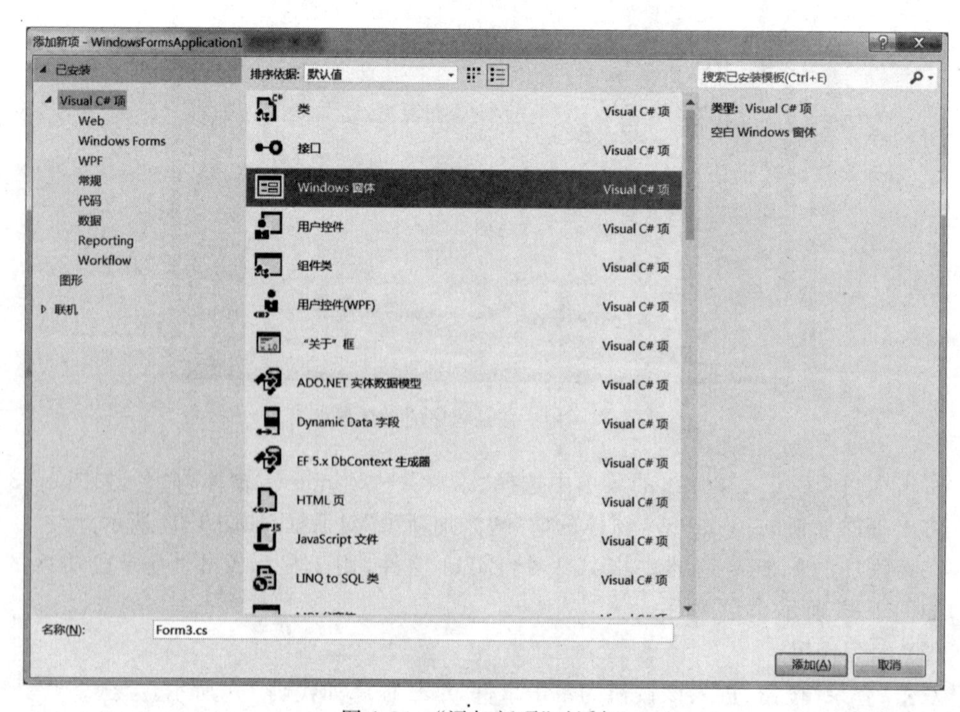

图 1-34　“添加新项”对话框

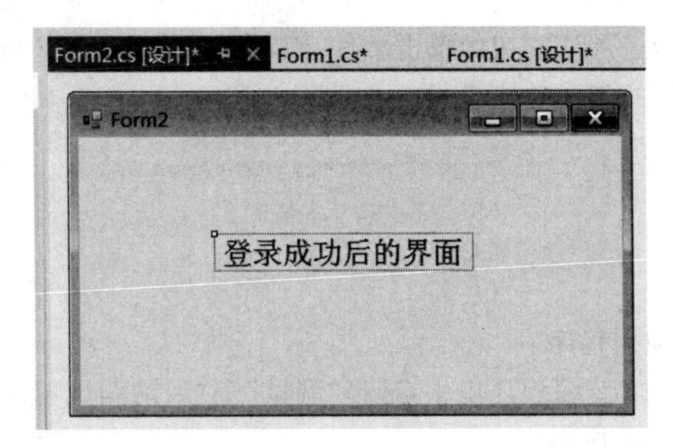

图 1-35　Form2 的设计界面

代码 1-1　“登录”按钮的单击事件。

```
private void button1_Click(object sender,EventArgs e)
{
    string name=textBox1.Text.ToString();
    string pass=textBox2.Text.ToString();
    if (name==""||name==null)
    {
        MessageBox.Show("用户名不能为空");
        textBox1.Focus();
    }
    else
    {
        if (pass==""||pass==null)
        {
          MessageBox.Show("密码不能为空");
          textBox2.Focus();
        }
        else
        {
            if ((name=="admin") && (pass=="123"))
            {
                Form2 f2=new Form2();
                f2.Show();
                this.Hide();
            }
            else
            {
                MessageBox.Show("用户名或者密码错误,请重新登录");
                textBox1.Text="";
                textBox2.Text="";
                textBox1.Focus();
            }
        }
    }
}
```

双击“取消”按钮，进入该按钮的单击事件，编写程序如代码 1-2 所示。

代码 1-2　“取消”按钮的单击事件。

```
private void button2_Click(object sender,EventArgs e)
{
    this.Close();
}
```

(3) 运行并调试应用程序

在 Visual Studio 2012 编程环境中，选择“调试”→“启动调试”菜单命令，使应用程序运行起来，效果如图 1-28 所示。

在“用户登录”程序界面中，输入“用户名”和“密码”进行测试，如果输入正确的“用户名”和“密码”，将转到系统登录后的“管理界面”，如图 1-29 所示。

如果在“用户登录”界面中输入错误的“用户名”或者“密码”，则会弹出提示窗口，如图 1-30 所示。

3. 相关背景知识

(1) Form 类是.NET 系统中定义的窗体类(WinForm)，它属于 System.Windows.Forms 命名空间。Form 类对象具有 Windows 应用程序窗口的最基本功能。它可以是对话框、单文档或多文档应用程序窗口的基类。Form 类对象还是一个容器，在 Form 窗体中可以放置其他控件，例如“菜单控件”、“工具条控件”等，还可以放置子窗体。Form 类的常用属性如表 1-1 所示。

表 1-1　Form 类的常用属性

属性名称	属性含义
AutoScroll	布尔变量，表示窗口是否在需要时自动添加滚动条
FormBorderStyle	窗体边界的风格，如有无边界、单线、3D、是否可调整等
Text	字符串类对象，窗体标题栏中显示的标题
AcceptButton	记录用户按 Enter 键时，相当于单击窗体中的相应的按钮对象
CancelButton	记录用户按 Esc 键时，相当于单击窗体中的相应的按钮对象。以上两个属性多用于对话框，例如打开“文件”对话框，用户按 Enter 键，相当于单击“确定”按钮
MaxiMizeBox	确定窗体标题栏右侧最大化按钮是否可用，设置为 false 表示按钮不可用
MiniMizeBox	确定窗体标题栏右侧最小化按钮是否可用，设置为 false 表示按钮不可用。如果属性 MaxiMizeBox 和 MiniMizeBox 都设置为 false，将只有关闭按钮。在不希望用户改变窗体大小时，将两者都设置为 false

Form 类的常用方法如表 1-2 所示。

表 1-2　Form 类的常用方法

方法名称	方法含义
Close()	窗体关闭，释放所有资源。如窗体为主窗体，执行此方法，程序结束
Hide()	隐藏窗体，但不破坏窗体，也不释放资源，可用 Show()方法重新打开
Show()	显示窗体

Form 类的常用事件如表 1-3 所示。

表 1-3 Form 类的常用事件

事件名称	事 件 含 义
Load	在窗体显示之前发生，可以在其事件处理函数中做一些初始化的工作

(2) 标签(Label)控件。标签控件用来显示一行文本信息，但文本信息不能编辑，常用来输出标题、显示处理结果和标记窗体上的对象。标签一般不用于触发事件。Label 控件的常用属性如表 1-4 所示。

表 1-4 Label 控件的常用属性

属性名称	属 性 含 义
Text	显示的字符串
AutoSize	确定控件大小是否随字符串大小自动调整，默认值为 false，表示不调整控件大小
ForeColor	Label 显示的字符串颜色
Font	字符串所使用的字体，包括所使用的字体名、字体的大小、字体的风格等

(3) 按钮(Button)控件。用户单击按钮，触发单击事件，在单击事件处理函数中完成相应的工作。按钮(Button)控件的常用属性和事件如表 1-5 所示。

表 1-5 按钮(Button)控件的常用属性和事件

名 称	含 义
Text(属性)	按钮上显示的名称
Click(事件)	用户单击时触发的事件，一般称作单击事件

(4) TextBox 控件是用户输入文本的区域，也叫文本框。TextBox 控件的属性如表 1-6 所示。

表 1-6 TextBox 控件的属性

属性名称	属 性 含 义
Text	用户在文本框中输入的字符串
MaxLength	单行文本框最大输入的字符数
ReadOnly	布尔变量，为 true 时表示文本框不能编辑
PasswordChar	字符串类型，允许输入一个字符。如输入一个字符，用户在文本框中输入的所有字符都显示这个字符。一般用来输入密码
MultiLine	布尔变量，为 true 时表示多行文本框，为 false 时表示单行文本框
ScrollBars	MultiLine=true 时有效，有 4 种选择：为 0 时表示无滚动条，为 1 时表示有水平滚动条，为 2 时表示有垂直滚动条，为 3 时表示有水平和垂直滚动条
SelLength	可选中文本框中的部分或全部字符，本属性为所选择的文本的字符数

续表

属性名称	属 性 含 义
SelStart	所选中的文本的开始位置
SelText	所选中的文本
AcceptsReturn	MultiLine=true时该属性有效,其是布尔变量,为true时,按下Enter键会换行;为false时,按Ctrl+Enter组合键可以创建一个新行

TextBox控件的事件如表1-7所示。

表1-7 TextBox控件的事件

事件名称	事 件 含 义
TextChanged	文本框中的字符发生变化时触发该事件

(5) 命名空间提供了一种组织相关类和其他类型的方式。与文件或组件不同,命名空间是一种逻辑组合,而不是物理组合。C#程序是利用命名空间组织起来的。命名空间既可以用作程序的“内部”组织系统,也可以用作“外部”组织系统(一种向其他程序公开自己拥有的程序元素的方法)。

项 目 小 结

本项目设计制作了一个用户登录模块,通过本项目的设计制作,让读者掌握了在Visual Studio 2012编程环境中编写C# Windows应用程序的方法及流程,以及简单控件的使用方法。

项 目 拓 展

读者可以根据本项目的设计情况,试着编写一个简单的猜数字对错的程序,即通过用户的输入,由程序给出数值大或者小的提示,直到用户猜到正确的数字为止,同时记录用户猜的次数。

项目2　设计制作计算器程序

本项目将设计制作一个通用的计算器程序。通过本项目的设计制作，让读者掌握C#语言的基本数据类型、运算符与表达式的写法，以及基本语句的写法。

任务2.1　设计基本计算语句

2.1.1　C#常量与变量

1. 常量

常量是指在程序运行的过程中其值保持不变的量。Visual C# 2008的常量包括符号常量、数值常量、字符常量、字符串常量和布尔常量等。

符号常量一经声明就不能在任何时候改变其值。Visual C# 2008中，采用const语句来声明常量，其语法格式如下：

```
const<数据类型><常量名>=<表达式>…
```

对以上语法格式说明如下：

- “＜常量名＞”遵循标识符的命名规则，一般采用大写字母。
- “＝＜表达式＞”由数值、字符、字符串常量及运算符组成，也可以包括前面定义过的常量，但是不能使用函数调用。例如：

```
const int MIN=100;                    //声明常量MAX,代表1000,整型
const float PI=3.14F;                 //声明常量PI,代表3.14,单精度型
const string STR="2009010101";        //声明常量STR,代表"2009010101",字符串型
```

- 如果多个常量的数据类型是相同的，可在同一行中声明这些常量，声明时用逗号将它们隔开。例如：

```
const int NUM1=10,NUM2=100,NUM3=1000;
```

2. 变量

变量是在程序运行的过程中其值可以改变的量，它表示数据在内存中的存储位置。每个变量都有一个数据类型，以确定哪些数据类型的数据能够存储在该变量中。

C#是一种数据类型安全的语言，编译器总是保证存储在变量中的数据具有合适的数据类型。

在C#中，声明变量的语法格式为：

```
<数据类型><变量名>=< 表达式>...
```

对以上语法格式说明如下：

- “＜变量名＞”遵循C#合法标识符的命名规则。
- “= ＜表达式＞”为可选项，可以在声明变量时给变量赋一个初值(即变量的初始化)，例如：

```
float x=12.3;                //声明单精度型变量 x 并赋初值 12.3
```

等价于：

```
float x;
x=12.3;
```

- 一行可以声明多个相同类型的变量，且只需指定一次数据类型，变量与变量之间用逗号隔开，例如：

```
int num1=10,num2=100,num3=1000,num4=10000;
```

2.1.2 使用C#数据类型

1. 值类型和引用类型

C#中的数据类型分为两种：值类型和引用类型。

在C#语言中，值类型变量存储的是数据类型所代表的实际数据，值类型变量的值(或实例)存储在栈(Stack)中，赋值语句是传递变量的值。引用类型(如类就是引用类型)的实例，也叫对象，不存在栈中，而存储在可管理堆(Managed Heap)中，堆实际上是计算机系统中的空闲内存。引用类型变量的值存储在栈(Stack)中，但存储的不是引用类型对象，而是存储引用类型对象的引用，即地址。与指针所代表的地址不同，引用所代表的地址不能被修改，也不能转换为其他类型地址，它是引用型变量，只能引用指定类对象，引用类型变量赋值语句是传递对象的地址。

例如，int是值类型，这表示下面的语句会在内存的两个地方存储值20。

```
i=20;  j=i;
```

如果变量是一个引用，就可以把其值设置为null，表示它不引用任何对象。

```
y=null;
```

把基本类型(如int和bool)规定为值类型，而把包含许多字段的较大类型(通常在有类的情况下)规定为引用类型，C#设计这种方式的原因是可以得到最佳性能。如果要把自己的类型定义为值类型,就应把它声明为一个结构。下面的实例说明引用类型和值类型的关系。

```
using System;
class MyClass                              //类为引用类型
{
    public int a=0;
}
class Test
{
    static void Main()
    {
        f1();
    }
    static public void f1()
    {
        int a1=1;                          //值类型变量 a1,其值 1 存储在栈(Stack)中
        int a2=a1;                         //将 a1 的值(为 1)传递给 a2,a2=1,a1 值不变。
        a2=2;                              //a2=2,a1 值不变。
        MyClass r1=new MyClass();          //引用变量 r1 存储 MyClass 类对象的地址
        MyClass r2=r1;                     //r1 和 r2 都代表是同一个 MyClass 类对象
        r2.a=2;                            //与语句 r1.a=2 等价
    }
}
```

2. C# 的数据类型

C# 的数据类型如表 2-1 所示。

表 2-1 C# 的数据类型

C# 数据类型	.NET 框架数据类型	大小(位)	说明
bool	System. Boolean	8	逻辑值,true 或者 false,默认值为 false
byte	System. Byte	8	无符号的字节,所存储的值的范围是 0～255,默认值为 0
sbyte	System. SByte	8	带符号的字节,所存储的值的范围是 −128～127,默认值为 0
char	System. Char	16	无符号的 16 位 Unicode 字符,默认值为'\0'
decimal	System. Decimal	128	不遵守四舍五入规则的十进制数,默认值为 0.0m
double	System. Double	64	双精度的浮点类型,默认值为 0.0d
float	System. Single	32	单精度的浮点类型,默认值为 0.0f
int	System. Int32	32	带符号的 32 位整型,默认值为 0
uint	System. UInt32	32	无符号的 32 位整型,默认值为 0
long	System. Int64	64	带符号的 64 位整型,默认值为 0
ulong	System. UInt64	64	无符号的 64 位整型,默认值为 0
short	System. Int16	16	带符号的 16 位整型,默认值为 0

续表

C#数据类型	.NET框架数据类型	大小(位)	说　明
ushort	System.UInt16	16	无符号的16位整型,默认值为0
string	System.String		指向字符串对象的引用,0至大约20亿个Unicode字符,默认值为null
object	System.Object	32	指向类实例的引用,默认值为null

2.1.3　使用C#运算符与表达式

1. 要求和目的

要求:

编写一个控制台程序,能够计算1!+2!+3!+4!+…+n!的值,n从键盘输入。

目的:

掌握控制台应用程序的创建方法。

掌握运算符与表达式的编程方法。

2. 设计步骤

(1) 打开Visual Studio 2012编程环境,选择"文件"→"新建项目"菜单命令,创建一个名称为"2-1-3"的C#控制台应用程序,如图2-1所示。编写程序如代码2-1所示。

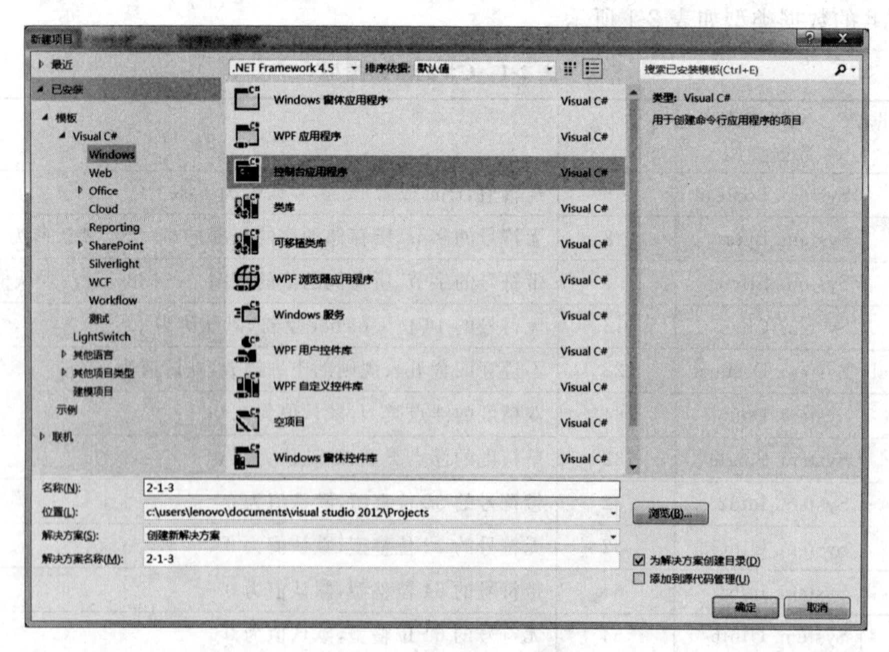

图2-1　新建"控制台应用程序"

代码 2-1 计算代码。

```
static void Main(string[] args)
{
    int i,a;
    Console.WriteLine("请输入一个非负整数:");
    a=Convert.ToInt32(Console.ReadLine());
    if (a<0)
        Console.WriteLine("请重新输入:");
    else if (a==1||a==0)
        Console.WriteLine("n!=1");
    else
    {
        i=a;
        while (i>1)
        {
            a=a*(i-1);
            i--;
        }
        Console.WriteLine(a);
    }
    Console.ReadLine();
}
```

(2) 在 Visual Studio 2012 编程环境中,选择"调试"→"启动调试"菜单命令,将程序运行起来,程序运行效果如图 2-2 所示。

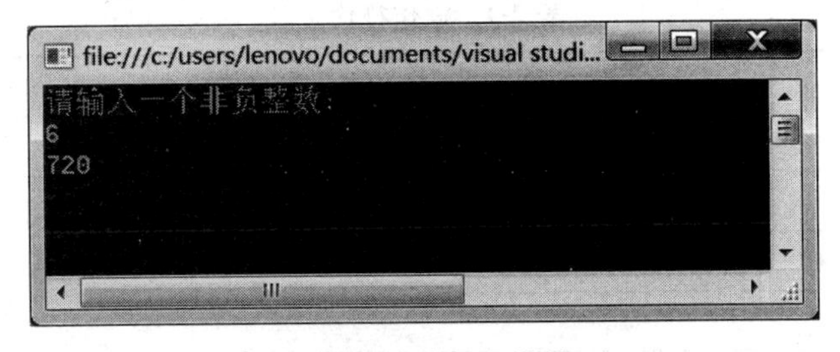

图 2-2 程序运行效果

3. 相关背景知识

(1) C#的关系运算符如表 2-2 所示。

表 2-2 关系运算符

运算符	操 作	结果(假设 x、y 是某种相应类型的操作数)
>	x>y	如果 x 大于 y,则为 true,否则为 false
>=	x>=y	如果 x 大于等于 y,则为 true,否则为 false
<	x<y	如果 x 小于 y,则为 true,否则为 false
<=	x<=y	如果 x 小于等于 y,则为 true,否则为 false

续表

运算符	操 作	结果(假设 x、y 是某种相应类型的操作数)
==	x==y	如果 x 等于 y,则为 true,否则为 false
!=	x!=y	如果 x 不等于 y,则为 true,否则为 false

(2) C#的逻辑运算符如表 2-3 所示。

表 2-3 逻辑运算符

<table>
<tr><th>运算符</th><th>含 义</th><th>运算符</th><th>含 义</th></tr>
<tr><td>&</td><td>逻辑与</td><td>&&</td><td>短路与</td></tr>
<tr><td>|</td><td>逻辑或</td><td>||</td><td>短路或</td></tr>
<tr><td>^</td><td>逻辑异或</td><td>!</td><td>逻辑非</td></tr>
</table>

(3) C#语言的运算符。

与C语言一样,如果按照运算符所作用的操作数个数来分,C#语言的运算符可以分为以下几种类型。

- 一元运算符:一元运算符作用于一个操作数,例如,-x、++x、x--等。
- 二元运算符:二元运算符对两个操作数进行运算,例如,x+y。
- 三元运算符:三元运算符只有一个,即 x? y:z。

C#语言运算符的详细分类及操作符从高到低的优先级顺序如表 2-4 所示。

表 2-4 操作符优先级

<table>
<tr><th>类 别</th><th>操 作 符</th></tr>
<tr><td>初级操作符</td><td>(x) x.y f(x) a[x] x++ x-- new typeof sizeof checked unchecked</td></tr>
<tr><td>一元操作符</td><td>+ - ! ~ ++x --x (T)x</td></tr>
<tr><td>乘除操作符</td><td>* / %</td></tr>
<tr><td>加减操作符</td><td>+ -</td></tr>
<tr><td>移位操作符</td><td><< >></td></tr>
<tr><td>关系操作符</td><td>< > <= >= is as</td></tr>
<tr><td>等式操作符</td><td>== !=</td></tr>
<tr><td>逻辑与操作符</td><td>&</td></tr>
<tr><td>逻辑异或操作符</td><td>^</td></tr>
<tr><td>逻辑或操作符</td><td>|</td></tr>
<tr><td>条件与操作符</td><td>&&</td></tr>
<tr><td>条件或操作符</td><td>||</td></tr>
<tr><td>条件操作符</td><td>?:</td></tr>
<tr><td>赋值操作符</td><td>= *= /= %= += -= <<= >>= &= ^= |=</td></tr>
</table>

(4) 赋值运算符如表 2-5 所示。

表 2-5　赋值运算符

运算符	赋值表达式示例	结果(设变量 a 的初始值为 2)
=	a=8(把值 8 赋给变量 a)	a=8
+=	a+=8	a=10(相当于 a=a+8)
-=	a-=8	a=-6(相当于 a=a-8)
*=	a*=8	a=16(相当于 a=a*8)
/=	a/=2	a=1(相当于 a=a/2)

2.1.4　编写基本流控制语句

1. 要求和目的

要求：

编写一个程序，能够产生一个 0～100 的随机数，让用户猜数字，根据用户输入的数字大小给出提示，直到用户猜出正确的数字为止。

目的：

掌握条件判断语句的使用方法。

掌握随机数函数的使用方法。

掌握循环控制语句的使用方法。

2. 设计步骤

(1) 打开 Visual Studio 2012 编程环境，选择"新建"→"新建项目"菜单命令，新建一个名称为"2-1-4"的 C# 控制台应用程序，然后编写程序如代码 2-2 所示。

代码 2-2　判断数字的大小。

```
static void Main(string[] args)
{
    Random ra=new Random();
    int rndInt=ra.Next(1,100);
    Console.WriteLine("请输入一个整数(范围为 1~100)");
    Console.WriteLine("如果要退出,请输入 0!");
    int inputInt=int.Parse(Console.ReadLine());
    if (inputInt>=1 & inputInt<=10)
    {
        while (!(inputInt==0))
        {
            if (inputInt==rndInt)
            {
                Console.WriteLine("恭喜你,猜对了!");
```

```
                    Console.WriteLine("继续输入Y,退出输入N!");
                    string inputNext=Console.ReadLine();
                    if (inputNext=="Y")
                        rndInt=ra.Next(1,100);
                    else
                        return;
                }
                else if (inputInt<rndInt)
                    Console.WriteLine("你猜小了!");
                else
                    Console.WriteLine("你猜大了!");
                inputInt=System.Convert.ToInt32(Console.ReadLine());
            }
        }
        else
        {
            Console.WriteLine("你的输入有误!请输入一个整数(范围为1~100)");
            inputInt=int.Parse(Console.ReadLine());
        }
    }
```

(2) 在 Visual Studio 2012 编程环境中,选择“调试”→“启动调试”菜单命令,使程序运行起来,效果如图 2-3 所示。

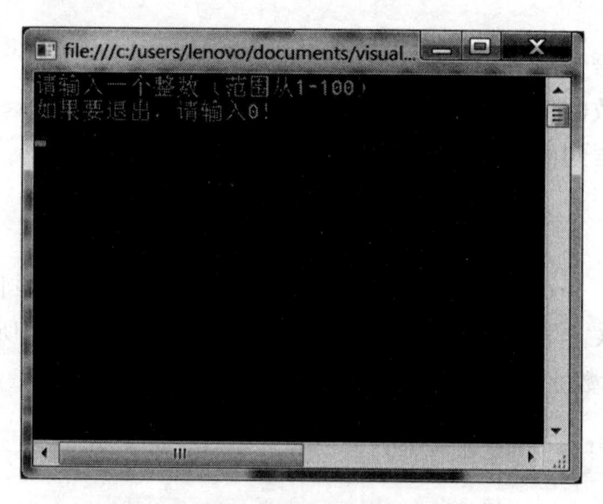

图 2-3　程序运行界面

(3) 在界面中输入数字,进行测试,运行效果如图 2-4 所示。

3. 相关背景知识

(1) 条件语句

程序设计具有三种控制流程,这三种控制流程的运行情况如图 2-5 所示。

(2) if 条件语句

if 语句是用于实现单条件(即只有一个条件)选择结构的语句,其特点是:当给定条件(条件表达式)为真时,执行条件为真的语句组(以下称为“语句组 1”);如果给定条件为

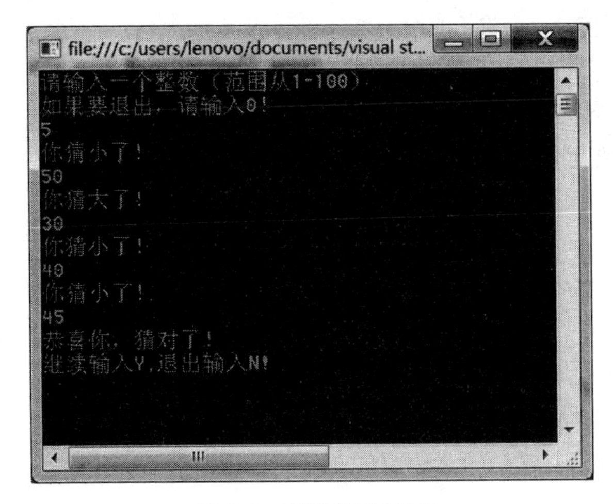

图 2-4　程序测试界面

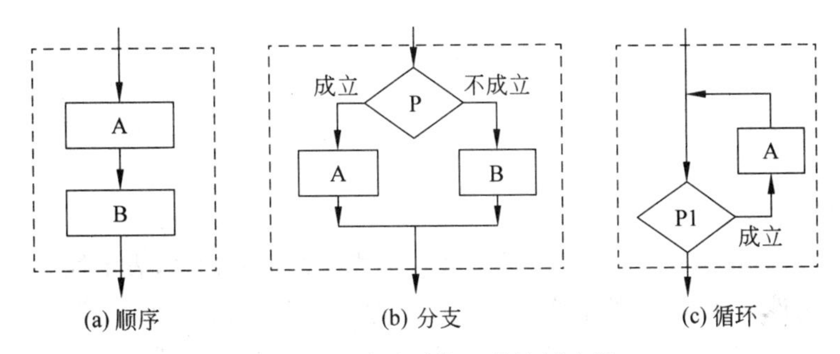

图 2-5　程序设计的三种控制流程

假，则执行条件为假的语句组（以下称为“语句组 2”）。

对 if 语句说明如下：

- 语句组 1、语句组 2 可以为空（空则表示不做任何处理），然而当两个语句组都为空就失去了选择的意义。
- 为养成良好的源代码书写习惯，如果必须设立空分支，应该将空分支作为条件为假的分支（即语句组 1 非空）。

根据上面的说明可以看出，单条件的 if 语句应当有两种形式：一个分支的 if 语句和两个分支的 if 语句（if...else 语句）。

（3）一个分支的 if 语句

只具有一个分支的 if 语句的语法格式如下：

```
if (<条件表达式>)
{
    <语句组>
}
```

对以上语法格式说明如下：

- “<条件表达式>”可以是关系表达式或逻辑表达式，表示执行的条件，运算结果是一个 bool 值(true 或 false)。

- “<语句组>”可以是一条语句,也可以是多条语句。当只有一条语句时,花括号“{}”可以省略,但并不提倡这么做。

一个分支的 if 语句使用示例如下:

```
if (n %2==0)
{
    MessageBox.Show(n.ToString()+"是偶数");
}
```

(4) 两个分支的 if 语句

具有两个分支的 if...else 语句的语法格式如下:

```
if (<条件表达式>)
{
    <语句组 1>
}
else
{
    <语句组 2>
}
```

对以上语法格式说明如下:

- 同样,“<条件表达式>”可以是关系表达式或逻辑表达式,表示执行的条件。
- 当“<条件表达式>”的值为 true(成立)时,执行“<语句组 1>”。反之,当“<条件表达式>”的值为 false(不成立)时,执行“<语句组 2>”。

两个分支的 if 语句使用示例如下:

```
if (n %2==0)
{
    MessageBox.Show(n.ToString()+"是偶数");
}
else
{
    MessageBox.Show(n.ToString()+"是奇数");
}
```

(5) if 语句的嵌套

if 语句的嵌套是指“<语句组 1>”或“<语句组 2>”中又包含 if 语句的情况,其形式为:

```
if (<条件表达式 1>)
{
    if (<条件表达式 2>)
}
else
{
}
```

嵌套的 if 语句的执行过程与前面介绍的类似，嵌套的层数一般没有具体的规定，但是一般来说超过 10 层的嵌套就很少见了。

(6) else if 嵌套格式

如果程序中出现了多层的 if 语句嵌套，会使得程序结构很不清晰，从而使代码的可读性很差。在这种情况下，应该使用 if 语句的嵌套格式 else if 来编写代码，这样可以使程序简明易懂。

if 语句的嵌套格式 else if 语法格式如下：

```
if (<条件表达式 1>)
    <语句组 1>
[else if (<条件表达式 2>)
    <语句组 2>]
[else if (<条件表达式 n>)
    <语句组 n>]
[else
    <语句组 n+1>]
```

对以上语法格式说明如下：

- else 子句与 else if 子句都是可选项，可以放置多个 else if 子句，但必须放置在 else 子句之前。
- 执行过程：先测试＜条件表达式 1＞，如果成立，执行＜语句组 1＞；否则依次测试 else if 的条件，若成立则执行相应的语句组；如果都不成立，则执行 else 子句的＜语句组 n＋1＞。

嵌套格式 else if 语句使用示例如下：

```
if (n %2==0)
{
    MessageBox.Show(n.ToString()+"是偶数");
}
else if (n %2==1)
{
    MessageBox.Show(n.ToString()+"是奇数");
}
else
{
    MessageBox.Show(n.ToString()+"既不是偶数,也不是奇数");
}
```

(7) switch 语句

使用 if 语句的嵌套可以实现多分支选择，但仍然不够快捷。为此，C＃提供了多分支选择语句 switch 来实现，其语法格式如下：

```
switch (<表达式>)
{
    case <常量表达式 1>:
        <语句组 1>
```

```
            break;
        case <常量表达式 2>:
            <语句组 2>
            break;
        case <常量表达式 n>:
            <语句组 n>
            break;
        [default:
            <语句组 n+1>
            break;]
    }
```

对以上语法格式说明如下：

- ＜表达式＞为必选参数，一般为变量。
- ＜常量表达式＞是用于与＜表达式＞匹配的参数，只可以是常量表达式，不允许使用变量或者有变量参与的表达式。
- ＜语句组＞不需要使用花括号“{}”括起来，而是使用 break 语句来表示每个 case 子句的结尾。
- default 子句为可选项。

(8) 多分支 switch 语句的执行过程

- 首先计算＜表达式＞的值。
- 用＜表达式＞的值与 case 后面的＜常量表达式＞去逐个匹配，若发现相等，则执行相应的语句组。
- 如果＜表达式＞的值与任何一个＜常量表达式＞都不匹配，在有 default 子句的情况下，则执行 default 后面的＜语句组 n＋1＞；若没有 default 子句，则跳出 switch 语句，执行 switch 语句后面的语句。

switch 语句使用示例如下：

```
switch (n %2)
{
    case 0:
        MessageBox.Show(n.ToString()+"是偶数");
        break;
    case 1:
        MessageBox.Show(n.ToString()+"是奇数");
        break;
    default:
        MessageBox.Show(n.ToString()+"既不是偶数,也不是奇数");
        break;
}
```

(9) for 循环语句

在一般的程序设计语言中，for 语句用于确定循环次数的循环结构，但在 C、C++ 和 C# 中，for 语句是最灵活的一种循环语句。它不仅能用于确定循环次数的循环，也可以用于不确定循环次数的循环。

通常情况下，for 语句按照指定的次数执行循环体，循环执行的次数由一个变量来控制，通常把这种变量称为循环变量。for 语句的语法格式为：

```
for ([<表达式 1>]; [<表达式 2>]; [<表达式 3>])
{
    <循环体>
}
```

对以上语法格式说明如下：

- <表达式 1>、<表达式 2>、<表达式 3>均为可选项，但其中的分号(;)不能省略。
- <表达式 1>仅在进入循环之前执行一次，通常用于循环变量的初始化，如“i = 0”，其中 i 为循环变量。
- <表达式 2>为循环控制表达式，当该表达式的值为 true 时，执行循环体；为 false 时跳出循环。通常是循环变量的一个关系表达式，如“i <= 10”。
- <表达式 3>通常用于修改循环变量的值，如“i++”。
- <循环体>即重复执行的操作块。

for 语句的使用示例如下：

```
int i;
int sum=0;
for (i=0; i<=10; i++)
{
    sum+=i;
}
```

(10) while 循环语句

与 for 语句一样，while 语句也是 C# 的一种基本的循环语句，它常常用来解决根据条件执行循环而不关心循环次数的问题。while 语句的语法格式为：

```
while(<表达式>)
{
    <循环体>
}
```

对以上语法格式说明如下：

- <表达式>为循环条件，一般为关系表达式或逻辑表达式。如：i<=10、n%3==0&&n%7==0(表示 n 既能被 3 整除又能被 7 整除)。
- <循环体>即反复执行的操作块。

将上面介绍的 for 语句使用示例改写成 while 语句：

```
int i=0;
int sum=0;
while (i<=10)
{
    sum+=i;
```

```
    i++;
}
```

(11) do...while 循环语句

do...while 语句类似于 while 语句,是 while 语句的变形,两者的区别在于 while 语句把循环条件的判断置于循环体执行之前,而 do...while 语句则把循环条件放在循环体执行之后。do...while 语句的语法格式为:

```
do
{
    <循环体>
} while (<表达式>);
```

对以上语法格式说明如下:

- ＜循环体＞即反复执行的操作块。
- ＜表达式＞为循环条件,一般为关系表达式或逻辑表达式。
- 在“while (＜表达式＞)”之后,应加上一个分号“;”,否则将发生编译错误。

将上面介绍的 for 语句使用示例改写成 do...while 语句如下:

```
int i=0;
int sum=0;
do
{
    sum+=i;
    i++;
} while (i<=10);
```

任务 2.2　设计制作简单的计算器程序

2.2.1　创建计算器界面

1. 要求和目的

要求:

设计一个计算器,具有简单的运算功能,能进行两个操作数的“+”、“－”、“*”、“/”运算,计算器的运行效果如图 2-6 所示。

目的:

掌握 Label 控件的使用方法。

掌握 ComboBox 控件的使用方法。

掌握 Button 控件的使用方法。

掌握 TextBox 控件的使用方法。

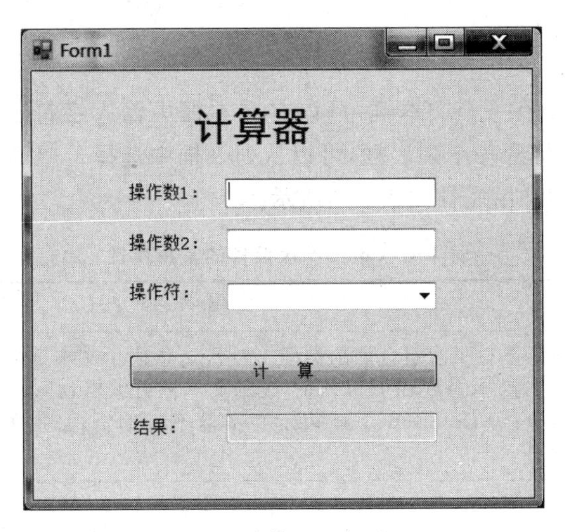

图 2-6　计算器运行界面

2. 设计步骤

新建一个名称为 2-2-1 的 Visual C# Windows 应用程序，依次在界面上拖入 5 个 Label 控件，分别用作“计算器”、“操作数 1”、“操作数 2”、“操作符”和“结果”等标签，并设置合适的字体及位置。拖入 3 个 TextBox 控件，分别用于接收操作数和显示结果，其中，显示结果的 TextBox 控件的 ReadOnly 属性设置为 true，即该文本框为只读。再拖入 1 个 ComboBox 控件，用于选择操作符。最后拖入 1 个 Button 控件，用作“计算”按钮。计算器界面设计好之后，如图 2-7 所示。

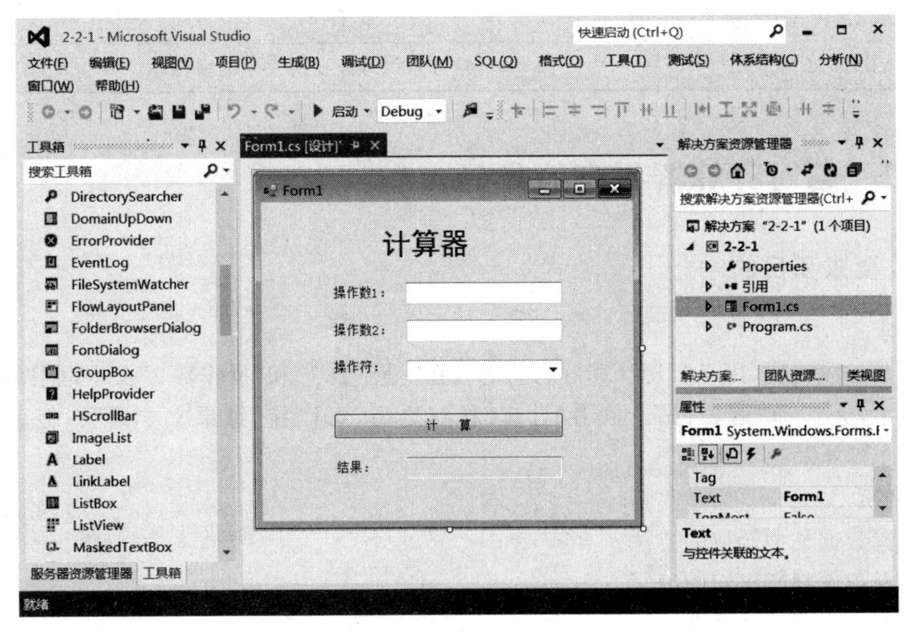

图 2-7　计算器设计界面

3. 相关背景知识

控件 ComboBox 中有一个文本框,可以在文本框中输入字符,其右侧有一个向下的箭头,单击此箭头可以打开一个列表框,可以从列表框中选择希望输入的内容。

ComboBox 控件的常用属性如表 2-6 所示。

表 2-6 ComboBox 控件的常用属性

属性名称	属性含义
DropDownStyle	确定下拉列表组合框的类型。为 Simple 表示文本框可编辑,列表部分永远可见;为 DropDown 是默认值,表示文本框可编辑,必须单击箭头才能看到列表部分;为 DropDownList 表示文本框不可编辑,必须单击箭头才能看到列表部分
Items	存储 ComboBox 中的列表内容,对应 ArrayList 类对象,元素是字符串
MaxDropDownItems	下拉列表能显示的最大条目数(1～100),如果实际条目数大于此数,将出现滚动条
Sorted	表示下拉列表框中条目是否以字母顺序排序,默认值为 false,即不允许
SelectedItem	所选择条目的内容,即下拉列表中选中的字符串。如一个也没选,该值为空。其实,属性 Text 也是所选择的条目的内容
SelectedIndex	编辑框所选列表条目的索引号,列表条目索引号从 0 开始。如果编辑框未从列表中选择条目,该值为－1

ComboBox 控件的常用事件如表 2-7 所示。

表 2-7 ComboBox 控件的常用事件

事件名称	事件含义
SelectedIndexChanged	被选索引号改变时发生的事件

2.2.2 编写计算器程序的代码

1. 要求和目的

要求:

编写一段代码,用于实现计算器的功能。在“操作数 1”和“操作数 2”文本框中填写上两个数字,并选择“运算符”。单击“计算”按钮之后,可以在“结果文本框”中显示计算结果。

目的:

掌握数据类型转换的方法。

掌握条件判断语句的编写方法。

掌握文本框控件属性的设置方法。

2. 设计步骤

(1) 双击“计算”按钮，进入该按钮的单击事件，编写程序如代码 2-3 所示。

代码 2-3　计算代码。

```
private void button1_Click(object sender,EventArgs e)
{
    double a1=double.Parse(textBox1.Text);
    double a2=double.Parse(textBox2.Text);
    double a3=0;
    if (comboBox1.Text.ToString()=="+")
    {
        a3=a1+a2;
    }
    if (comboBox1.Text.ToString()=="-")
    {
        a3=a1-a2;
    }
    if (comboBox1.Text.ToString()=="*")
    {
        a3=a1*a2;
    }
    if (comboBox1.Text.ToString()=="/")
    {
        a3=a1/a2;
    }
    textBox3.Text=a3.ToString();
}
```

(2) 在编写好代码之后，需要对代码进行测试，在 Visual Studio 2012 编程环境中，选择“调试”→“启动调试”菜单命令，使程序运行起来，并进行测试。

3. 相关背景知识

(1) C#异常处理

与许多面向对象的语言一样，C#也能处理可遇见的异常，比如在非正常条件(如断开网络连接或文件丢失)下的异常。

当应用程序遇到异常情况，程序将“抛”出一个异常，并终止当前方法，直到发现一个异常处理，那个堆栈才会清空。这意味着如果当前运行方法没有处理异常，那么将终止当前的方法，并调用其他方法，这样会得到一个处理异常的机会。如果没有调用方法处理它，那么该异常最终会被 CLR 处理，它将终止程序。

可以使用 try/catch 块来检测具有潜在危险的代码，并使用操作系统或者其他代码捕捉任何异常目标。catch 块用来实现异常处理，它包含一个执行异常事件的代码块，理想情况下，如果捕捉并处理了异常，那么应用程序可以修复这个问题并继续运行下去。即使应用程序不能继续运行，也可以捕捉这些异常，并显示有意义的错误信息，使应用程序安全终止。同时,也有机会将这些错误书写入日志中。

如果在方法中有一段代码无论是否碰到异常都必须运行(例如,释放已经分配的资源,关闭一个打开的文件),那么可以把代码放在 finally 块中。这样甚至在存在异常的代码中也能保证其运行。

(2) 结构化异常处理

.NET 框架提供一种标准的错误报告机制,称为结构化异常处理。这种机制依赖于应用中报告错误的异常。在.NET 中,异常是一些提供错误信息的类,以某种方式编写代码监视异常的发生,然后以一种适当的方法处理异常。

在进行 C#异常处理时,需要在代码中关注三个部分:可能导致异常的代码段(通常称为抛出异常)。当执行代码过程中发生异常时将要执行的代码段(通常称为捕获异常)。异常处理后要执行的代码段(可选的)(通常称为结束块)。

(3) 异常类

在.NET 框架中的异常类都派生自 SystemException 类。这个类的大部分常用成员如下:

HelpLink 是一个链接到帮助文件的链接,该帮助文件提供异常的相关信息。

Message 是指明一个错误细节的文本。

Source 导致异常的对象或应用的名称。

StackTrace 是堆栈中调用的方法列表。

TargetSite 是抛出异常的方法名称。

Try/Catch/Finally 块:C#中使用 Try/Catch/Finally 块处理一个异常。

Try 语句指明在执行过程中需要监视抛出异常的代码块。

Catch 语句指明了在执行 Try 代码块后应该执行的代码块。这个代码块无论异常是否发生都会执行。实际上,它常用于可能要求的清理代码。

2.2.3 使用异常调试语句改进计算器代码

1. 要求和目的

要求:

改进计算器在上面的程序代码,以增强程序的健壮性和稳定性。能够对非数字操作数进行提示。

目的:

了解 C#异常处理语句的作用。

掌握 C#异常处理语句的编写方法。

2. 设计步骤

(1) 打开 Visual Studio 2012 编程环境,打开项目 2-2-1。在 Visual Studio 2012 编程环境中,选择“调试”→“启动调试”菜单命令,使程序运行起来,如图 2-8 所示。

图 2-8　在程序运行界面中输入数据

（2）在操作数中分别输入字符“a”和“b”，然后选择操作符，单击“计算”按钮，程序出错，会停止运行。会出现如图 2-9 所示的提示。

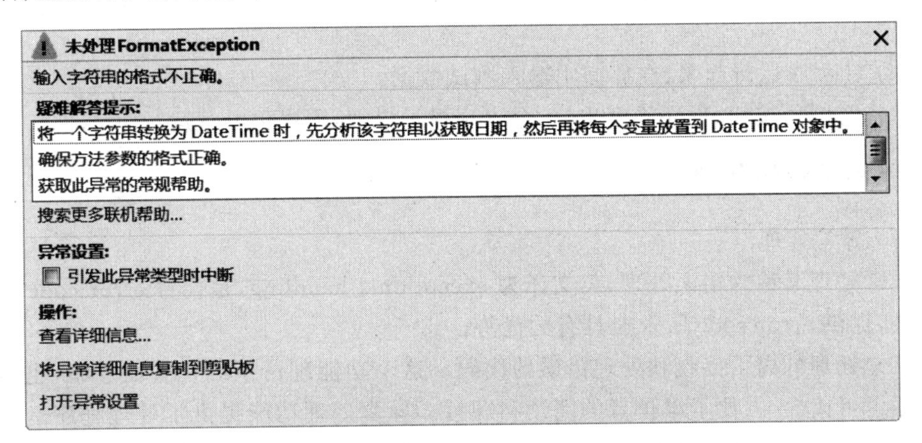

图 2-9　程序异常提示

（3）在程序中引入异常调试语句，以增强代码的健壮性和安全性。改进的程序如代码 2-4 所示。

代码 2-4　改进的计算代码。

```
private void button1_Click(object sender,EventArgs e)
{
  try
  {
      double a1=double.Parse(textBox1.Text);
      double a2=double.Parse(textBox2.Text);
      double a3=0;
      if (comboBox1.Text.ToString()=="+")
```

```
        {
            a3=a1+a2;
        }
        if (comboBox1.Text.ToString()=="-")
        {
            a3=a1-a2;
        }
        if (comboBox1.Text.ToString()=="*")
        {
            a3=a1*a2;
        }
        if (comboBox1.Text.ToString()=="/")
        {
            a3=a1/a2;
        }
        textBox3.Text=a3.ToString();
    }
    catch(Exception ex)
    {
        MessageBox.Show(ex.ToString());
    }
}
```

(4) 让程序运行起来,在界面中输入测试数据。

单击“计算”按钮,程序不会出错,会出现提示界面,程序仍继续运行。

3. 相关背景知识

(1) 异常处理

异常处理又称为错误处理,英文译为 exceptional handling,是代替 error code 方法的新方法,提供 error code 所未能具有的优势。

异常处理分离了接收和处理错误的代码。这个功能理清了编程者的思绪,也帮助代码增强了可读性,方便了维护者的阅读和理解。异常处理功能提供了处理程序运行时出现的任何意外或异常情况的方法。异常处理使用 try、catch 和 finally 关键字来尝试处理可能未成功的操作,处理失败的情况,以及在事后清理资源。

异常处理通常是防止未知错误产生所采取的处理措施。异常处理的好处是你不用再绞尽脑汁去考虑各种错误,这为处理某一类错误提供了一个很有效的方法,使编程效率大大提高。异常可以由公共语言运行库(CLR)、第三方库或使用 throw 关键字的应用程序代码生成。

(2) 异常具有以下特点

- 在应用程序遇到异常情况(如被零除或内存不足发出警告的情况)时,就会产生异常。
- 发生异常时,控制流立即跳转到关联的异常处理程序(如果存在)。
- 如果给定异常没有异常处理程序,则程序将停止执行,并显示一条错误信息。
- 可能导致异常的操作通过 try 关键字来执行。

- 异常处理程序是在异常发生时执行的代码块。在 C# 中，catch 关键字用于定义异常处理程序。
- 程序可以使用 throw 关键字显式地引发异常。
- 异常对象包含有关错误的详细信息，其中包括调用堆栈的状态以及有关错误的文本说明。
- 即使引发了异常，finally 块中的代码也会执行，从而使程序可以释放资源。

(3) try{}、catch{}、finally{}语句

- 处理异常

不带参数的 catch 和带参数的 catch(Exception)是有区别的，catch(Exception)可以捕获所有以 Exception 类派生的异常，而不带参数的 catch 可以捕获所有异常，不管异常是不是从 Exception 类派生。与 catch 配套的 catch 和 finally 是可选的，但二者必选其一。一个 try 可对应多个 catch，但一个 try 只能对应一个 finally。不论 try 中是否发生异常，finally 中的语句一定会被执行。

- 异常传播

如果异常发生后，没有被相应的 catch 捕获，那么异常将沿调用堆栈逐渐向上传递，直到遇到合适的 catch 语句或传递到最底层的调用方法为止。如都没有找到相应的 catch，则异常交付到“.NET 公共语言运行时”，“公共语言运行时”会弹出一个对话框来显示异常信息。

- 抛出异常

格式如下：

```
throw 变量名
```

该变量名必须是 Exception 异常或有 Exception 异常派生的类型。

格式如下：

```
throw
```

这个 throw 语句只有一个 throw 关键字，只能用在 catch 语句块中，该语句的意思是抛出当前 catch 语句所捕获的异常。

- 自定义异常

遵循原则：避免使用复杂的异常类继承层次结构；自定义异常类必须继承 System.Exception 类或其他几种基本常见异常类；自定义异常类名称要以 Exception 结尾；自定义异常类应该可以序列化。

自定义异常类应该至少实现与 Exception 类相同的以下多个构造函数。

public MyException(){}

public MyException(string message){}

public MyException(string message,Exception inner){}

protected MyException(System.Runtime.Serialization.SerializationInfo info, System.Runtime.Serialization.StreamingContext context){}

任务 2.3　设计通用计算器程序

2.3.1　设计通用计算器界面

通用计算器的设计界面如图 2-10 所示。通用计算器界面中有一个显示操作数和结果的文本框,还有数字键和操作符键。

图 2-10　通用计算器的设计界面

通用计算器界面的设计步骤为：首先拖入 1 个 TextBox 控件。再依次拖入 Button 控件,分别作为"操作符键"和"数字键"按钮。

2.3.2　编写通用计算器代码

(1) 首先定义窗体的公共变量,编写程序如代码 2-5 所示。

代码 2-5　定义窗体的公共变量。

```
string str,opp,opp1;
double num1,num2,result;
```

(2) 编写"数字键"的单击事件,数字键"0～9"的单击事件都是一样的,编写程序如代码 2-6 所示。

代码 2-6　"数字键"的单击事件。

```
private void number(object sender,EventArgs e)
{
    Button b= (Button)(sender);
    str=b.Text;
    if (textBox1.Text=="0")
    {
        textBox1.Text=str;
    }
    else
        textBox1.Text=textBox1.Text+str;
}
```

(3) 编写"+、-、*、/"操作符键的单击事件,编写程序如代码 2-7 所示。

代码 2-7　"+、-、*、/"操作符键的单击事件。

```
private void operational(object sender,EventArgs e)
{
    Button b= (Button)(sender);
    if (b.Text=="+")
    {
        num1=double.Parse(textBox1.Text);
        textBox1.Text="";
        opp="+";
        opp1="";
    }
    else if (b.Text=="-")
    {
        num1=double.Parse(textBox1.Text);
        textBox1.Text="";
        opp="-";
        opp1="";
    }
    else if (b.Text=="*")
    {
        num1=double.Parse(textBox1.Text);
        textBox1.Text="";
        opp="*";
        opp1="";
    }
    else if (b.Text=="/")
    {
        num1=double.Parse(textBox1.Text);
        textBox1.Text="";
        opp="/";
        opp1="";
    }
    else if (b.Text=="=")
    {
        if (opp1 !="=")
        {
            num2=double.Parse(textBox1.Text);
```

```
        }
        if (opp=="+")
        {
            num1=num1+num2;
            textBox1.Text=""+num1.ToString();
        }
        else if (opp=="-")
        {
            num1=num1-num2;
            textBox1.Text=""+num1.ToString();
        }
        else if (opp=="*")
        {
            num1=num1*num2;
            textBox1.Text=""+num1.ToString();
        }
        else if (opp=="/")
        {
            if (num2==0)
            {
                textBox1.Text="除数不能为零";
            }
            else
            {
                num1=num1/num2;
                textBox1.Text=""+num1.ToString();
            }
        }
            opp1="=";
    }
}
```

(4) 编写操作符键"退格←、CE、C、sqrt、%、1/x、+/－、."等按钮的单击事件，编写程序如代码 2-8 所示。

代码 2-8 "退格←、CE、C、sqrt、%、1/x、+/－、."按钮的单击事件。

```
private void operation(object sender,EventArgs e)
{
    Button b=(Button)(sender);
    if (b.Text=="+/-")
    {
        num1=double.Parse(textBox1.Text);
        result=num1*(-1);
        textBox1.Text=result.ToString();
    }
    else if (b.Text==".")
    {
        str=textBox1.Text;
        int index=str.IndexOf(".");
        if (index==-1)
        {
            textBox1.Text=str+".";
```

```
        }
    }
    else if (b.Text=="退格←")
    {
        if (textBox1.Text !="")
        {
            str=textBox1.Text;
            str=str.Substring(0,str.Length-1);
            textBox1.Text=str;
        }
    }
    else if (b.Text=="CE")
    {
        textBox1.Text="0";
    }
    else if (b.Text=="C")
    {
        result=num1=num2=0;
        str=null;
        opp=null;
        textBox1.Text="0";
    }
    else if (b.Text=="sqrt")
    {
        num1=double.Parse(textBox1.Text);
        result=Math.Sqrt(num1);
        textBox1.Text=result.ToString();
    }
    else if (b.Text=="1/x")
    {
        num1=double.Parse(textBox1.Text);
        result=1/num1;
        textBox1.Text=result.ToString();
    }
    else if (b.Text=="%")
    {
        num1=double.Parse(textBox1.Text);
        result=num1/100;
        textBox1.Text=result.ToString();
    }
    opp1="";
}
```

2.3.3　运行并测试通用计算器

在 Visual Studio 2012 编程环境中，选择"调试"→"启动调试"菜单命令，使程序运行起来，并输入对应的内容，效果如图 2-11 所示。

在计算器程序中，输入数据进行测试，如计算 2 的平方根，结果如图 2-12 所示。

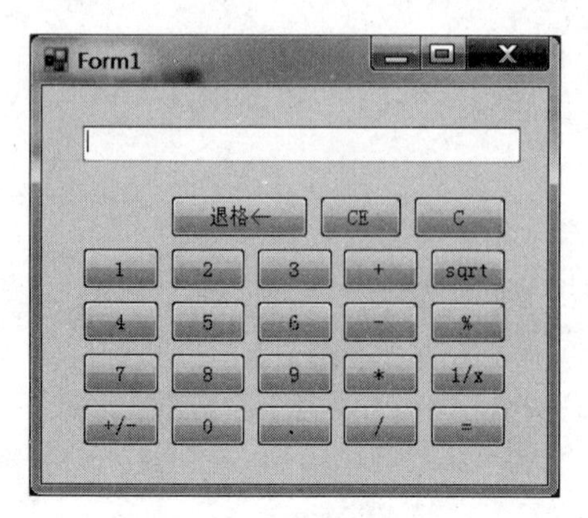

图 2-11　通用计算器程序运行界面

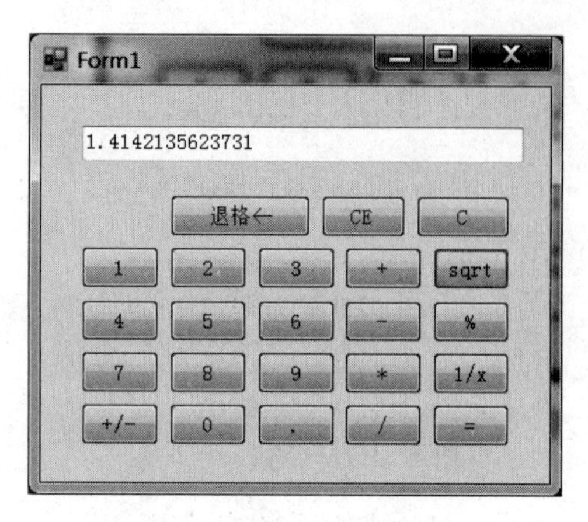

图 2-12　测试计算器程序

项 目 小 结

本项目设计制作了一个计算器程序，通过本项目的设计制作，让读者掌握 C# 应用程序的编写流程及调试方法。本部分还介绍了 C# 常量变量、基本数据类型、运算符和表达式、WinForm 控件的使用方法，以及 C# 基本流控制语句的使用方法。

项 目 拓 展

读者可以根据本项目的设计制作方法，设计制作一个“科学计算器”，功能如图 2-13 所示。

图 2-13　“科学计算器”界面

项目 3　设计制作考试系统

考试系统是现代教育技术中常用的一种考试形式。考试系统通过计算机软件生成考试题目，考生对生成的考试题目进行答卷，答卷交卷后由考试系统自动判断答题的对错，并自动给出分数。

本项目使用 C# 设计一个简单的考试系统，包括“选择题”、“判断题”和“填空题”等考试题型。考生答题后，本考试系统将对答题情况进行判断，并给出相应的分数。

简单考试系统的功能和使用流程如下：首先是生成考试试卷，考试界面包括“单项选择题”、“多项选择题”、“判断题”和“填空题”等题型。考生根据题目情况进行答题，答题后，单击“交卷”按钮交卷。考试系统自动评出分数，并把分数显示出来。

本考试系统的设计重点为练习 C# 控件的使用方法，并不涉及数据库知识，所以在考试题目设置上，采用固定的题目以及事先设定好的答案。读者可以在学习完本书后面的数据库相关项目之后，自行设计数据库版本的考试系统。

任务 3.1　使用基本控件创建考试系统界面

3.1.1　使用 RadioButton 控件

1. 要求和目的

要求：

使用 RadioButton 控件设计制作考试系统的单选题。

目的：

掌握 RadioButton 控件属性的设置方法。

掌握 RadioButton 控件与 GroupBox 控件配合使用的方法。

2. 设计步骤

(1) 设计界面

打开 Visual Studio 2012 编程环境，创建一个名称为 3-1-1 的项目。设计一个单项选择题，有题目内容和 4 个选择项，还有一个“交卷”按钮，如图 3-1 所示。

单项选择题的设计步骤为：首先拖入 1 个 Label 控件，用于显示“简单考试系统”；再拖入 1 个 GroupBox 控件，设置该 GroupBox 控件的 Text 属性为“单项选择题”；然后拖

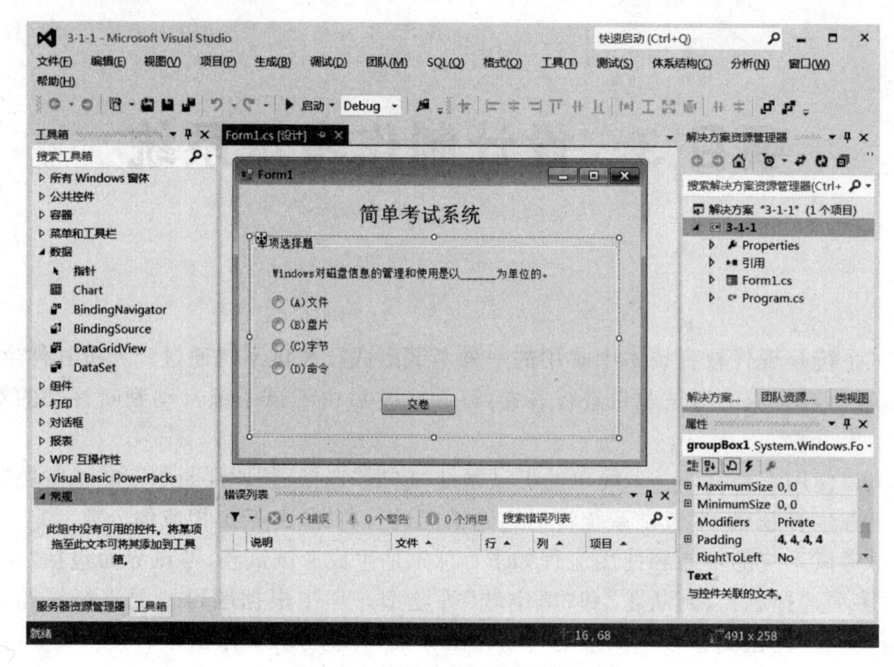

图 3-1　单项选择题的设计界面

入1个Label控件,用于显示“题目内容”;拖入4个RadioButton控件,用于显示“选择项”;最后拖入1个Button控件,用作“交卷”按钮。

(2) 编写代码

双击“交卷”按钮,进入该按钮的单击事件,编写程序如代码3-1所示。

代码 3-1　“交卷”按钮的单击事件。

```
private void button1_Click(object sender,EventArgs e)
{
    if (radioButton1.Checked)
    {
        MessageBox.Show("您的答案是正确的.");
    }
    else
    {
        MessageBox.Show("您的答案是错误的,正确答案是 A.");
    }
}
```

3. 相关背景知识

下面介绍单选按钮(RadioButton)和GroupBox控件。

RadioButton是单选按钮控件,多个RadioButton控件可以为一组,这一组内的RadioButton控件只能有一个被选中,即按钮之间相互制约。GroupBox控件是一个容器类控件,在其内部可放其他控件,表示其内部的所有控件为一组,其属性Text可用来表示此组控件的标题。如把RadioButton控件放到GroupBox控件中,表示这些

RadioButton 控件是一组。例如制作性别选项时，可用 RadioButton 和 GroupBox 控件来实现“男”、“女”的二选一。

GroupBox 控件常用属性只有一个 Text 属性，用于指定 GroupBox 控件顶部的标题。RadioButton 控件的属性如表 3-1 所示。

表 3-1 RadioButton 控件的属性

属性名称	属性含义
Text	单选按钮控件旁边的标题
Checked	布尔变量，为 true 时表示按钮被选中，为 false 时表示不被选中

RadioButton 控件的事件如表 3-2 所示。

表 3-2 RadioButton 控件的事件

事件名称	事件含义
CheckedChanged	单选按钮选中或不被选中的状态发生改变时产生的事件
Click	单击单选按钮控件时产生的事件

3.1.2 使用 CheckBox 控件

1. 要求和目的

要求：

使用 CheckBox 控件设计制作考试系统的多选题。

目的：

掌握 CheckBox 控件属性的设置方法。

掌握 CheckBox 控件编写程序的方法。

2. 设计步骤

(1) 打开 Visual Studio 2012 编程环境，创建一个名称为 3-1-2 的项目。设计一个“多项选择题”，有题目内容和 4 个选择项，还有一个“交卷”的按钮，如图 3-2 所示。

多项选择题界面的设计步骤为：首先拖入 1 个 Label 控件，用来显示“简单考试系统”，拖入 1 个 GroupBox 控件，设置该控件的 Text 属性为“多项选择题”。然后拖入 1 个 Label 控件，用于显示题目内容。拖入 4 个 CheckBox 控件，用于显示“题目的选项”。最后拖入 1 个 Button 控件，用作“交卷”按钮。

(2) 双击“交卷”按钮，进入该按钮的单击事件，编写程序如代码 3-2 所示。

代码 3-2 “交卷”按钮的单击事件。

```
private void button1_Click(object sender,EventArgs e)
{
    if (checkBox1.Checked & checkBox3.Checked & checkBox4.Checked
    & !checkBox2.Checked)
```

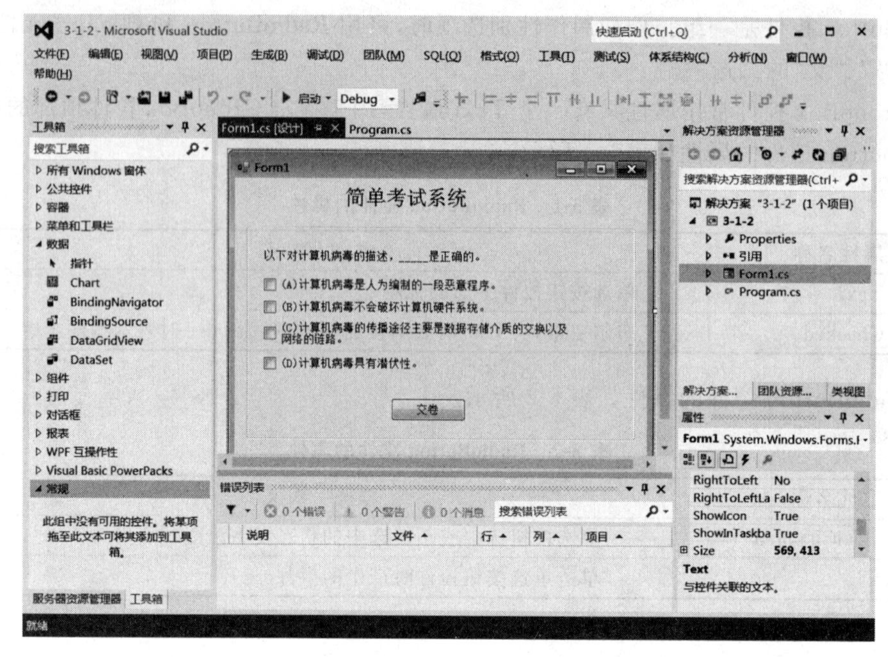

图 3-2　多项选择题的设计界面

```
    {
        MessageBox.Show("恭喜您,选择正确.");
    }
    else
    {
        MessageBox.Show("您的选择是错误的,正确答案是 ACD.");
    }
}
```

(3) 在 Visual Studio 2012 编程环境中,选择"调试"→"启动调试"菜单命令,使程序运行起来,并对考试系统进行测试,效果如图 3-3 和图 3-4 所示。

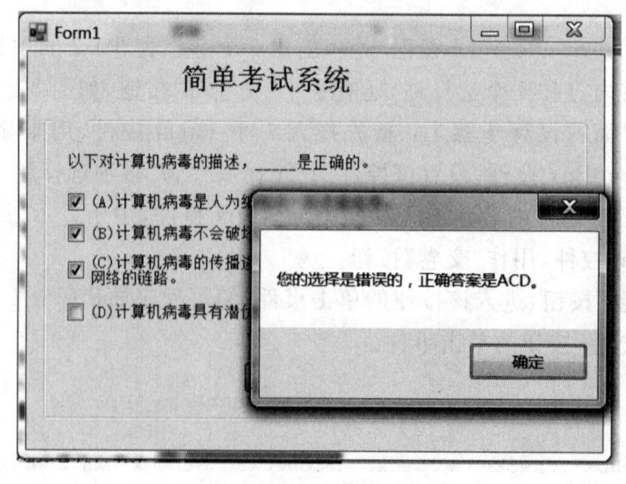

图 3-3　错误答案的提示

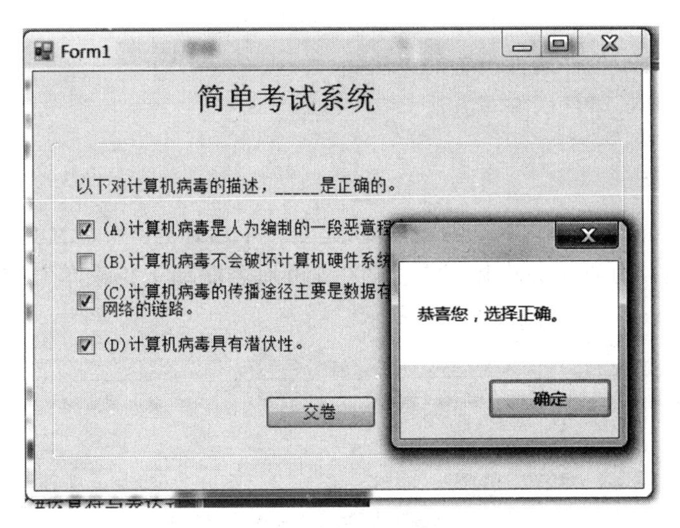

图 3-4 正确答案的提示

3. 相关背景知识

CheckBox 是多选框控件，可将多个 CheckBox 控件放到 GroupBox 控件内形成一组，这一组内的 CheckBox 控件可以多选、不选或全选。可用来选择一些可共存的特性，比如个人爱好。

CheckBox 控件的属性如表 3-3 所示。

表 3-3 CheckBox 控件的属性

属性名称	属性含义
Text	多选框控件旁边的标题
Checked	布尔变量，为 true 表示多选框被选中，为 false 表示多选框不被选中

CheckBox 控件的事件如表 3-4 所示。

表 3-4 CheckBox 控件的事件

事件名称	事件含义
Click	单击多选框控件时产生的事件
CheckedChanged	多选框在选中状态或不被选中状态之间发生改变时产生的事件

3.1.3 使用 ComboBox 控件

1. 要求和目的

要求：

设计一个省市级联动的下拉菜单，当选择省的名称时，市的下拉菜单会显示对应省的城市。

目的：

掌握 ComboBox 控件属性设置的方法。

掌握 ComboBox 事件的编写方法。

2. 设计步骤

(1) 打开 Visual Studio 2012 编程环境，建立一个名称为 3-1-3 的项目。在窗体中拖入 3 个 Label 控件，分别作为窗体标题文本“省市地名联动下拉菜单”、“省”、“市”名称。再拖入 2 个 ComboBox 控件，如图 3-5 所示。

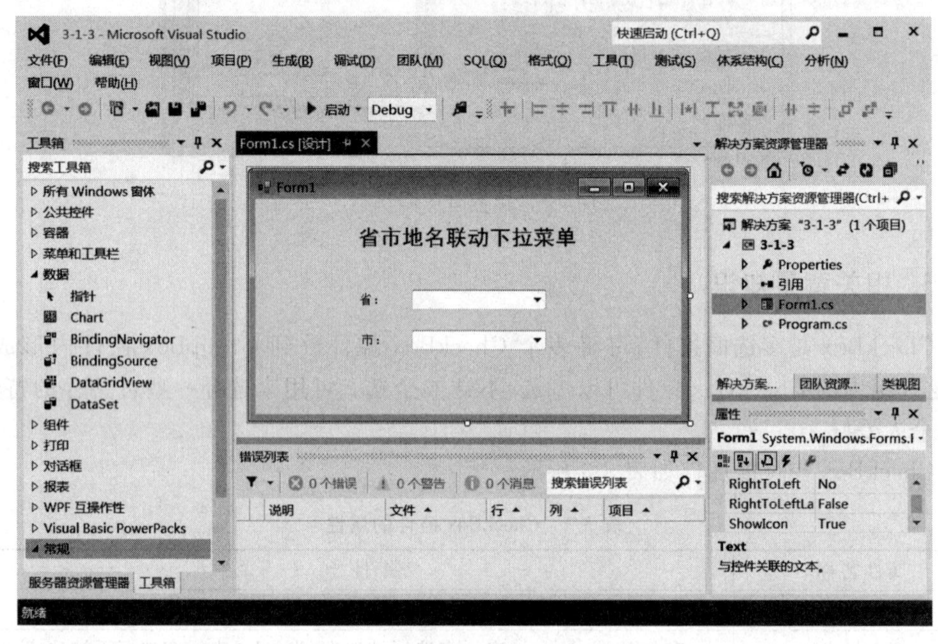

图 3-5 省市地名联动下拉菜单

(2) 编写窗体的 Form_Load 事件，用于填充“省”的下拉菜单项，编写程序如代码 3-3 所示。

代码 3-3 窗体的 Form_Load 事件。

```
private void Form1_Load(object sender,EventArgs e)
{
    string[] s={"北京市","上海市","天津市","重庆市","香港特别行政区","澳门特别行政
                区","台湾省","云南省","内蒙古自治区","吉林省","四川省","宁夏回族
                自治区","安徽省","山东省","山西省","广东省","广西壮族自治区","新
                疆维吾尔自治区","江苏省","江西省","河北省","河南省","浙江省","海
                南省","湖北省","湖南省","甘肃省","福建省","西藏自治区","贵州省",
                "辽宁省","陕西省","青海省","黑龙江省"};
    for (int i=0; i<s.Length; i++)
    {
        comboBox1.Items.Add(s[i]);
    }
```

```
    comboBox1.SelectedIndex=0;
}
```

(3) 编写"省"下拉菜单的 SelectedIndexChanged 事件,编写程序如代码 3-4 所示。

代码 3-4 下拉菜单的 SelectedIndexChanged 事件。

```
private void comboBox1_SelectedIndexChanged(object sender,EventArgs e)
{
    comboBox2.Items.Clear();                          //清空原来的地区值
    switch (comboBox1.Text.Trim())
    {
        case "北京市": changeCity(1); break;
        case "上海市": changeCity(2); break;
        case "天津市": changeCity(3); break;
        case "重庆市": changeCity(4); break;
        case "香港特别行政区": changeCity(5); break;
        case "澳门特别行政区": changeCity(6); break;
        case "台湾省": changeCity(7); break;
        case "云南省": changeCity(8); break;
        case "内蒙古自治区": changeCity(9); break;
        case "吉林省": changeCity(10); break;
        case "四川省": changeCity(11); break;
        case "宁夏回族自治区": changeCity(12); break;
        case "安徽省": changeCity(13); break;
        case "山东省": changeCity(14); break;
        case "山西省": changeCity(15); break;
        case "广东省": changeCity(16); break;
        case "广西壮族自治区": changeCity(17); break;
        case "新疆维吾尔自治区": changeCity(18); break;
        case "江苏省": changeCity(19); break;
        case "江西省": changeCity(20); break;
        case "河北省": changeCity(21); break;
        case "河南省": changeCity(22); break;
        case "浙江省": changeCity(23); break;
        case "海南省": changeCity(24); break;
        case "湖北省": changeCity(25); break;
        case "湖南省": changeCity(26); break;
        case "甘肃省": changeCity(27); break;
        case "福建省": changeCity(28); break;
        case "西藏自治区": changeCity(29); break;
        case "贵州省": changeCity(30); break;
        case "辽宁省": changeCity(31); break;
        case "陕西省": changeCity(32); break;
        case "青海省": changeCity(33); break;
        case "黑龙江省": changeCity(34); break;
    }
}
```

(4) 在上述代码中,调用了方法 changeCity(int i),该方法的程序如代码 3-5 所示。

代码 3-5 changeCity(int i)方法。

```
private void changeCity(int i)
{
    //定义字符串来保存各省份、自治区、直辖市或地区
    string[] s1={"北京市"};                                             //北京市
    string[] s2={"上海市"};                                             //上海市
    string[] s3={"天津市"};                                             //天津市
    string[] s4={"重庆市"};                                             //重庆市
    string[] s5={"香港特别行政区"};                                     //香港特别行政区
    string[] s6={"澳门特别行政区"};                                     //澳门特别行政区
    string[] s7={"台北市","台中市","高雄市","台南市","基隆市","新北市","嘉义市",
              "屏东市"};                                                //台湾省
    string[] s8={"昭通市","丽江市","曲靖市","保山市","大理白族自治州","楚雄彝族自
              治州","昆明市","思茅市","玉溪市","临沧市","红河哈尼族彝族自治
              州","文山州","西双版纳傣族自治州","德宏族景颇族自治州","怒江傈僳
              族自治州","迪庆藏族自治州"};                              //云南省
    string[] s9={"呼伦贝尔市","兴安盟","锡林郭勒盟","巴彦淖尔市","包头市","呼和浩
              特市","通辽市","赤峰市","乌海市","鄂尔多斯市","乌兰察布市","阿拉
              善盟"};                                                   //内蒙古自治区
    string[] s10={"辽源市","通化市","白城市","松原市","长春市","吉林市","延边朝鲜
              族自治州","白山市","四平市"};                             //吉林省
    string[] s11={"甘孜藏族自治州","阿坝藏族羌族自治州","成都市","绵阳市","雅安
              市","乐山市","宜宾市","巴中市","达州市","遂宁市","南充市","泸州
              市","自贡市","攀枝花市","德阳市","广元市","内江市","广安市","眉
              山市","资阳市","凉山彝族自治州"};                         //四川省
    string[] s12={"石嘴山市","银川市","吴忠市","固原市","中卫市"};//宁夏回族自治区
    string[] s13={"淮南市","马鞍山市","淮北市","铜陵市","滁州市","巢湖市","池州
              市","宣城市","亳州市","宿州市","阜阳市","六安市","蚌埠市","合肥
              市","芜湖市","安庆市","黄山市"};                         //安徽省
    string[] s14={"德州市","滨州市","烟台市","聊城市","济南市","泰安市","淄博市",
              "潍坊市","青岛市","济宁市","日照市","枣庄市","东营市","威海市",
              "莱芜市","临沂市","菏泽市"};                             //山东省
    string[] s15={"长治市","晋中市","朔州市","大同市","吕梁市","忻州市","太原市",
              "阳泉市","临汾市","运城市","晋城市"};                     //山西省
    string[] s16={"韶关市","清远市","梅州市","肇庆市","广州市","河源市","汕头市",
              "深圳市","汕尾市","湛江市","阳江市","茂名市","珠海市","佛山市",
              "江门市","惠州市","东莞市","中山市","潮州市","揭阳市","云浮市"};
                                                                        //广东省
    string[] s17={"桂林市","河池市","柳州市","百色市","贵港市","梧州市","南宁市",
              "钦州市","北海市","防城港市","玉林市","贺州市","来宾市","崇
              左市"};                                                   //广西壮族自治区
    string[] s18={"巴音郭楞蒙古自治州","昌吉回族自治州","克孜勒苏柯尔克孜自治州",
              "伊犁哈萨克自治州","博尔塔拉蒙古自治州","阿拉尔市","克拉玛依市",
              "乌鲁木齐市","吐鲁番市","阿克苏市","阿勒泰市","石河子市","喀什
              市","塔城市","和田市","哈密市","奇台市"};         //新疆维吾尔自治区
    string[] s19={"无锡市","苏州市","镇江市","泰州市","宿迁市","徐州市","连云港
              市","淮安市","南京市","扬州市","盐城市","南通市","常州市"};
                                                                        //江苏省
```

```
string[] s20={"九江市","吉安市","萍乡市","新余市","宜春市","赣州市","景德镇
            市","南昌市","鹰潭市","上饶市","抚州市"};          //江西省
string[] s21={"邯郸市","衡水市","石家庄市","邢台市","张家口市","承德市","秦皇
            岛市","廊坊市","唐山市","保定市","沧州市"};        //河北省
string[] s22={"安阳市","三门峡市","郑州市","南阳市","周口市","驻马店市","信阳
            市","开封市","洛阳市","平顶山市","焦作市","鹤壁市","新乡市","濮
            阳市","许昌市","漯河市","商丘市","济源市"};        //河南省
string[] s23={"湖州市","舟山市","杭州市","嘉兴市","金华市","绍兴市","宁波市",
            "衢州市","丽水市","台州市","温州市"};             //浙江省
string[] s24={"海口市","三亚市"};                             //海南省
string[] s25={"襄樊市","荆门市","黄冈市","武汉市","黄石市","鄂州市","孝感市",
            "咸宁市","荆州市","恩施土家族苗族自治州","随州市","十堰市","宜
            昌市"};                                           //湖北省
string[] s26={"张家界市","岳阳市","怀化市","长沙市","邵阳市","益阳市","郴州
            市","株洲市","湘潭市","衡阳市","娄底市","常德市","永州市","湘西
            土家族苗族自治州"};                               //湖南省
string[] s27={"张掖市","金昌市","武威市","兰州市","白银市","定西市","平凉市",
            "庆阳市","甘南藏族自治州","临夏回族自治州","天水市","嘉峪关市",
            "酒泉市","陇南市"};                               //甘肃省
string[] s28={"莆田市","南平市","宁德市","福州市","龙岩市","三明市","泉州市",
            "漳州市","厦门市"};                               //福建省
string[] s29={"那曲地区","日喀则地区","拉萨市","山南地区","阿里地区","昌都地
            区","林芝地区"};                                  //西藏自治区
string[] s30={"毕节市","遵义市","铜仁市","安顺市","贵阳市","黔西南州","六盘水
            市","黔东南州","黔南州"};                         //贵州省
string[] s31={"葫芦岛市","盘锦市","辽阳市","铁岭市","阜新市","朝阳市","锦州
            市","鞍山市","沈阳市","本溪市","抚顺市","营口市","丹东市","大
            连市"};                                           //辽宁省
string[] s32={"榆林市","延安市","西安市","渭南市","汉中市","商洛市","安康市",
            "铜川市","宝鸡市","咸阳市"};                      //陕西省
string[] s33={"海北藏族自治州","海南藏族自治州","西宁市","玉树藏族自治州","黄
            南藏族自治州","果洛藏族自治州","海西蒙古族藏族自治州","海东地区"};
                                                              //青海省
string[] s34={"黑河市","齐齐哈尔市","绥化市","鹤岗市","佳木斯市","伊春市","双
            鸭山市","哈尔滨市","鸡西市","大庆市","七台河市","牡丹江市","大
            兴安岭地区"};                                     //黑龙江省
//根据传递过来的值添加对应省份地区
switch (i)
{
  case 1:
        for (int j=0; j<s1.Length; j++)
          {
              comboBox2.Items.Add(s1[j]);
          }
          break;
  case 2:
        for (int j=0; j<s2.Length; j++)
          {
```

```
                comboBox2.Items.Add(s2[j]);
            }
            break;
        case 3:
            for (int j=0; j<s3.Length; j++)
            {
                comboBox2.Items.Add(s3[j]);
            }
            break;
        case 4:
            for (int j=0; j<s4.Length; j++)
            {
                comboBox2.Items.Add(s4[j]);
            }
            break;
        case 5:
            for (int j=0; j<s5.Length; j++)
            {
                comboBox2.Items.Add(s5[j]);
            }
            break;
        case 6:
            for (int j=0; j<s6.Length; j++)
            {
                comboBox2.Items.Add(s6[j]);
            }
            break;
        case 7:
            for (int j=0; j<s7.Length; j++)
            {
                comboBox2.Items.Add(s7[j]);
            }
            break;
        case 8:
            for (int j=0; j<s8.Length; j++)
            {
                comboBox2.Items.Add(s8[j]);
            }
            break;
        case 9:
            for (int j=0; j<s9.Length; j++)
            {
                comboBox2.Items.Add(s9[j]);
            }
            break;
        case 10:
            for (int j=0; j<s10.Length; j++)
            {
```

```
            comboBox2.Items.Add(s10[j]);
        }
        break;
case 11:
    for (int j=0; j<s11.Length; j++)
        {
            comboBox2.Items.Add(s11[j]);
        }
        break;
case 12:
    for (int j=0; j<s12.Length; j++)
        {
            comboBox2.Items.Add(s12[j]);
        }
        break;
case 13:
    for (int j=0; j<s13.Length; j++)
        {
            comboBox2.Items.Add(s13[j]);
        }
        break;
case 14:
    for (int j=0; j<s14.Length; j++)
        {
            comboBox2.Items.Add(s14[j]);
        }
        break;
case 15:
    for (int j=0; j<s15.Length; j++)
        {
            comboBox2.Items.Add(s15[j]);
        }
        break;
case 16:
    for (int j=0; j<s16.Length; j++)
        {
            comboBox2.Items.Add(s16[j]);
        }
        break;
case 17:
    for (int j=0; j<s17.Length; j++)
        {
            comboBox2.Items.Add(s17[j]);
        }
        break;
case 18:
    for (int j=0; j<s18.Length; j++)
        {
```

```
                comboBox2.Items.Add(s18[j]);
            }
            break;
    case 19:
        for (int j=0; j<s19.Length; j++)
            {
                comboBox2.Items.Add(s19[j]);
            }
            break;
    case 20:
        for (int j=0; j<s20.Length; j++)
            {
                comboBox2.Items.Add(s20[j]);
            }
            break;
    case 21:
        for (int j=0; j<s21.Length; j++)
            {
                comboBox2.Items.Add(s21[j]);
            }
            break;
    case 22:
        for (int j=0; j<s22.Length; j++)
            {
                comboBox2.Items.Add(s22[j]);
            }
            break;
    case 23:
        for (int j=0; j<s23.Length; j++)
            {
                comboBox2.Items.Add(s23[j]);
            }
            break;
    case 24:
        for (int j=0; j<s24.Length; j++)
            {
                comboBox2.Items.Add(s24[j]);
            }
            break;
    case 25:
        for (int j=0; j<s25.Length; j++)
            {
                comboBox2.Items.Add(s25[j]);
            }
            break;
    case 26:
        for (int j=0; j<s26.Length; j++)
            {
```

```
            comboBox2.Items.Add(s26[j]);
        }
        break;
case 27:
    for (int j=0; j<s27.Length; j++)
        {
            comboBox2.Items.Add(s27[j]);
        }
        break;
case 28:
    for (int j=0; j<s28.Length; j++)
        {
            comboBox2.Items.Add(s28[j]);
        }
        break;
case 29:
    for (int j=0; j<s29.Length; j++)
        {
            comboBox2.Items.Add(s29[j]);
        }
        break;
case 30:
    for (int j=0; j<s30.Length; j++)
        {
            comboBox2.Items.Add(s30[j]);
        }
        break;
case 31:
    for (int j=0; j<s31.Length; j++)
        {
            comboBox2.Items.Add(s31[j]);
        }
        break;
case 32:
    for (int j=0; j<s32.Length; j++)
        {
            comboBox2.Items.Add(s32[j]);
        }
        break;
case 33:
    for (int j=0; j<s33.Length; j++)
        {
            comboBox2.Items.Add(s33[j]);
        }
        break;
case 34:
    for (int j=0; j<s34.Length; j++)
        {
```

```
                comboBox2.Items.Add(s34[j]);
            }
            break;
    }
    comboBox2.SelectedIndex=0;
}
```

(5) 在 Visual Studio 2012 编程环境中,选择"调试"→"启动调试"菜单命令,使程序运行起来,并选择不同的"省",查看所显示的"市"的名称,效果如图 3-6 所示。

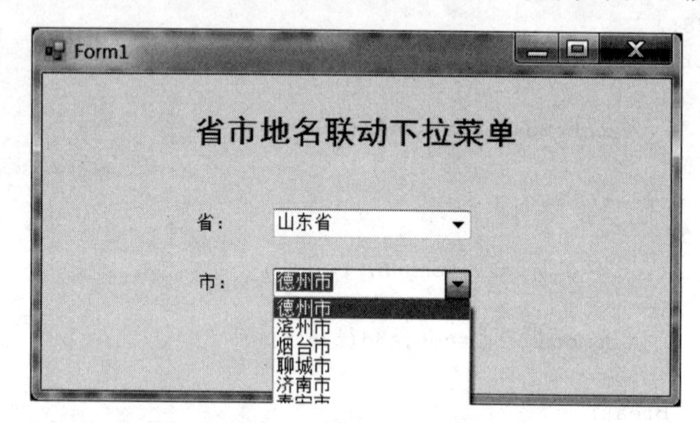

图 3-6 程序运行效果

3. 相关背景知识

ComboBox 控件中有一个文本框,可以在文本框中输入字符,其右侧有一个向下的箭头,单击此箭头可以打开一个列表框,可以从列表框中选择希望输入的内容。

ComboBox 控件的常用属性如表 3-5 所示。

表 3-5 ComboBox 控件的常用属性

属性名称	属性含义
DropDownStyle	确定下拉列表组合框的类型。类型为 Simple 表示文本框可编辑,列表部分永远可见;类型为 DropDown 是默认值,表示文本框可编辑,必须单击箭头才能看到列表部分;类型为 DropDownList 表示文本框不可编辑,必须单击箭头才能看到列表部分
Items	存储 ComboBox 中的列表内容,对应 ArrayList 类对象,元素是字符串
MaxDropDownItems	下拉列表能显示的最大条目数(1～100),如果实际条目数大于此数,将出现滚动条
Sorted	表示下拉列表框中条目是否以字母顺序排序,默认值为 false,表示不按字母顺序排序
SelectedItem	所选择条目的内容,即下拉列表中选中的字符串。如一个也没选,该值为空。其实,属性 Text 也是所选择的条目的内容
SelectedIndex	编辑框所选列表条目的索引号,列表条目索引号从 0 开始。如果编辑框未从列表中选择条目,该值为-1

ComboBox 控件的常用事件如表 3-6 所示。

表 3-6　ComboBox 控件的常用事件

事件名称	事件含义
SelectedIndexChanged	被选索引号改变时发生的事件

3.1.4　使用 RichTextBox 控件

1. 要求和目的

要求：

设计一个应用程序，能够设置 RichTextBox 控件的字体样式。

目的：

掌握 RichTextBox 控件的使用方法。

掌握 fontDialog 控件的使用方法。

2. 设计步骤

(1) 打开 Visual Studio 2012 编程环境，创建一个名称为 3-1-4 的应用程序。在窗体界面中拖入 1 个 RichTextBox 控件和 1 个 fontDialog 控件，最后拖入 1 个 Button 控件，如图 3-7 所示。

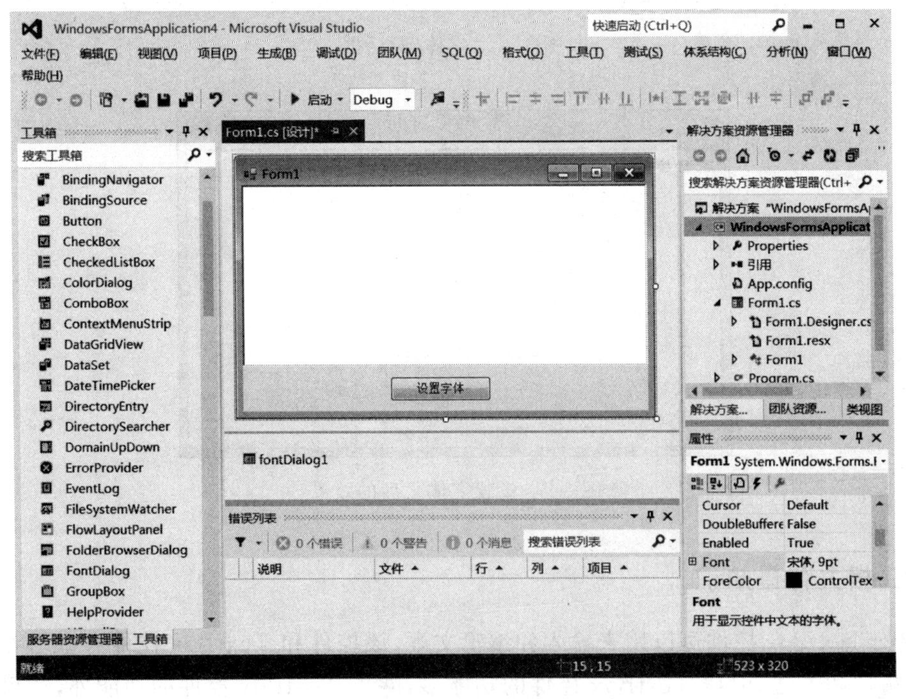

图 3-7　设计界面

(2) 双击“设置字体”按钮,进入该按钮的单击事件,编写程序如代码3-6所示。

代码3-6 “设置字体”按钮的单击事件。

```
private void button1_Click(object sender,EventArgs e)
{
    fontDialog1.ShowDialog();
    richTextBox1.Font=fontDialog1.Font;
}
```

(3) 在Visual Studio 2012编程环境中,选择“调试”→“启动调试”菜单命令,使程序运行起来,效果如图3-8和图3-9所示。

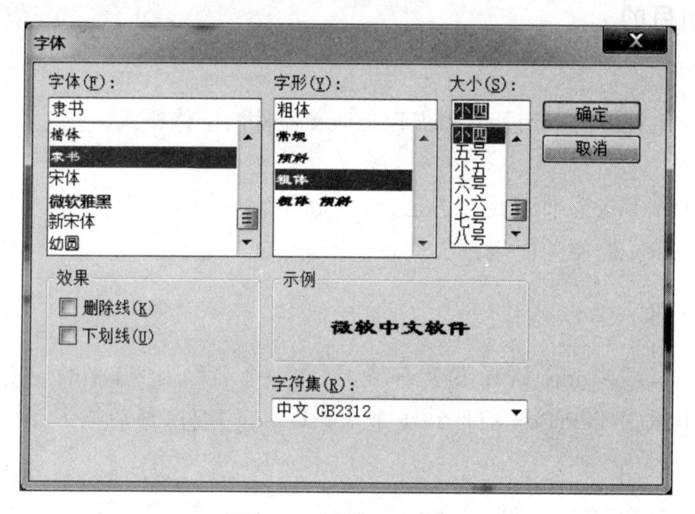

图3-8 “字体”对话框

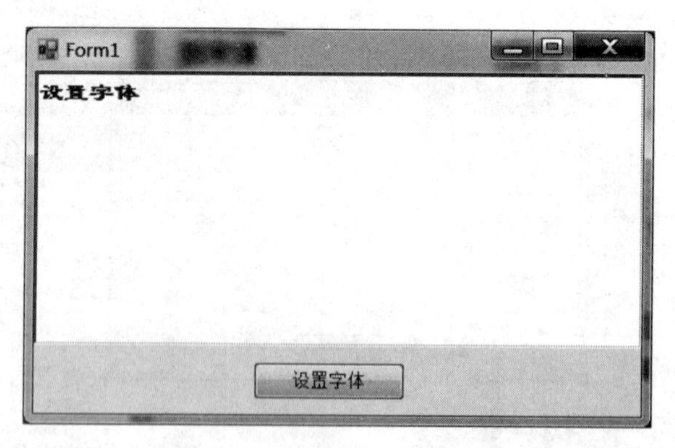

图3-9 设置字体之后的效果

3. 相关背景知识

RichTextBox控件可以用来输入和编辑文本,该控件和TextBox控件有许多相同的属性、事件和方法,但比TextBox控件的功能多,除了TextBox控件的功能外,还可以设定文字的颜色、字体和段落格式,支持字符串查找功能,支持rtf格式等。

RichTextBox 控件的属性如表 3-7 所示。

表 3-7　RichTextBox 控件的属性

属性名称	属性含义
Dock	很多控件都有此属性，它设定控件在窗体中的位置，可以是枚举类型 DockStyle 的成员 None、Left、Right、Top、Bottom 或 Fill，分别表示在窗体的任意位置，可以是左侧、右侧、顶部、底部，或充满客户区。在属性窗口中，DOCK 属性的值用周边 5 个矩形、中间一个矩形的图形来表示
SelectedText	获取或设置 RichTextBox 控件内的选定文本
SelectionLength	获取或设置 RichTextBox 控件中选定文本的字符数
SelectionStart	获取或设置 RichTextBox 控件中选定的文本起始点
SelectionFont	如果已选定文本，则获取或设置选定文本的字体；如果未选定文本，则获取当前输入字符中采用的字体或设置以后输入字符中采用的字体
SelectionColor	如果已选定文本，则获取或设置选定文本的颜色；如果未选定文本，则获取当前输入字符采用的颜色或设置以后输入的字符采用的颜色
Lines	记录 RichTextBox 控件中所有文本的字符串数组，每两个回车符之间的字符串是数组的一个元素
Modified	指示用户是否已修改控件的内容。值为 true 时表示已修改

RichTextBox 控件的事件如表 3-8 所示。

表 3-8　RichTextBox 控件的事件

事件名称	事件含义
SelectionChange	RichTextBox 控件内的选定文本更改时发生的事件
TextChanged	RichTextBox 控件内的文本内容改变时发生的事件

RichTextBox 控件的方法如表 3-9 所示。

表 3-9　RichTextBox 控件的方法

方法名称	方法含义
Clear()	清除 RichTextBox 控件中用户输入的所有内容，即清空属性 Lines
Copy()、Cut()、Paste()	实现 RichTextBox 控件的复制、剪贴、粘贴功能
SelectAll()	选择 RichTextBox 控件内的所有文本
Find()	实现查找功能。从第二个参数指定的位置开始，查找第一个参数指定的字符串，并返回找到的第一个匹配字符串的位置。返回负值，表示未找到匹配字符串。第三个参数指定查找的一些附加条件，可以是枚举类型 RichTextBoxFinds 的成员：MatchCase（区分大小写）、Reverse（反向查找）等。允许有 1 个、2 个或 3 个参数

续表

方法名称	方法含义
SaveFile()	用于保存文件。它有2个参数,第一个参数为要保存文件的完整路径和文件名;第二个参数是文件类型,可以是:纯文本,即 RichTextBoxStreamType. PlainText;Rtf格式流,即 RichTextBoxStreamType. RichText;采用Unicode编码的文本流,即 RichTextBoxStreamType. UnicodePlainText
LoadFile()	装载文件,参数同 SaveFile()方法。注意,存取文件的类型必须一致
Undo()	撤销 RichTextBox 控件中的上一个编辑操作
Redo()	重新应用 RichTextBox 控件中上次撤销的操作

3.1.5 使用 LinkLabel 控件

1. 要求和目的

要求:
建立一个 LinkLabel 控件的超链接,链接到网站地址。
目的:
掌握 LinkLabel 控件属性的设置方法。
掌握 LinkLabel 控件编程的方法。

2. 设计步骤

(1) 打开 Visual Studio 2012 编程环境,新建一个名称为3-1-5的项目。在窗体界面中拖入3个 Label 控件,然后拖入2个 LinkLabel 控件,设置这两个 LinkLabel 控件的 Text 属性分别为"http://www. 163. com"和"http://www. sina. com"。程序设计界面如图3-10所示。

(2) 编写第一个 LinkLabel 控件的单击事件,编写程序如代码3-7所示。

代码3-7 LinkLabel 控件的单击事件。

```
private void linkLabel1_Click(object sender,EventArgs e)
{
    linkLabel1.LinkVisited=true;
    System.Diagnostics.Process.Start("http://www.163.com");
}
```

(3) 编写第二个 LinkLabel 控件的单击事件,编写代码如代码3-8所示。

代码3-8 LinkLabel 控件的单击事件。

```
private void linkLabel2_Click(object sender,EventArgs e)
{
    linkLabel1.LinkVisited=true;
    System.Diagnostics.Process.Start("http://www.sina.com");
}
```

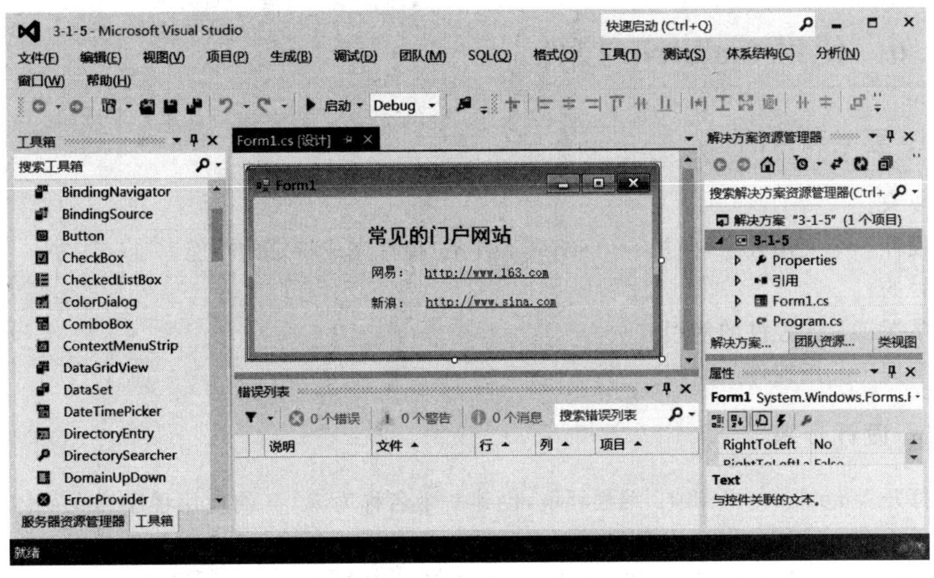

图 3-10　LinkLabel 控件的设计界面

3. 相关背景知识

（1）控件 LinkLable 是控件 Label 的派生类，与控件 Label 不同的是，显示的字符有下划线，可以为 LinkLable 控件的 LinkClicked 事件增加事件处理函数，当鼠标指向 LinkLable 控件时，鼠标指针形状变为手形。单击该控件，可调用这个事件的处理函数，用于打开文件或网页。

（2）LinkLable 控件常用的属性如表 3-10 所示。

表 3-10　LinkLable 控件常用的属性

属 性 名 称	属 性 含 义
LinkColor	用户未访问过的链接的字符颜色，默认为蓝色
VisitedLinkColor	用户访问链接后的字符颜色
LinkVisited	如果已经访问过该链接，则为 true；否则为 false
LinkArea	是一个结构，变量 LinkArea. Start 表示字符串中开始加下划线的字符位置，LinkArea. Length 表示字符串中加下划线字符的个数

（3）LinkLable 控件常用的事件如表 3-11 所示。

表 3-11　LinkLable 控件常用的事件

事 件 名 称	事 件 含 义
LinkClicked	单击控件的 LinkLable 事件
Click	单击控件的 LinkLable 事件

3.1.6 使用 toolStrip 控件

1. 要求和目的

要求：

设计一个应用程序，使用 toolStrip(工具条)控件完成特定的功能。

目的：

掌握工具条控件的使用方法。

掌握工具条控件的编程方法。

2. 设计步骤

打开 Visual Studio 2012 编程环境，创建一个名称为 3-1-6 的应用程序。在窗体界面中拖入 1 个 toolStrip 控件。利用工具条添加新项的下拉列表，可以为工具条添加多种成员，常用的是按钮与分隔符。新添加按钮时，默认的对象名为：toolStripButtoni。可以修改此对象名，如改为 openButton。默认的按钮图片为▣，可以通过"属性"窗口"外观"栏中的 Image 属性或直接右击该按钮，在弹出的浮动菜单中选择"设置图像"菜单项来修改(装入或创建)按钮图片，如图 3-11 和图 3-12 所示。

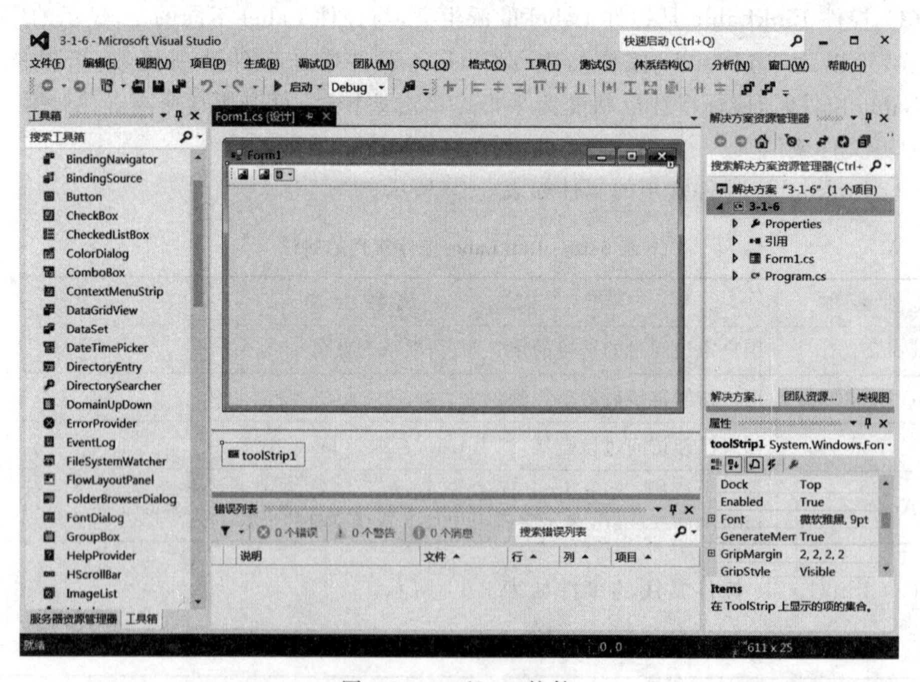

图 3-11 toolStrip 控件

添加 2 个 toolStripButton 按钮和 1 个 toolStripSeparator 分隔控件，然后添加 2 个 toolStripButton 按钮的单击事件，编写程序分别如代码 3-9 和代码 3-10 所示。

代码 3-9 toolStripButton 按钮的单击事件。

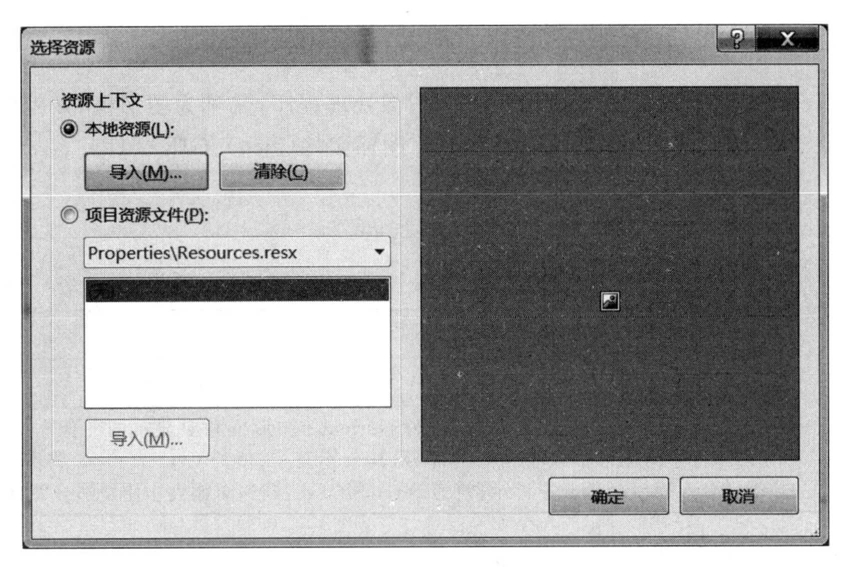

图 3-12　设置图片

```
private void toolStripButton1_Click(object sender,EventArgs e)
{
    MessageBox.Show("欢迎使用按钮 1");
}
```

代码 3-10　toolStripButton 按钮的单击事件。

```
private void toolStripButton2_Click(object sender,EventArgs e)
{
    MessageBox.Show("欢迎使用按钮 2");
}
```

在 Visual Studio 2012 编程环境中,选择"调试"→"启动调试"菜单命令,使程序运行起来,效果如图 3-13 所示。

图 3-13　程序运行效果

3. 相关背景知识

(1) PictureBox控件常用于图形设计和图像处理程序，又称为图形框，该控件可显示和处理的图像文件格式有：位图文件(.bmp)、图标文件(.ico)、GIF文件(.gif)和JPG文件(.jpg)。

(2) PictureBox控件常用的属性如表3-12所示。

表3-12 PictureBox控件常用的属性

属性名	属性说明
Image	指定要显示的图像，一般为Bitmap类对象
SizeMode	指定如何显示图像，枚举类型，默认值为Normal。图形框和要显示的图像左上角重合，只显示图像中与图形框大小相同的部分，其余不显示；值为CenterImage，将图像放在图形框中间，四周多余部分不显示；值为StretchImage，调整图像大小使之适合图片框

(3) PictureBox控件常用的方法如表3-13所示。

表3-13 PictureBox控件常用的方法

方法名	方法说明
CreateGraphics()	建立Graphics对象
Invalidate()	要求控件对参数指定区域重画，如无参数，则表示为整个区域
Update()	方法Invalidate()并不能使控件立即重画指定区域，只有使用Update()方法才能立即重画指定区域

3.1.7 使用ListBox控件

1. 要求和目的

要求：

设计一个使用ListBox控件计算平均数的程序。

目的：

掌握ListBox控件属性的设置方法。

掌握ListBox控件事件的编程方法。

2. 设计步骤

(1) 打开Visual Studio 2012编程环境，建立一个名称为3-1-7的项目。在窗体界面中拖入1个TextBox控件，1个ListBox控件和3个Button控件，设计效果如图3-14所示。

(2) 双击“添加”按钮，进入该按钮的单击事件，编写程序如代码3-11所示。

代码3-11 “添加”按钮的单击事件。

```
private void button1_Click(object sender,EventArgs e)
```

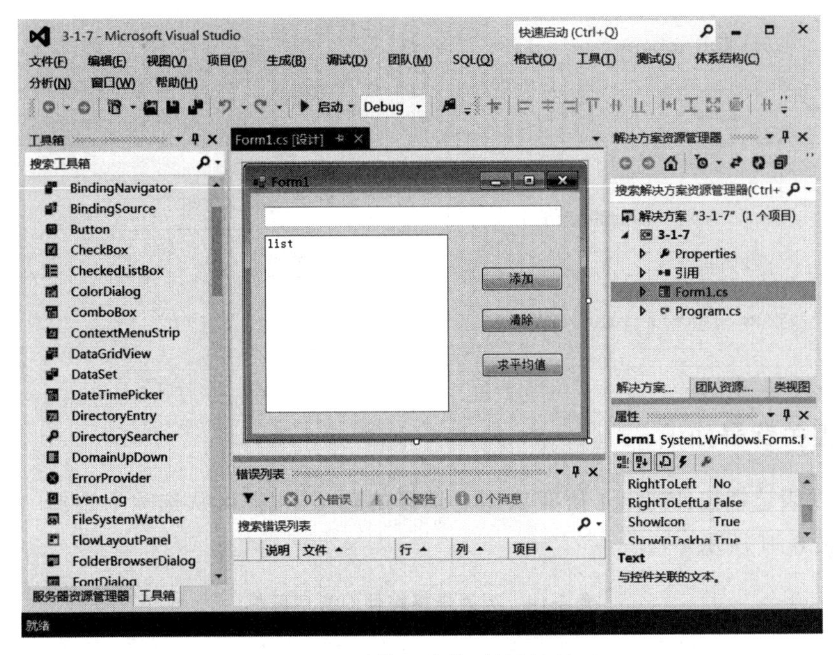

图 3-14　“计算平均值”的设计界面

```
{
    if (text.Text !=string.Empty)
    {
        try
        {
            list.Items.Add(double.Parse(text.Text));
        }
        catch (FormatException) {}
        text.Text=string.Empty;
    }
}
```

(3) 双击“清除”按钮，进入该按钮的单击事件，编写程序如代码 3-12 所示。

代码 3-12　“清除”按钮的单击事件。

```
private void button2_Click(object sender,EventArgs e)
{
    list.Items.Clear();
}
```

(4) 双击“求平均值”按钮，进入该按钮的单击事件，编写程序如代码 3-13 所示。

代码 3-13　“求平均值”按钮的单击事件。

```
private void button3_Click(object sender,EventArgs e)
{
    if (list.Items.Count !=0)
    {
```

```
        double sum=0,count=0;
        foreach (object o in list.Items)
        {
            sum+=((double)o);
            count++;
        }
        text.Text=(sum/count).ToString();
    }
    else
        text.Text=string.Empty;
}
```

3. 相关背景知识

(1) 列表选择控件列出了所有供用户选择的选项,用户可从选项中选择一个或多个选项,如表3-14所示。

表3-14 列表选择控件的常用属性

属性名称	属性含义
Items	存储ListBox中的列表内容,对应ArrayList类对象,元素是字符串
SelectedIndex	所选择的条目的索引号,第一个条目索引号为0。如允许多选,该属性返回任意一个选择的条目的索引号。如一个也没选,则该值为-1
SelectedIndices	返回所有被选条目的索引号集合,是一个数组类对象
SelectedItem	返回所选择的条目的内容,即列表中选中的字符串。如允许多选,该属性返回选择的索引号最小的条目。如一个也没选,该值为空
SelectedItems	返回所有被选条目的内容,是一个字符串数组
SelectionMode	确定可选的条目数,以及选择多个条目的方法。属性值可以是:none(可以不选或选一个)、one(必须而且必选一个)、MultiSimple(多选)或MultiExtended(用组合键多选)
Sorted	表示条目是否以字母顺序排序,默认值为false,表示不按字母顺序排序

(2) 列表选择控件的常用方法如表3-15所示。

表3-15 列表选择控件的常用方法

方法名称	方法含义
GetSelected()	参数是索引号,如该索引号被选中,则返回值为true

(3) 列表选择控件的常用事件如表3-16所示。

表3-16 列表选择控件的常用事件

事件名称	事件含义
SelectedIndexChanged	当索引号(即选项)被改变时发生的事件

3.1.8　使用 menuStrip 控件

1. 要求和目的

要求：

设计制作一个菜单程序，设置菜单项和快捷键的访问。

目的：

掌握菜单项的设计方法。

掌握菜单项快捷键的设计方法。

掌握菜单项事件的设计方法。

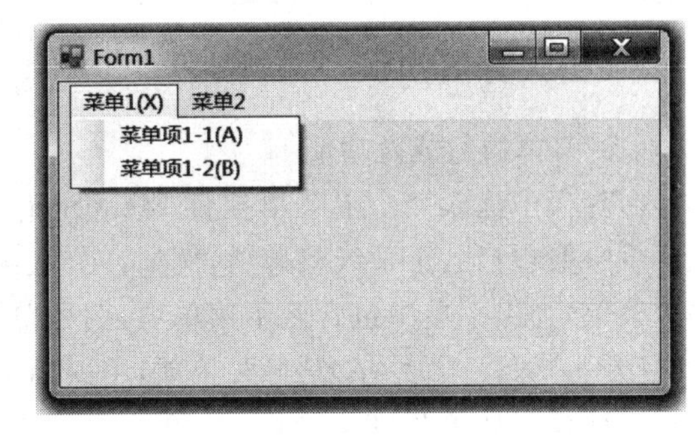

图 3-15　菜单控件

2. 设计步骤

(1) 打开 Visual Studio 2012 编程环境，新建一个名称为 3-1-8 的项目。在窗体界面中拖入 1 个 menuStrip(菜单)控件(见图 3-15)，并设置菜单项和菜单快捷键，设计界面如图 3-16 所示。

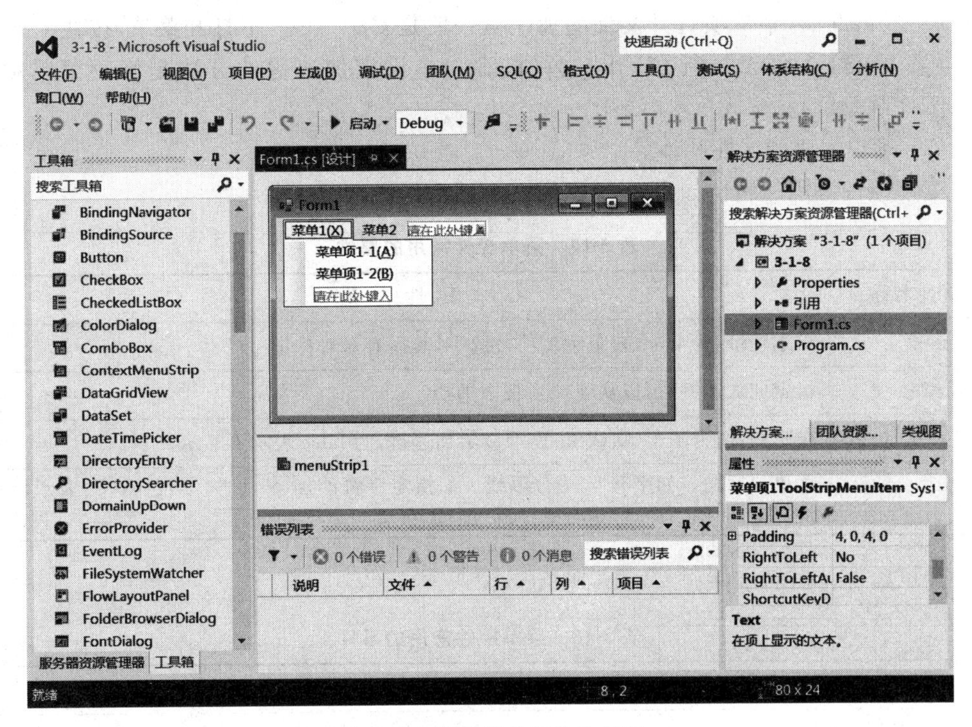

图 3-16　菜单控件的设计界面

(2) 双击“菜单项 1-1”，编写该菜单项的事件，编写程序如代码 3-14 所示。

代码 3-14　“菜单项 1-1”的事件。

```
private void 菜单项11ToolStripMenuItem_Click(object sender,EventArgs e)
{
    MessageBox.Show("菜单项1-1");
}
```

3. 相关背景知识

(1) 菜单的组成及功能

在界面中拖入一个主菜单控件 MenuStrip 到窗体中，可以为窗体增加一个主菜单。主菜单一般包括若干顶级菜单项，例如，文件、编辑、帮助等。单击顶级菜单项，可以打开弹出菜单，弹出菜单中包含若干菜单项，例如单击“文件”顶级菜单项，其弹出菜单一般包括“打开”、“保存”、“另存为”等菜单项，用鼠标单击菜单项，可以执行对应菜单项命令。有的菜单项还包括子菜单。

所有菜单项都可以有快捷键，即菜单项中带有下划线的英文字符，当按住 Alt 键后，再按顶级菜单项的快捷键字符，可以打开该顶级菜单项的弹出菜单。弹出菜单出现后，按菜单项的快捷键字符，可以执行菜单项命令。增加快捷键的方法是在菜单项的标题中，在要设定快捷键英文字符的前边增加一个字符 &，例如，菜单项的标题为：打开文件(&O)，菜单项的显示效果为：打开文件(O)。菜单项可以有加速键，一般在菜单项标题的后面显示，例如，菜单项打开文件的加速键一般是 Ctrl+O。不打开菜单，按住 Ctrl 键后，再按 O 键，也可以执行“打开”文件的命令。设定加速键的方法是修改菜单项的 ShortCut 属性。

(2) 菜单常用的属性和事件

菜单控件常用的属性如表 3-17 所示。

表 3-17　菜单控件常用的属性

属性名称	属性含义
Checked	布尔变量，为 true，表示菜单项被选中，其后有对号标记“√”
ShortCut	指定的加速键，可以从下拉列表中选择
ShowShortCut	布尔变量，为 true(默认值)表示显示加速键，为 false 表示不显示
Text	菜单项标题。如字符“-”为分隔线。如指定字符前加 &，例如，颜色(&C)表示增加快捷键，即用 Alt+C 组合键访问“颜色”菜单

菜单控件常用的事件如表 3-18 所示。

表 3-18　菜单控件常用的事件

事件名称	事件含义
Click	单击菜单项触发的事件

任务 3.2　考试系统的实现

3.2.1　考试系统的需求分析和功能设计

考试系统总体功能和程序运行流程如图 3-17 所示。

本项目制作的简单考试系统主要功能为：首先生成考试试题，考试试题以客观题目为主。题目类型包括“单项选择题”、“多项选择题”、“判断题”和“填空题”。生成考试试题后，考生答题。考生根据题目的情况，对选择题采用“单选”和“多选”的不同方式进行答题，对填空题采用输入答案填空的方式进行答题。考生答题之后，单击“交卷”按钮，进行交卷。交卷之后，由考试系统进行自动判分，并计算出分数，最后显示出考生所得分数。

生成考试试题

考生答卷

考生交卷

自动判分

显示分数

图 3-17　程序运行流程

在设计该考试系统时，将充分利用本项目中所介绍的各种控件，以制作出功能完善、使用方便的考试系统。

3.2.2　设计考试系统界面

打开 Visual Studio 2012 编程环境，新建一个名称为 3-2-1 的项目。首先设计单项选择题，在窗体中依次拖入几个 Label 控件，用来显示“简单考试系统”、“一、单项选择题”等提示信息。

设计单项选择题的界面：拖入 1 个 GroupBox 控件，设置该控件的 Text 属性为空。在该控件上拖入 1 个 Label 控件，用于显示一个单项选择题的题目内容。然后拖入 4 个 RadioButton 控件，分别作为该单项选择题的四个单选选项，如图 3-18 所示。

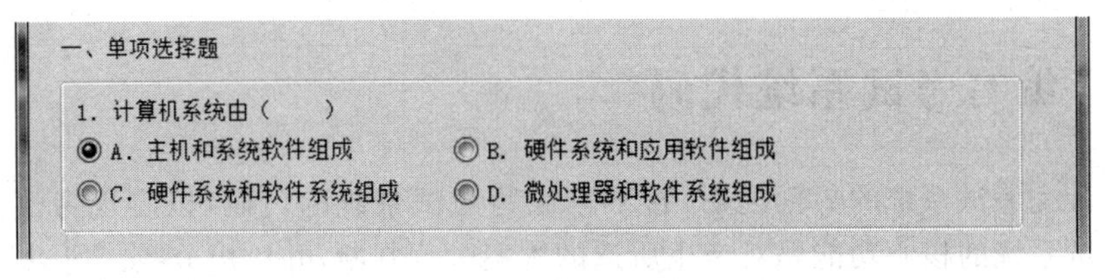

图 3-18　单项选择题

设计“多项选择题”的界面：拖入 1 个 GroupBox 控件，设置该控件的 Text 属性为空。在该控件上拖入 1 个 Label 控件，用于显示一个多项选择题的题目。然后拖入 4 个 CheckBox 控件，分别作为该多项选择题的四个多项选项，如图 3-19 所示。

设计“判断题”的界面：拖入 1 个 GroupBox 控件，设置该控件的 Text 属性为空。在该控件上拖入 1 个 Label 控件，用于显示一个判断题的题目。然后拖入 2 个 RadioButton 控件，分别用于显示“对”和“错”选项，如图 3-20 所示。

设计“填空题”的界面，首先拖入 Label 控件，用于显示题目。拖入 TextBox 控件，用于显示文本内容,如图 3-21 所示。

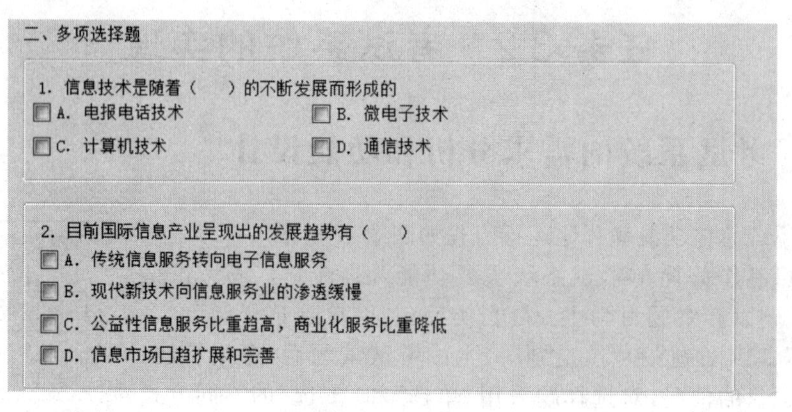

图 3-19　多项选择题

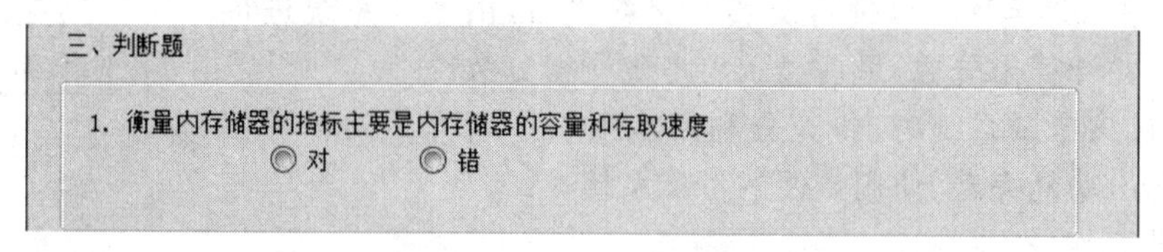

图 3-20　判断题

图 3-21　填空题

这样,考试系统的界面设计就完成了,如图 3-22 所示。

3.2.3　编写考试系统代码

在设计完考试系统的界面之后,接下来编写考试系统的代码,以实现考试系统的功能。本考试系统的核心功能是对考生所选的答案进行判断,并给出分数。所以,编程的重点也在于对考试系统中各种控件的状态的判断。

双击"交卷"按钮,进入考试系统的编程界面,在该按钮的单击事件中,添加程序如代码 3-15 所示。

代码 3-15　"交卷"按钮的事件。

```
private void button1_Click(object sender,EventArgs e)
{
    int s=0;
    if (radioButton1.Checked)
    {
```

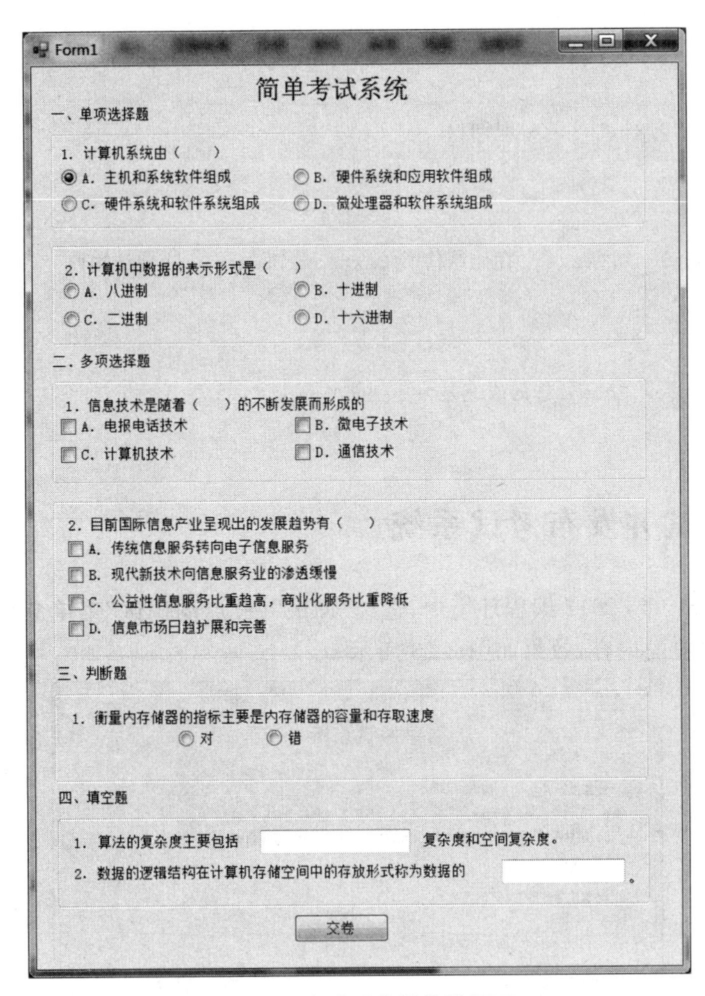

图 3-22　考试系统的设计界面

```
        s+=10;
    }
    if (radioButton7.Checked)
    {
        s+=10;
    }
    if (!checkBox1.Checked & checkBox2.Checked & checkBox3.Checked & checkBox4.
Checked)
    {
        s+=15;
    }
    if (checkBox5.Checked & !checkBox6.Checked & !checkBox7.Checked & checkBox8.
Checked)
    {
        s+=15;
    }
    if (radioButton9.Checked)
```

```
        {
            s+=10;
        }
        if (textBox1.Text=="时间")
        {
            s+=20;
        }
        if (textBox2.Text=="存储结构"||textBox2.Text=="物理结构")
        {
            s+=20;
        }
        MessageBox.Show("您的成绩是"+s+"分");
    }
```

3.2.4 测试并发布考试系统

在 Visual Studio 2012 编程环境中,选择"调试"→"启动调试"菜单命令,使程序运行起来,并输入对应的内容,效果如图 3-23 所示。

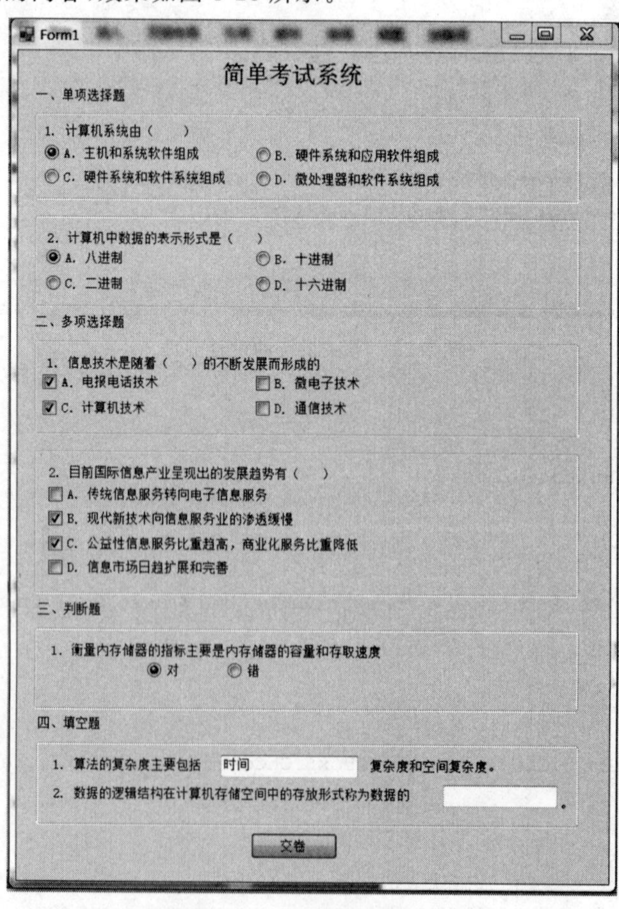

图 3-23　考试系统的运行界面

在界面中单击选项回答对应的题目，然后单击“交卷”按钮，会出现“所得分数”的提示界面，如图3-24所示。

图3-24　所得分数提示

项 目 小 结

本项目设计制作了一个考试系统，通过考试系统的设计制作，让读者掌握了基本Windows控件的使用方法，包括单选按钮、复选按钮、下拉菜单、超文本框、工具条、列表框等控件使用方法。

项 目 拓 展

读者可以根据本项目设计制作的方法，设计制作一个用户调查系统，能够对用户进行调查，并统计调查结果。

项目 4 设计制作图书管理系统

图书馆是高等院校的重要组成部分,是教师和学生获取知识的重要场所。随着校园网的发展,各高等院校的图书馆都开始使用"图书管理系统"对读者信息、图书信息及借阅情况进行管理。本项目将设计制作一个图书管理系统,读者通过本项目的设计与制作,将学会 C# 进行数据库系统开发的方法。本项目主要是掌握使用 ADO. NET 操作 SQL Server 数据库,并进行数据库编程的方法。

任务 4.1 安装并使用 SQL Server 2008 数据库

1. 要求和目的

要求:

安装 SQL Server 2008。在安装过程中,将登录方式设置为 Windows 身份验证。

目的:

掌握安装 SQL Server 2008 的方法。

掌握设置 SQL Server 2008 选项的方法。

2. 安装步骤

打开 SQL Server 2008 的安装程序,出现的提示框如图 4-1 和图 4-2 所示。

图 4-1 启动安装程序提示界面

图 4-2 安装组件加载进度界面

安装组件加载成功之后,会出现如图 4-3 所示的界面,选择"我已经阅读并接受许可协议中的条款"选项,并单击"安装"按钮,会出现如图 4-4 所示的界面。

该界面为下载. NET Framework 的界面,下载完成后,会自动安装. NET Framework,如图 4-5 所示。

在. NET Framework 安装成功后,会进入 SQL Server 应用程序安装界面,如图 4-6 所示。

图 4-3　接受许可协议的界面

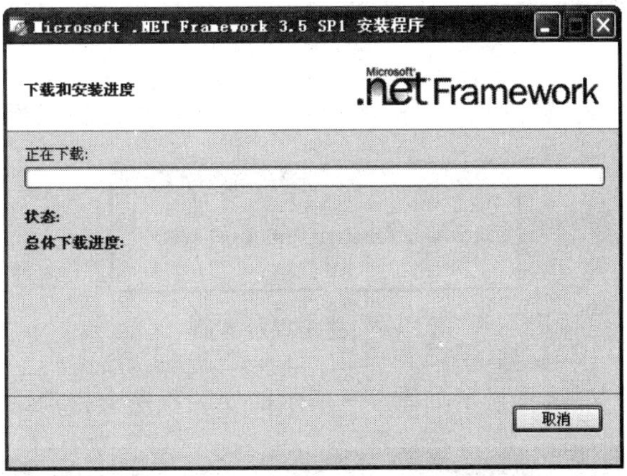

图 4-4　下载. NET Framework 的界面

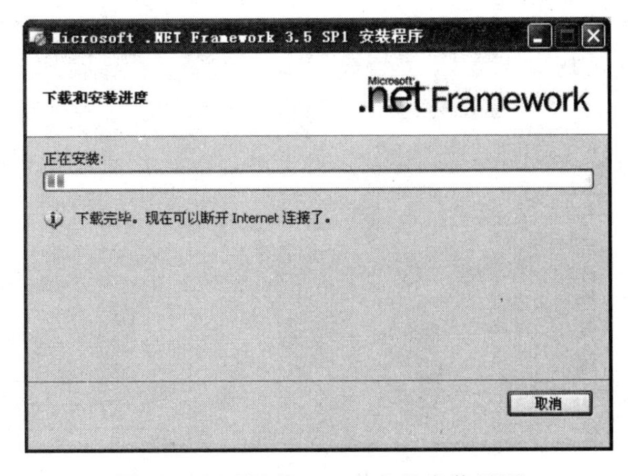

图 4-5　. NET Framework 的安装界面

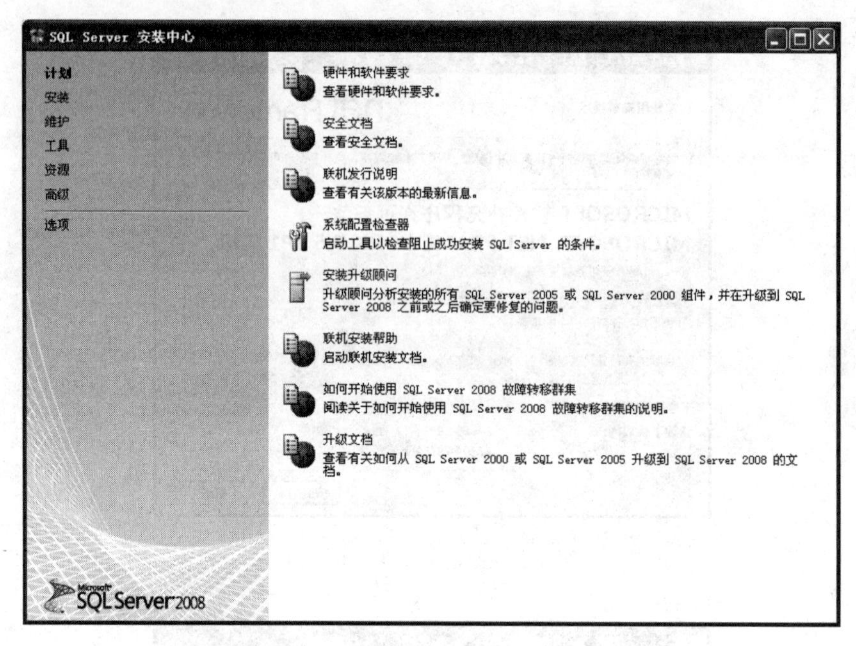

图 4-6　SQL Server 安装界面

在该界面中单击“安装”选项，会出现如图 4-7 所示的进度提示界面。

图 4-7　进度提示界面

进度提示界面结束后，将显示如图 4-8 所示的安装程序支持规则界面。

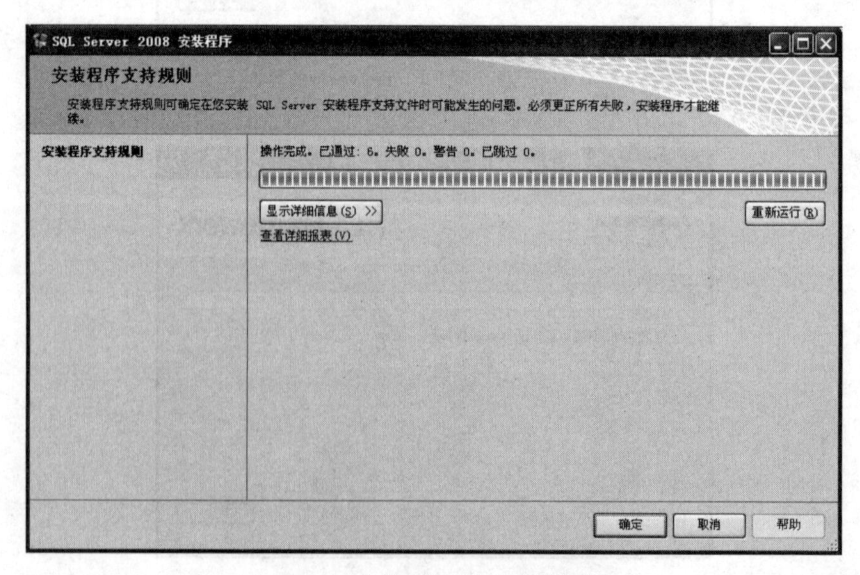

图 4-8　安装程序支持规则界面

在该界面中单击“确定”按钮，会出现如图 4-9 所示的安装提示界面。

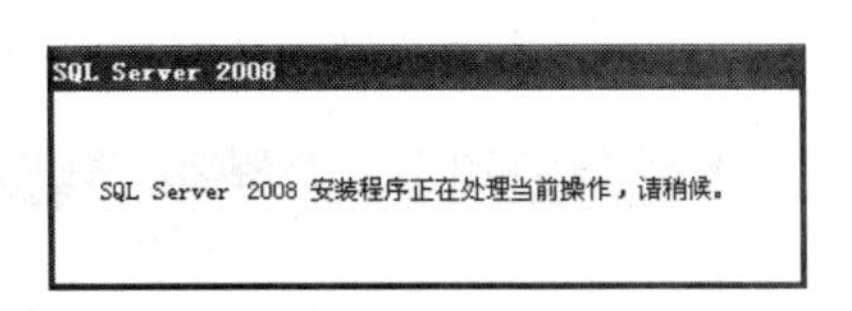

图 4-9　安装程序安装提示界面

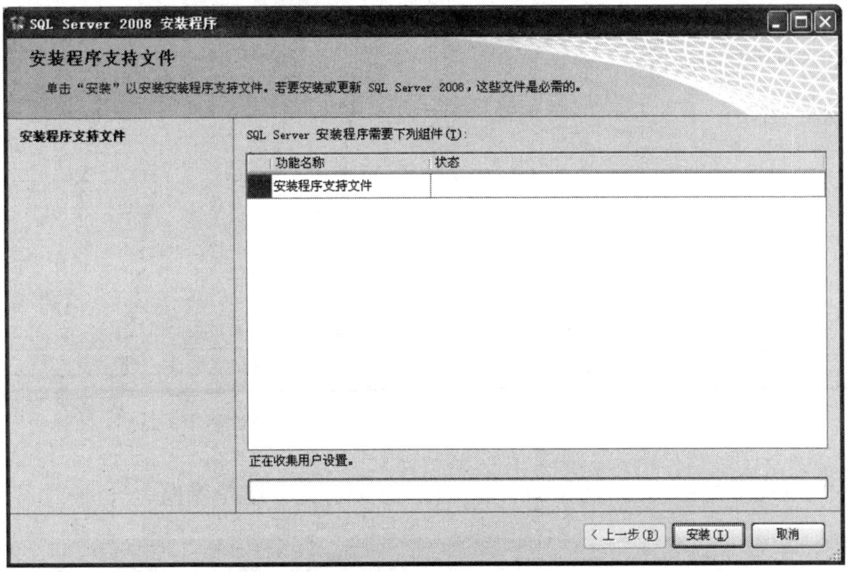

接下来会出现如图 4-10 所示的安装程序支持文件界面。

在安装程序支持文件界面中单击“安装”按钮，会出现如图 4-11 所示的安装进度提示界面。

图 4-10　安装程序支持文件界面

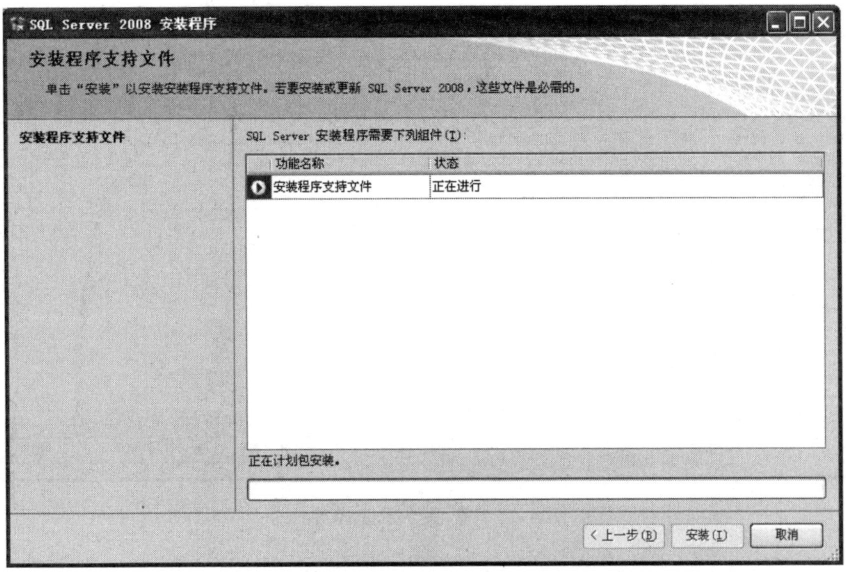

图 4-11　安装程序支持文件的安装进度界面

安装程序支持规则安装完成后，会出现如图4-12所示的提示界面。

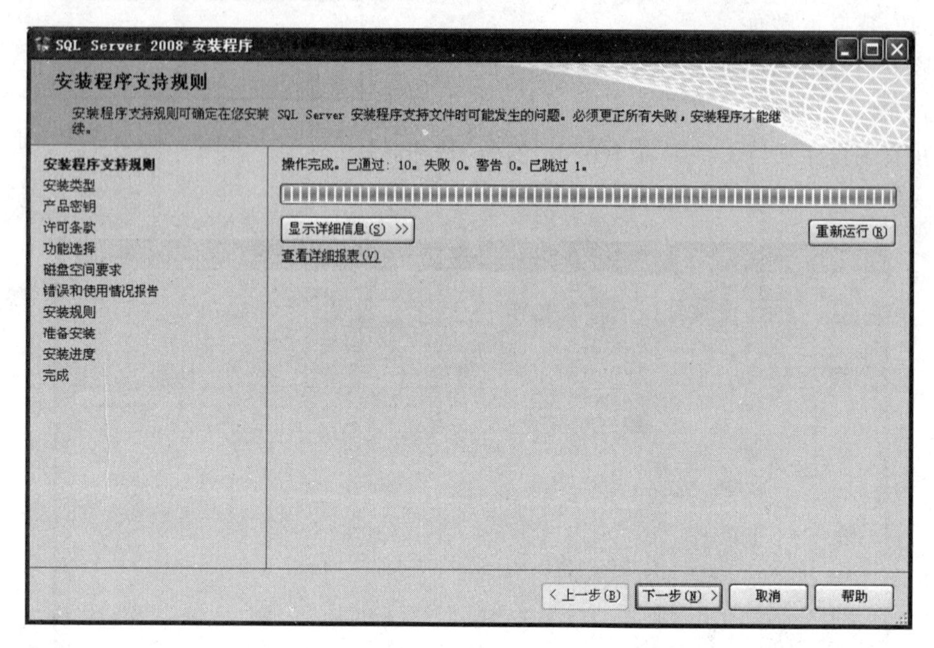

图4-12　安装程序支持规则安装完成的界面

单击“下一步”按钮，会出现如图4-13所示的安装类型选择界面。

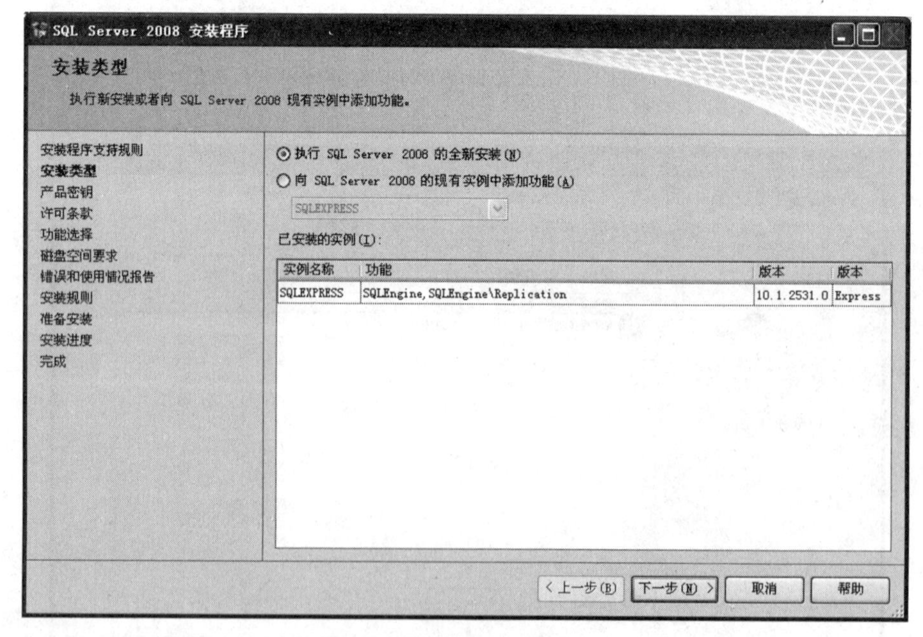

图4-13　安装类型选择界面

选择“执行 SQL Server 2008 的全新安装”选项，然后单击“下一步”按钮，会出现如图4-14所示的产品密钥界面。

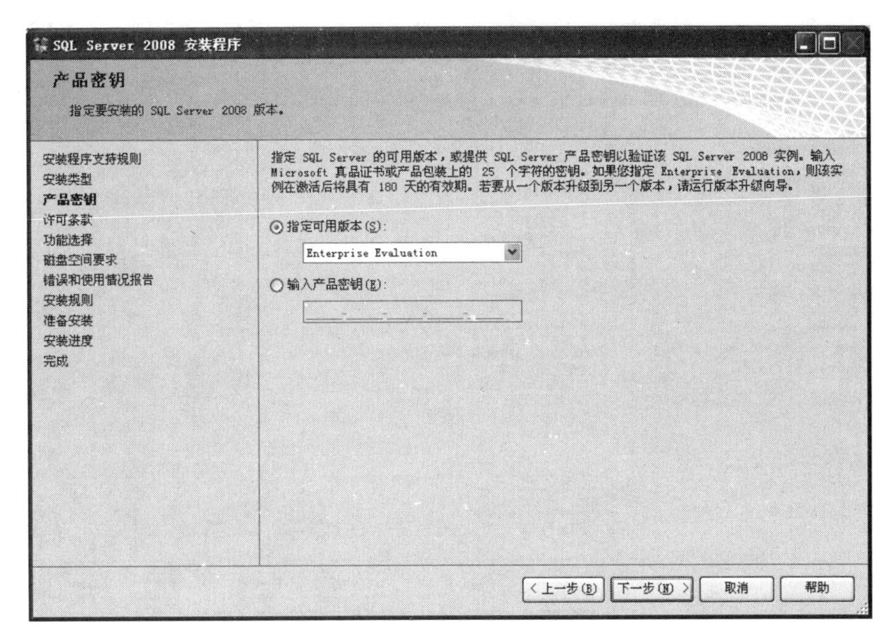

图 4-14　产品密钥界面

选择“指定可用版本”选项，并单击“下一步”按钮，会进入安装许可条款选项界面，如图 4-15 所示。

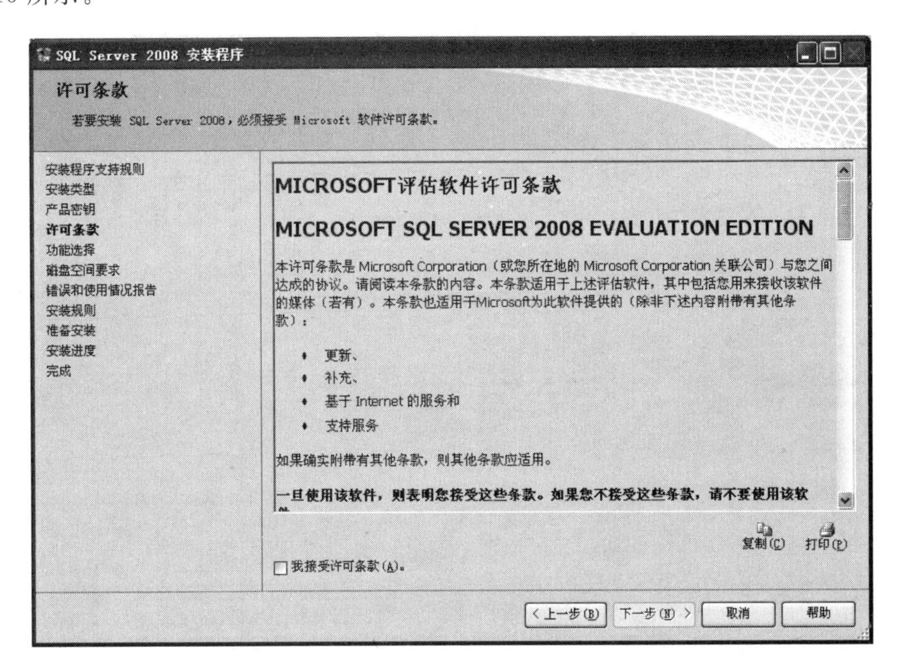

图 4-15　安装许可条款界面

选择“我接受许可条款”选项，然后单击“下一步”按钮，会进入安装 SQL Server 功能选择界面，如图 4-16 所示。

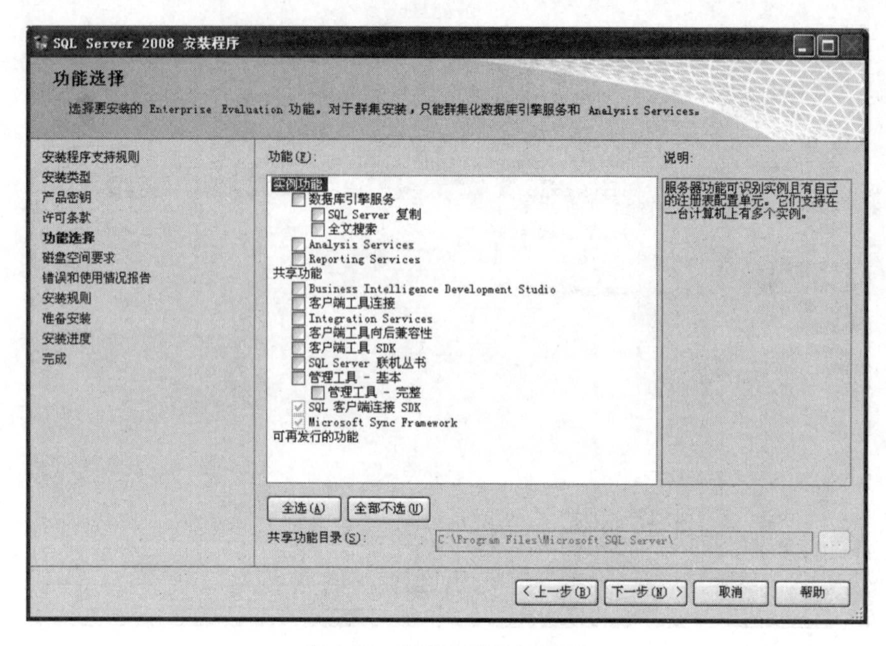

图 4-16　安装功能选择界面

选择对应的安装功能，如图 4-17 所示，然后单击“下一步”按钮，会进入实例配置界面，如图 4-18 所示。

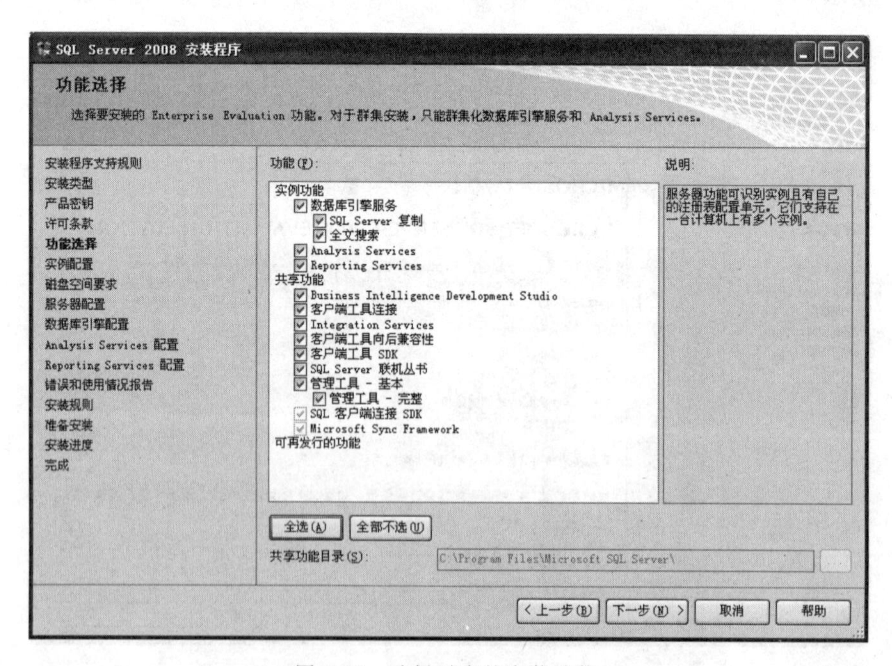

图 4-17　选择对应的安装功能

在实例配置界面中选择“默认实例”选项，然后单击“下一步”按钮，进入如图 4-19 所示的磁盘空间要求界面。

SQL Server 2008 安装程序

实例配置

指定 SQL Server 实例的名称和实例 ID。

安装程序支持规则
安装类型
产品密钥
许可条款
功能选择
实例配置
磁盘空间要求
服务器配置
数据库引擎配置
Analysis Services 配置
Reporting Services 配置
错误和使用情况报告
安装规则
准备安装
安装进度
完成

默认实例(D)
命名实例(A):
实例 ID(I): MSSQLSERVER
实例根目录(R): C:\Program Files\Microsoft SQL Server\

SQL Server 目录: C:\Program Files\Microsoft SQL Server\MSSQL10.MSSQLSERVER
Analysis Services 目录: C:\Program Files\Microsoft SQL Server\MSAS10.MSSQLSERVER
Reporting Services 目录: C:\Program Files\Microsoft SQL Server\MSRS10.MSSQLSERVER

已安装的实例(L):

实例	功能	版本	版本	实例 ID
SQLEXPRESS	SQLEngine,SQLE...	Express	10.1.2531.0	MSSQL10.SQLEXP...

< 上一步(B)　下一步(N) >　取消　帮助

图 4-18　实例配置界面

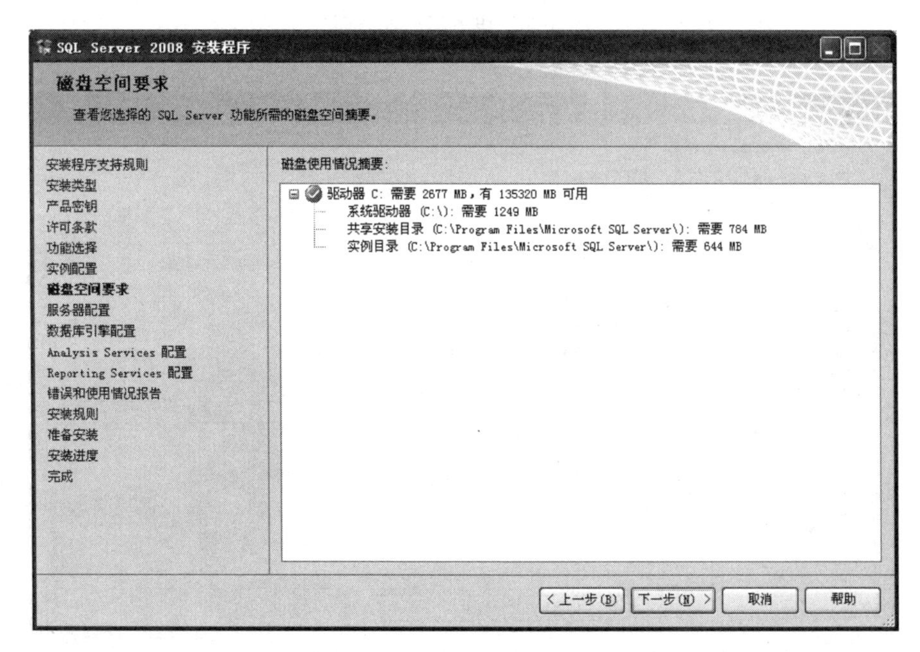

图 4-19　磁盘空间要求界面

单击“下一步”按钮，然后进入如图 4-20 所示的服务器配置界面。

在服务器配置界面中，账户使用 NT AUTHORITY\NETWORK SERVICE，密码为空，并单击“对所有 SQL Server 服务使用相同的账户”按钮，用户也可以设置自己的账户和密码。然后单击“下一步”按钮，会进入如图 4-21 所示的数据库引擎配置界面。

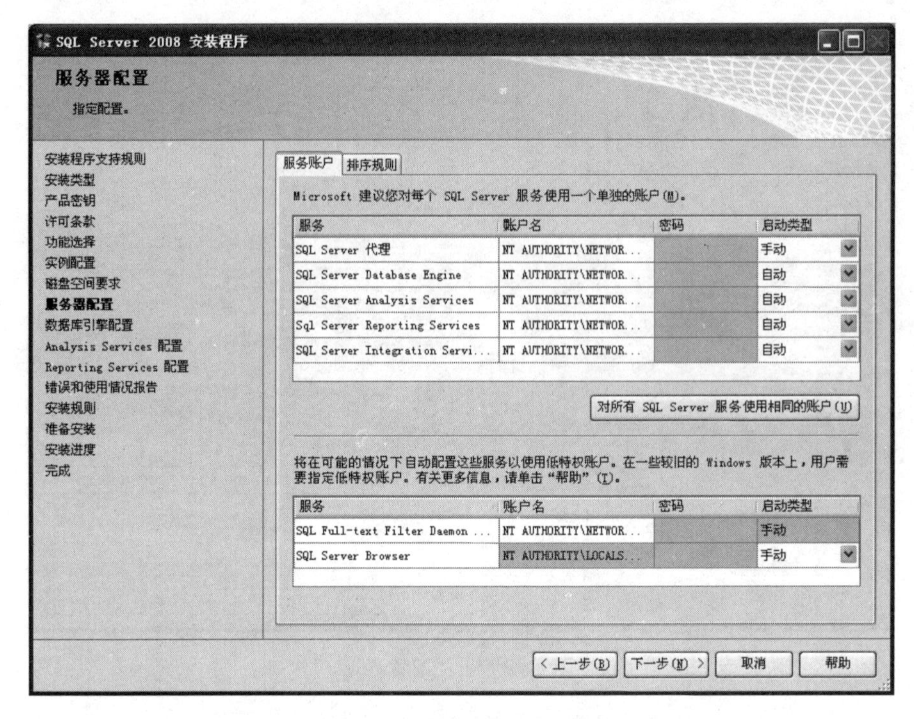

图 4-20　服务器配置界面

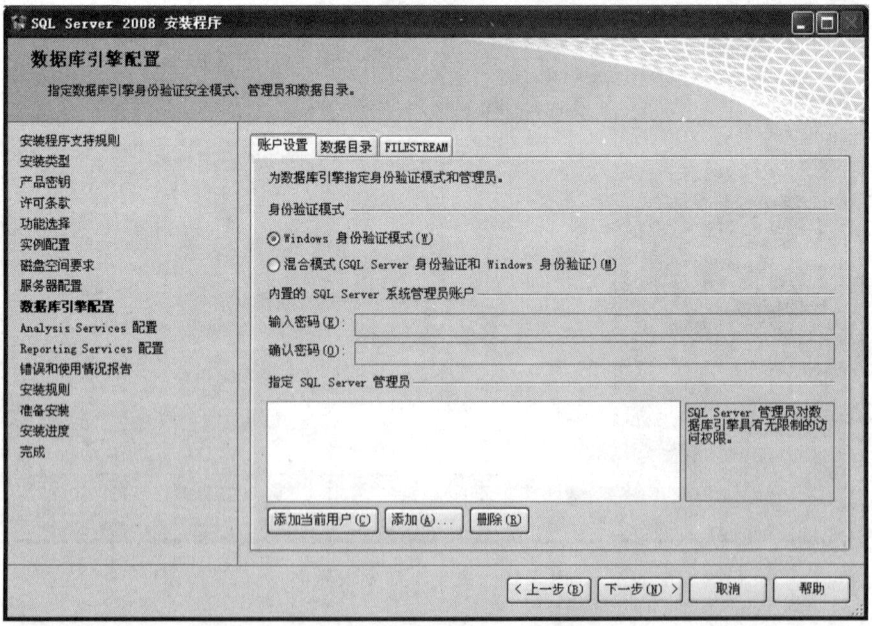

图 4-21　数据库引擎配置界面

在数据库引擎配置界面中选择身份认证模式为“Windows 身份验证模式”，然后单击“添加当前用户”按钮，会出现如图 4-22 所示的界面。

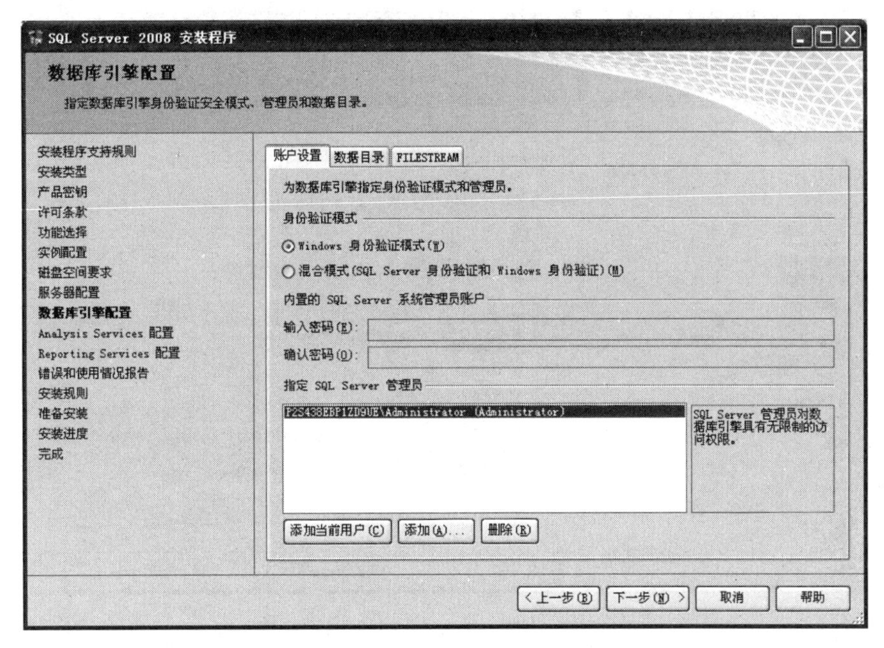

图4-22　添加当前用户为指定SQL Server管理员

设置好之后，单击“下一步”按钮，将进入如图4-23所示的Analysis Services配置界面。

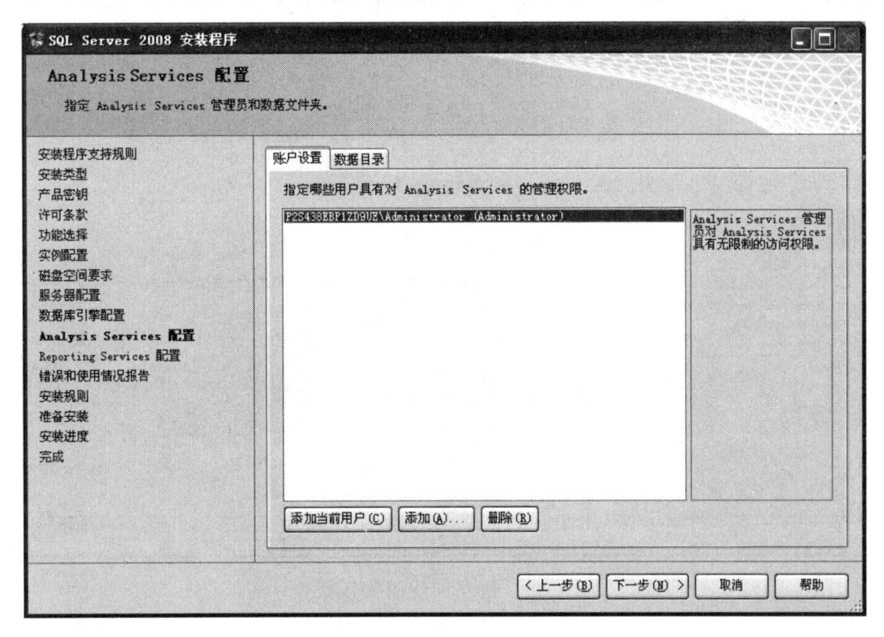

图4-23　Analysis Services配置界面

在该界面中单击“添加当前用户”，作为管理员权限。然后单击“下一步”按钮，进入如图4-24所示的Reporting Services配置界面。

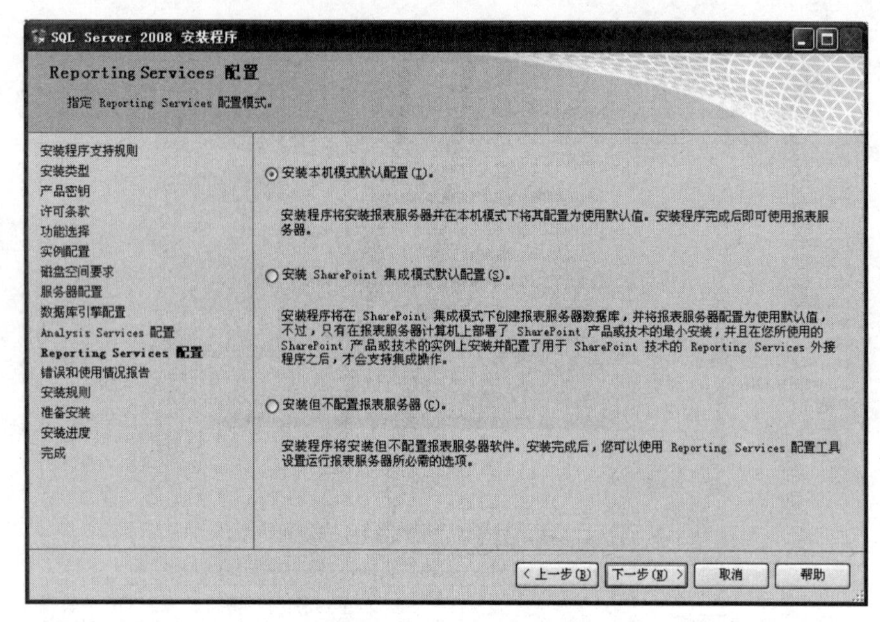

图 4-24 Reporting Services 配置界面

在 Reporting Services 配置界面中选择“安装本机模式默认配置”选项，然后单击“下一步”按钮，会出现错误和使用错误报告，如图 4-25 所示。

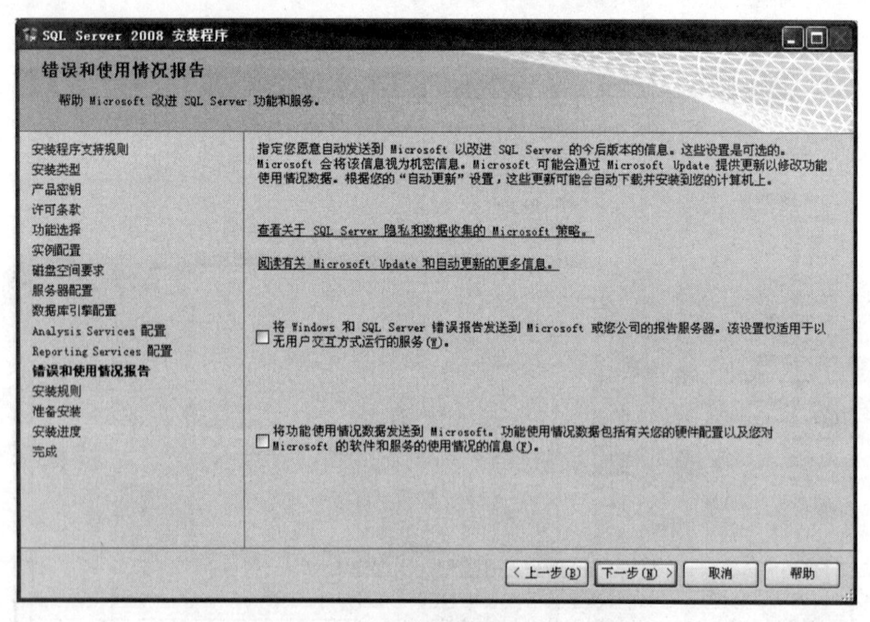

图 4-25 错误和使用错误报告

在如图 4-25 所示的界面中单击“下一步”按钮，会出现如图 4-26 所示的安装规则界面。

在安装规则操作完成后，单击“下一步”按钮，会出现如图 4-27 所示的检查安装功能的界面。

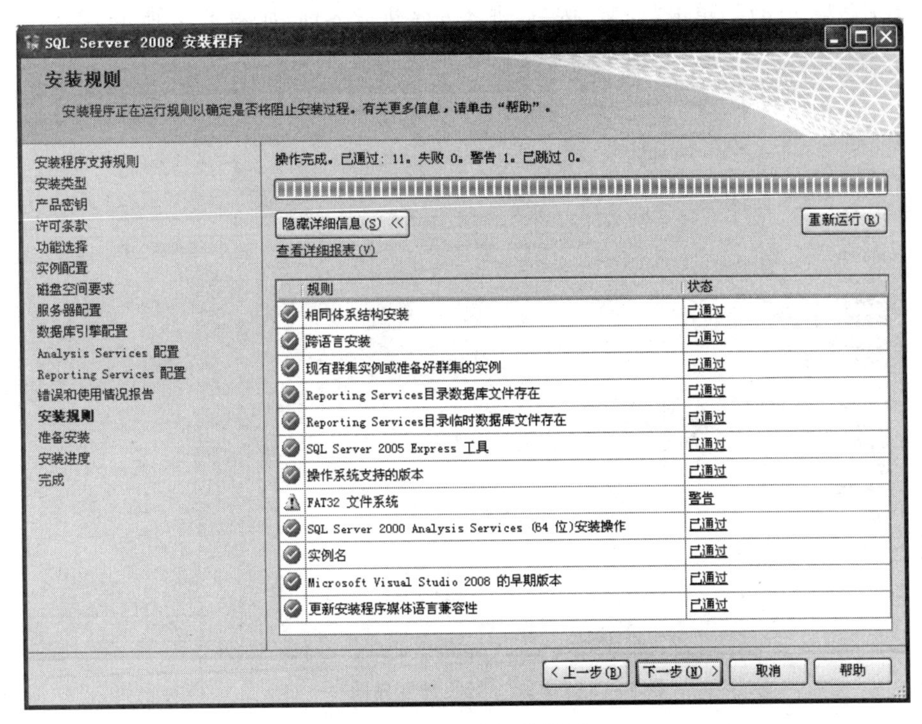

图 4-26　安装规则界面

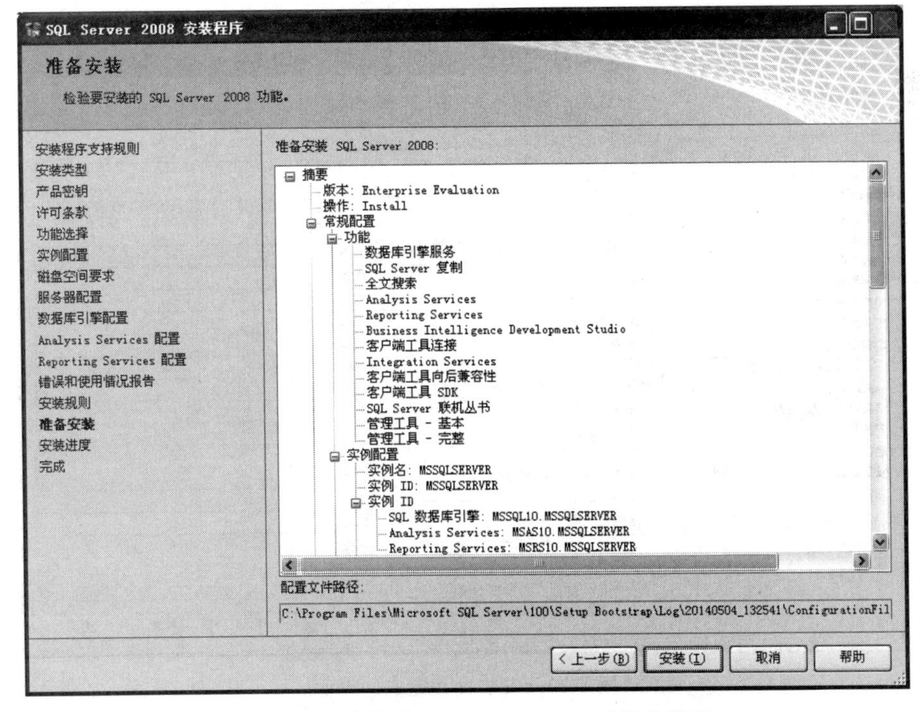

图 4-27　检查安装 SQL Server 2008 功能的界面

检查安装功能后,单击"安装"按钮,进入安装进度界面,如图4-28所示。

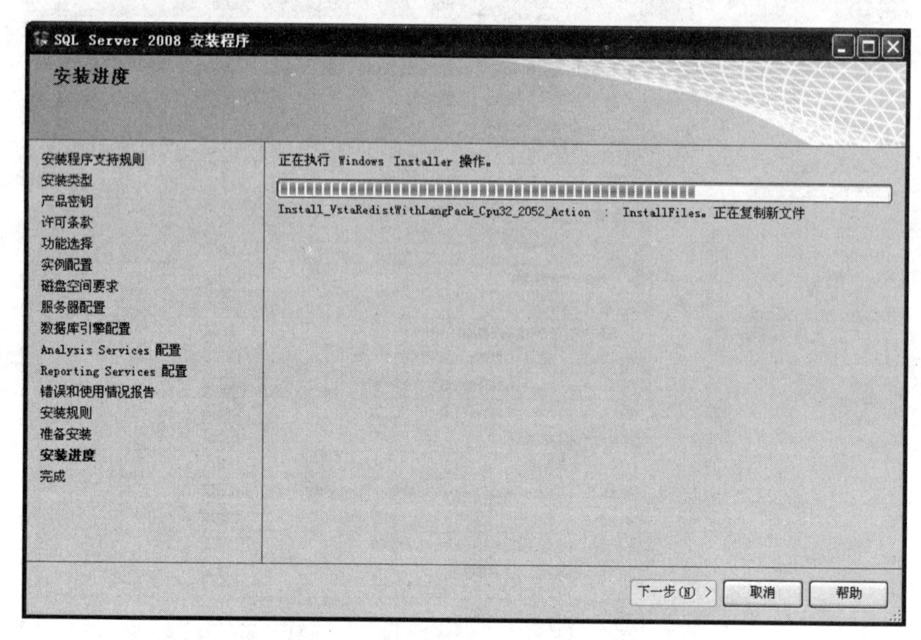

图4-28 安装进度界面

在安装过程完成后,会出现如图4-29和图4-30所示的安装成功完成的提示界面。

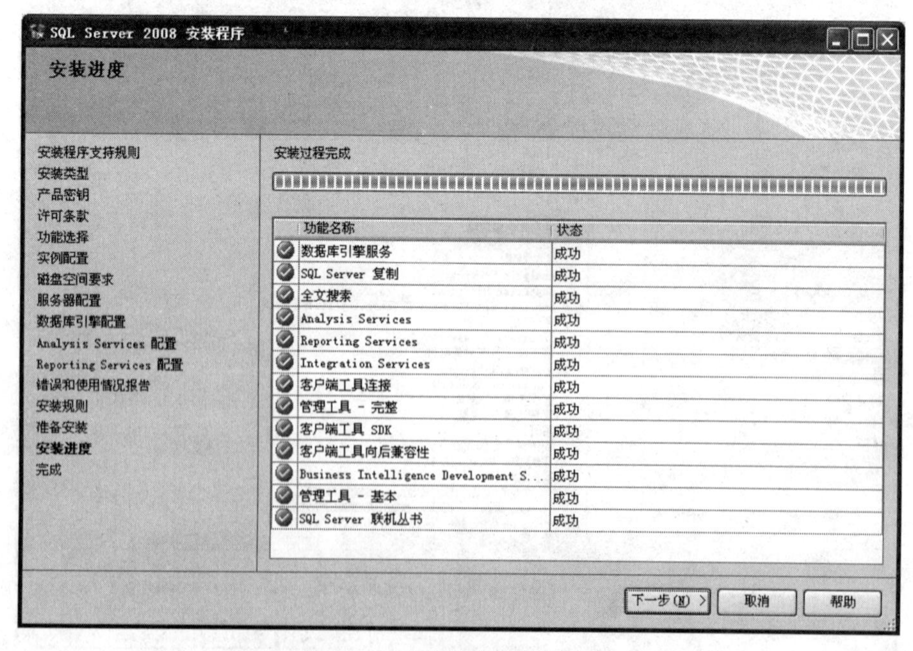

图4-29 安装过程完成的界面

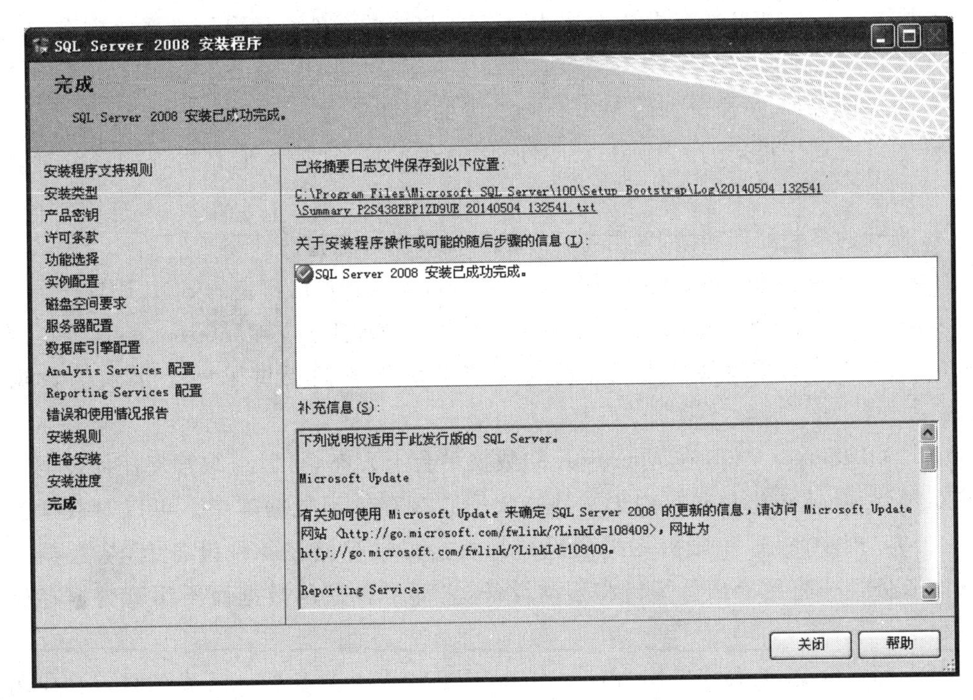

图 4-30　安装成功的提示界面

安装完成后，启动 SQL Server 2008，会出现如图 4-31 所示的启动界面。

图 4-31　启动 SQL Server 2008 界面

3. 相关背景知识

(1) SQL Server 介绍。

SQL Server 数据库是美国微软公司推出的一种关系型数据库系统。SQL Server 数据库是一个可扩展的、高性能的、为分布式客户机/服务器计算而设计的数据库管理系统，

实现了与 Windows NT 的有机结合,提供了基于事务的企业级信息管理系统方案。其主要特点如下:

- 高性能设计,可充分利用 Windows NT 的优势。
- 系统管理先进,支持 Windows 图形化管理工具,支持本地和远程的系统管理和配置。
- 强壮的事务处理功能,采用各种方法保证数据的完整性。
- 支持对称多处理器结构、存储过程、ODBC,并具有自己特定的 SQL 语言。

SQL Server 以其内置的数据复制功能、强大的管理工具、与 Internet 的紧密集成和开放的系统结构为广大的用户、开发人员和系统集成商提供了一个出众的数据库平台。

(2) SQL Server 2008 在 Microsoft 的数据平台上发布,可以组织管理任何数据。可以将结构化、半结构化和非结构化文档的数据直接存储到数据库中。可以对数据进行查询、搜索、同步、报告和分析之类的操作。数据可以存储在各种设备上,从数据中心最大的服务器一直到桌面计算机和移动设备,它都可以控制数据而不用管数据存储在哪里。

SQL Server 2008 允许使用 Microsoft .NET 和 Visual Studio 开发的自定义应用程序中的数据,也可以在面向服务的架构(SOA)和通过 Microsoft BizTalk Server 进行的业务流程中使用数据。信息工作人员可以通过日常使用的工具直接访问数据。

任务 4.2 SQL Server 2008 数据库基本操作

4.2.1 数据库基本操作

1. 要求和目的

要求:

通过向导和 SQL 语句两种方式建立一个名称为 db1 的数据库。

目的:

掌握使用向导的方式创建数据库的方法。

掌握使用 SQL 语句的方式创建数据库的方法。

2. 设计步骤

(1) 打开 SQL Server 2008 数据库,输入正确的服务器名称,"身份验证"选择"Windows 身份验证",单击"连接"按钮,如图 4-32 所示。连接数据库服务器之后,会进入数据库管理界面,如图 4-33 所示。

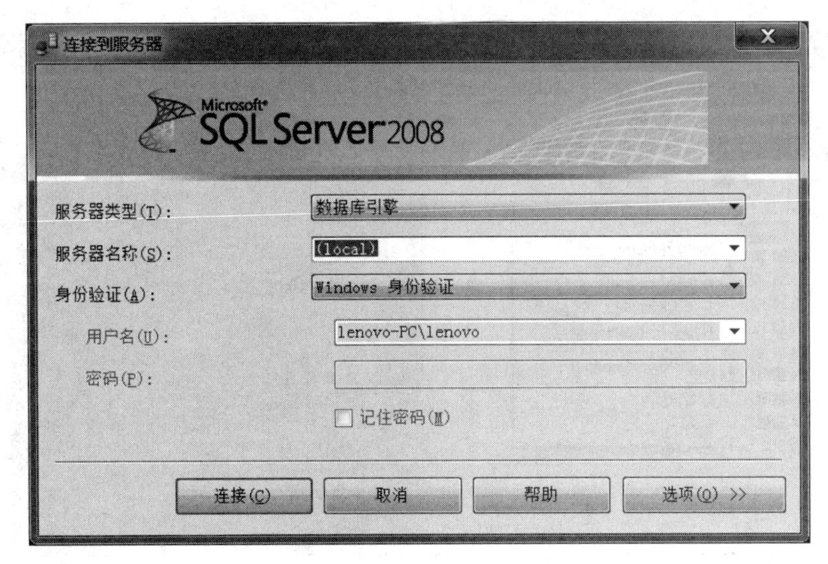

图 4-32 连接数据库界面

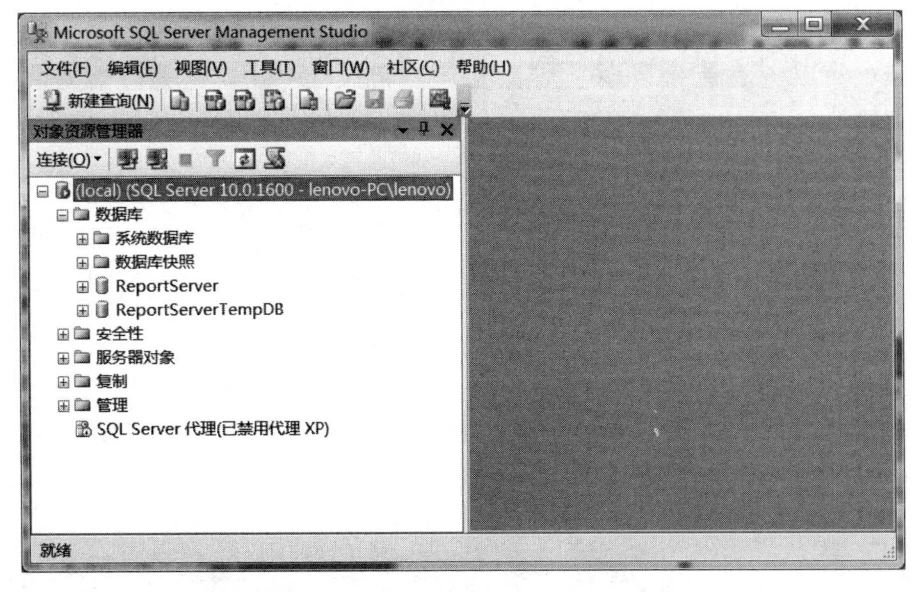

图 4-33 数据库管理界面

(2) 在数据库管理界面中，右击“数据库”按钮，选择“新建数据库”菜单命令，如图 4-34 所示。

(3) 在出现的“数据库创建界面”上，在“数据库名称”文本框中输入 db1，然后单击“确定”按钮，将创建一个名称为 db1 的数据库，如图 4-35 所示。

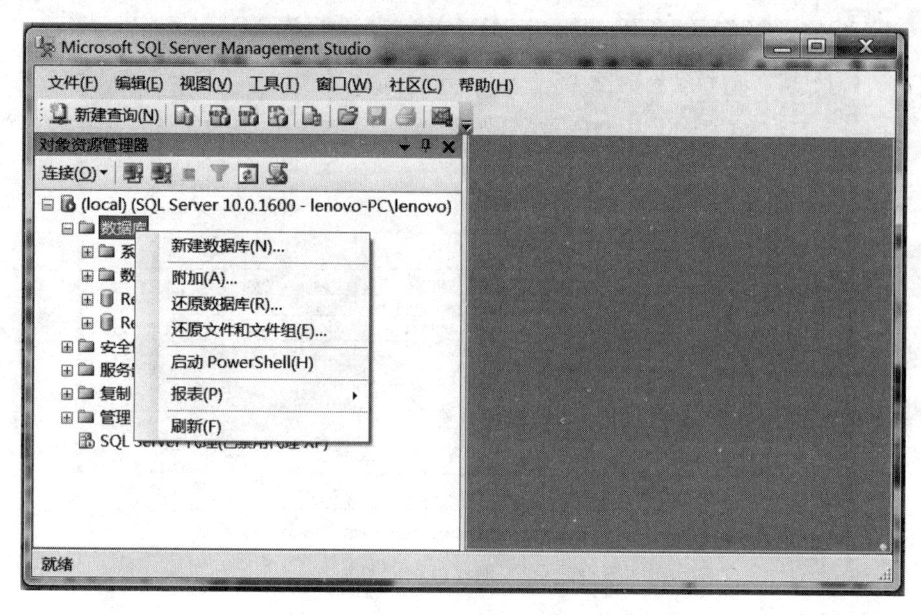

图 4-34　新建数据库界面

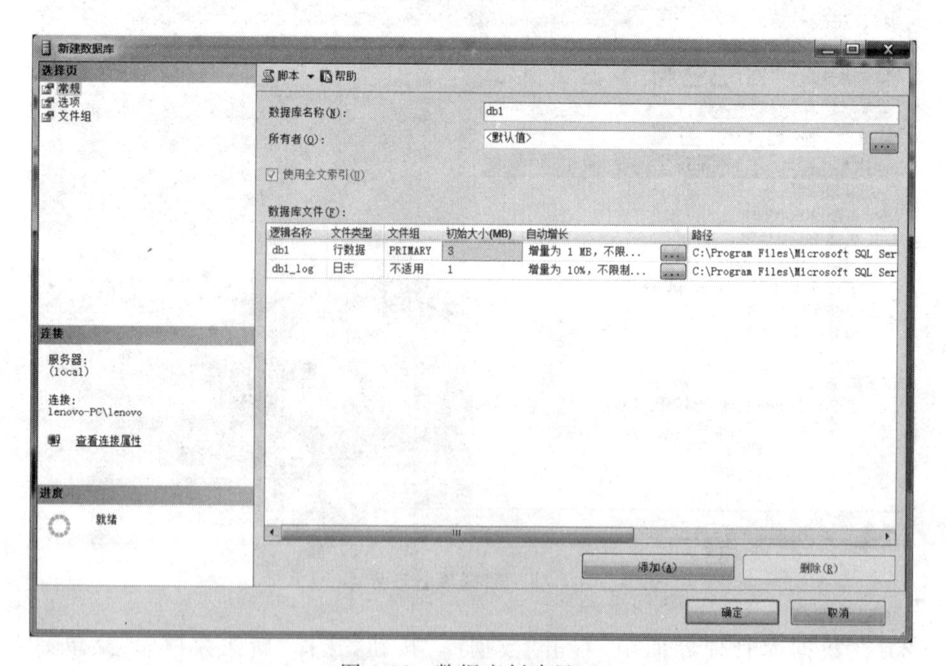

图 4-35　数据库创建界面

(4) 单击数据库管理界面左上角的“新建查询”按钮，将会出现 SQL Server 执行 SQL 语句的界面，如图 4-36 所示。

(5) 在右侧的 SQL 语句区域输入 Create database db2，然后单击“执行”按钮，将创建一个名称为 db2 的数据库，如图 4-37 所示。

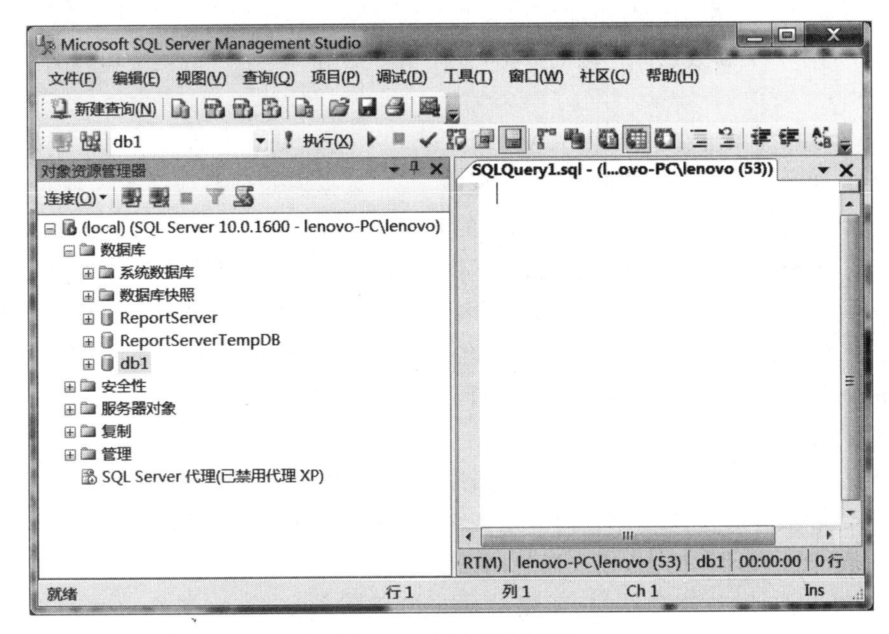

图 4-36 新建查询界面

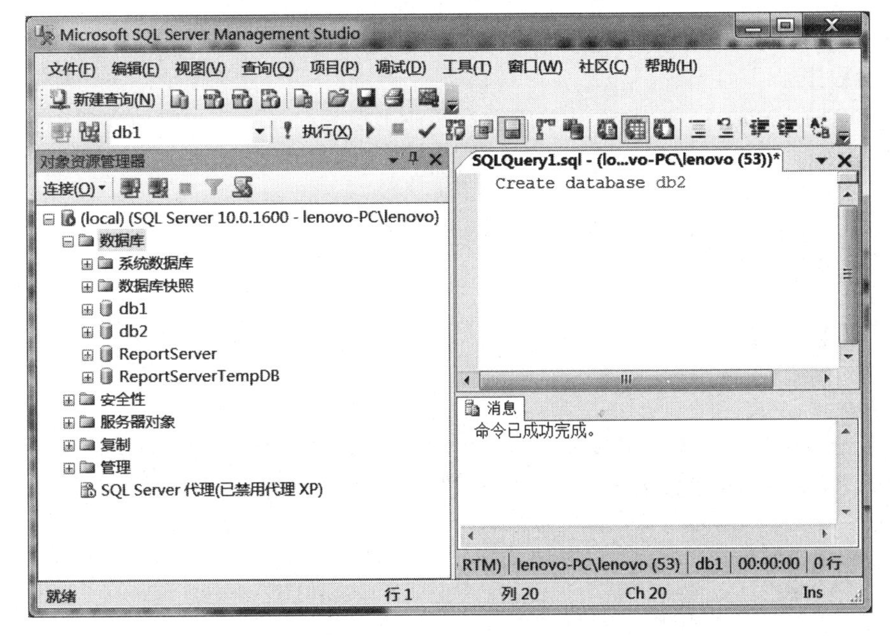

图 4-37 使用 SQL 语句创建数据库

3. 相关背景知识

(1) 数据库的基本概念

数据库系统提供了一种将信息集合在一起的方法。数据库主要由三部分组成：数据库管理系统(DBMS)是针对所有应用的，例如 Access 数据库。数据库本身是按一定的结构组织在一起的相关数据。数据库应用程序是针对某一具体数据库应用而编制的程序，用来获取、显示和更新数据库存储的数据，方便用户使用。本书讲的就是如何编写数据库应用程序。

常见的数据库系统有：FoxPro、Access、Oracle、SQL Server、Sybase等。数据库管理系统主要有四种类型：文件管理、层次数据库、网状数据库和关系数据库。目前最流行、应用最广泛的是关系数据库。以上所列举的数据库系统都是关系数据库。关系数据库以行和列的形式来组织信息，一个关系数据库由若干表组成，一个表就是一组相关的数据按行排列，例如一个通讯录就是这样一个表，表中的每一列叫做一个字段，例如通讯录中的姓名、地址、电话都是字段。字段包括字段名及具体的数据，每个字段都有相应的描述信息，例如数据类型、数据宽度等。表中每一行称为一条记录。

(2) 数据库分类

数据库可分为本地数据库和远程数据库，本地数据库一般不能通过网络访问，本地数据库往往和数据库应用程序在同一系统中，本地数据库也称为单层数据库。远程数据库通常位于远程计算机上，用户通过网络来访问远程数据库中的数据。远程数据库可以采用两层、三层和四层结构，两层结构一般采用C/S模式，即客户端和服务器模式。三层模式一般采用B/S模式，用户用浏览器访问Web服务器，Web服务器用CGI、ASP、PHP、JSP等技术访问数据库服务器，生成动态网页并返回给用户。四层模式是在Web服务器和数据库服务器中增加一个应用服务器。利用ADO.NET可以开发数据库应用程序。

由于ADO.NET的使用，设计单层数据库或多层数据库应用程序使用的方法基本一致，极大地方便了程序设计，因此，这里讨论的内容也适用于后面的Web应用程序设计。

4.2.2 数据表的基本操作

1. 要求和目的

要求：

建立一个学生数据表，表名为student，字段包括id、name、sex、birth、grade、specialty、Remarks，分别代表编号、姓名、性别、出生年月、年级、专业、备注。

目的：

掌握数据表的创建方法。

了解数据表字段的数据类型的含义。

掌握数据表中写入数据、删除数据、修改数据的方法。

2. 设计步骤

(1) 打开SQL Server 2008，选择“数据库db1”，展开db1的管理目录。右击“表”节点，选择“新建表”命令，如图4-38所示。

(2) 在“新建表”的设计界面添加字段及数据类型，如图4-39所示。

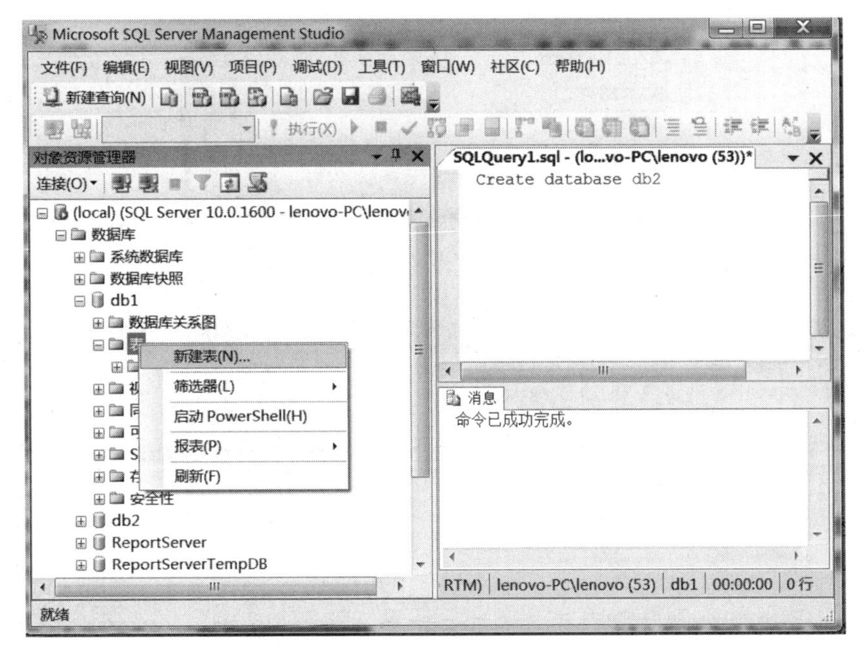

图 4-38　创建数据表

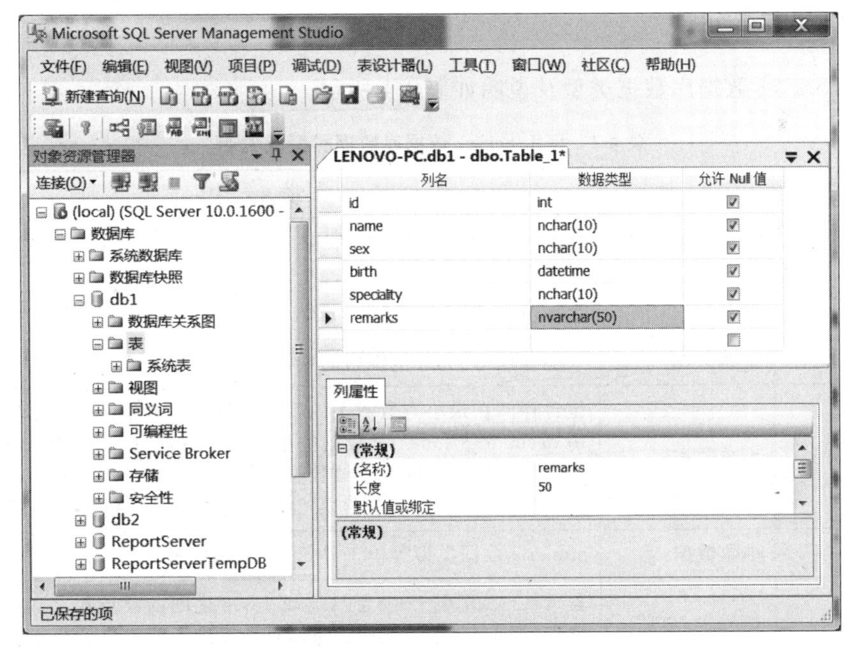

图 4-39　设计数据表字段的界面

(3) 设计好字段之后，单击“保存”按钮，将数据表名保存为 table_1，然后单击“确定”按钮，如图 4-40 所示。

(4) 右击“table_1 数据表”选项，选择“编辑前 200 行”选项，在对应的字段中输入数据，如图 4-41 所示。

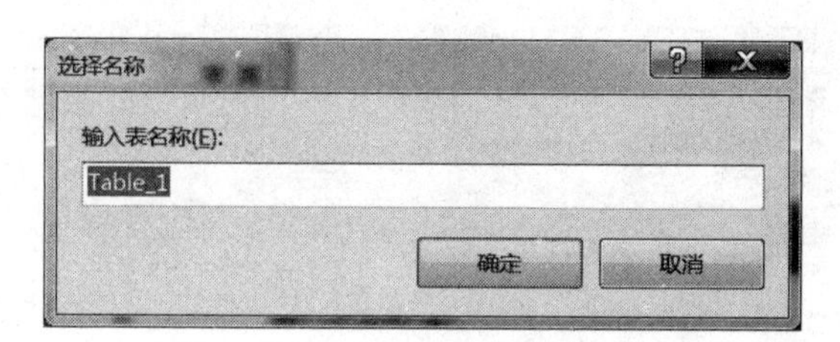

图 4-40　保存数据表界面

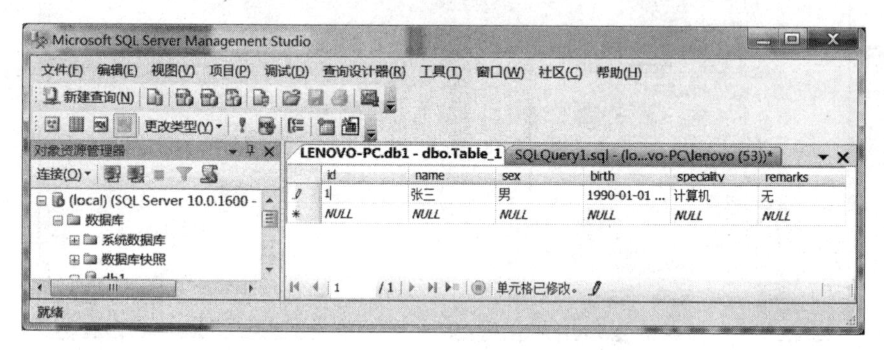

图 4-41　在数据表中添加数据

3. 相关背景知识

SQL Server 数据库数据类型及说明如表 4-1 所示。

表 4-1　SQL Server 数据库数据类型及说明

类　型	说　明	描　　述
int	整型数据	存储范围是－2 147 483 648～2 147 483 647(每个值需 4 个字节的存储空间)
smallint	整型数据	存储范围只有－32 768～32 767(每个值需 2 个字节的存储空间)
tinyint	整型数据	只能存储 0～255 范围内的数字(每个值需 1 个字节的存储空间)
Decimal	小数数据	包含存储在最小有效数上的数据。在 SQL Server 中,小数数据使用 decimal 或 numeric 数据类型存储。存储 decimal 或 numeric 数值所需的字节数取决于该数据的数字总数和小数点右边的小数位数。例如,存储数值 19 283.293 83 比存储 1.1 需要更多的字节
numeric	小数数据	numeric 数据类型等价于 decimal 数据类型
float	近似数字数据	表示从－1.79E＋308 到 1.79E＋308 之间的浮点数字数据。近似数字(浮点)数据包括按二进制计数系统所能提供的最大精度保留的数据。在 SQL Server 中,近似数字数据以 float 和 real 数据类型存储。例如,分数 1/3 表示成小数形式为 0.333 333(循环小数),该数字不能以近似小数数据精确表示。因此,从 SQL Server 获取的值可能并不准确代表存储在列中的原始数据。又如,以.3、.6、.7 结尾的浮点数均为数字近似值

续表

类　型	说　明	描　　述
real	近似数字数据	表示－3.40E＋38～3.40E＋38之间的浮点数字数据。存储大小为4个字节。在SQL Server中，real的同义词为float(24)
money	货币数据	货币数据表示正的或负的货币值。在Microsoft® SQL Server ™ 2000中使用money和smallmoney数据类型存储货币数据。货币数据存储的精确度为四位小数。可以存储在money数据类型中的值的范围是－922 337 203 685 477.580 8～922 337 203 685 477.580 7(需8个字节的存储空间)
smallmoney	货币数据	可以存储在smallmoney数据类型中的值的范围是－214 748.364 8～214 748.364 7(需4个字节的存储空间)
datetime	日期和时间数据	日期和时间数据由有效的日期或时间组成。例如，有效日期和时间数据既包括"4/01/98 12:15:00:00:00 PM"，也包括"1:28:29:15:01 AM 8/17/98"。在Microsoft® SQL Server™ 2000中，日期和时间数据使用datetime和smalldatetime数据类型存储。使用datetime数据类型存储从1753年1月1日至9999年12月31日的日期(每个数值要求8个字节的存储空间)
smalldatetime	日期和时间数据	使用smalldatetime数据类型存储从1900年1月1日至2079年6月6日的日期(每个数值要求4个字节的存储空间)
bit	特殊数据	bit数据类型只能包括0或1。可以用bit数据类型代表true或false、yes或no
timestamp	特殊数据	用于表示SQL Server在一行上的活动顺序，按二进制格式以递增的数字来表示。当表中的行发生变动时，用从@@DBTS函数获得的当前数据库的时间戳值来更新时间戳。timestamp数据与插入或修改数据的日期和时间无关。若要自动记录表中数据更改的时间，使用datetime或smalldatetime数据类型记录事件或触发器
uniqueidentifier	特殊数据	以一个16位的十六进制数表示全局唯一标识符(GUID)。当需要在多行中唯一标识某一行时，可使用GUID。例如，可使用unique_identifier数据类型定义一个客户标识代码列，以编辑公司来自多个国家/地区的总的客户名录
sql_variant	特殊数据	一种存储SQL Server所支持的各种数据类型(text、ntext、timestamp和sql_variant除外)值的数据类型
table	特殊数据	一种特殊的数据类型，存储供以后处理的结果集。table数据类型只能用于定义table类型的局部变量或用户定义函数的返回值
varchar	字符数据	长度为n个字节的可变长度且非Unicode的字符数据。n必须是一个介于1～8 000之间的数值。存储大小为输入数据的字节的实际长度，而不是n个字节。所输入的数据字符长度可以为0

续表

类型	说明	描述
char	字符数据	长度为n个字节的固定长度且非Unicode的字符数据。n必须是一个介于1～8 000之间的数值。存储大小为n个字节
ntext	字符数据	可变长度Unicode数据的最大长度为$2^{30}-1$(1 073 741 823)个字符。存储大小是所输入字符个数的两倍(以字节为单位)
text	字符数据	服务器代码页中的可变长度非Unicode数据的最大长度为$2^{31}-1$(2 147 483 647)个字符。当服务器代码页使用双字节字符时,存储量仍是2 147 483 647字节。存储大小可能小于2 147 483 647字节(取决于字符串)
image	二进制数据	可变长度二进制数据介于0～$2^{31}-1$(2 147 483 647)字节之间。image数据列可以用来存储超过8KB的可变长度的二进制数据,如Microsoft Word文档、Microsoft Excel电子表格、包含位图的图像、图形交换格式(GIF)文件和联合图像专家组(JPEG)文件
binary	二进制数据	二进制数据由十六进制数表示。例如,十进制数245等于十六进制数F5。在Microsoft® SQL Server ™ 2000中,二进制数据使用binary、varbinary和image数据类型存储。指派为binary数据类型的列在每行中都是固定的长度(最多为8KB)
varbinary	二进制数据	指派为varbinary数据类型的列,各项所包含的十六进制数字的个数可以不同(最多为8KB)

4.2.3 使用基本SQL语句

1. 要求和目的

要求:
使用SQL语句实现学生数据表的数据的添加、删除、修改和查询操作。
目的:
掌握SQL Server 2008新建查询的使用方法。
掌握添加、删除、修改和查询操作SQL语句编写方法。

2. 设计步骤

(1) 打开SQL Server 2008数据库,单击“新建查询”按钮,打开SQL语句编辑界面,如图4-42所示。

(2) 使用查询语句。
查询db1数据库中table1数据表,并返回所有字段,效果如图4-43所示。

```
SELECT * FROM table_1
```

选择部分列并指定它们的显示次序,查询结果集合中数据的排列顺序与选择列表中

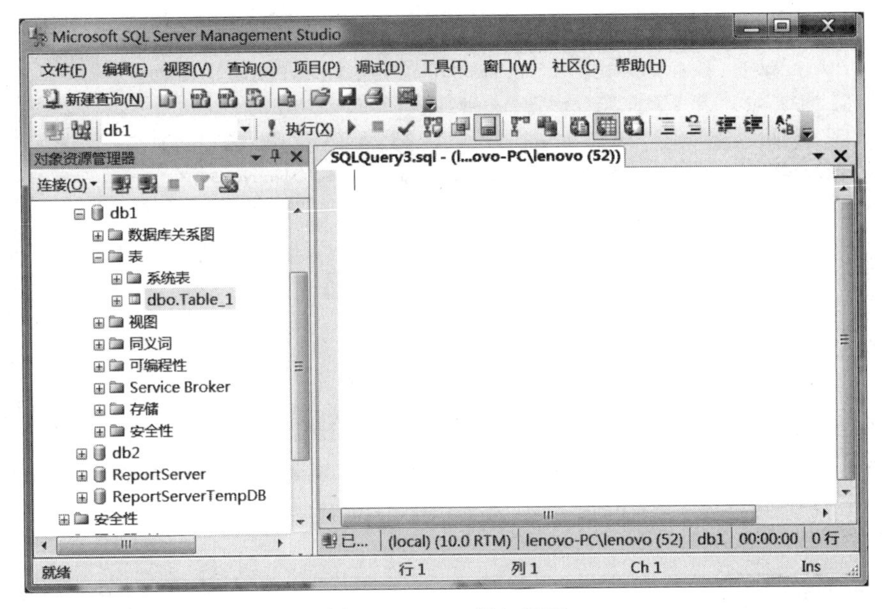

图 4-42　SQL 语句界面

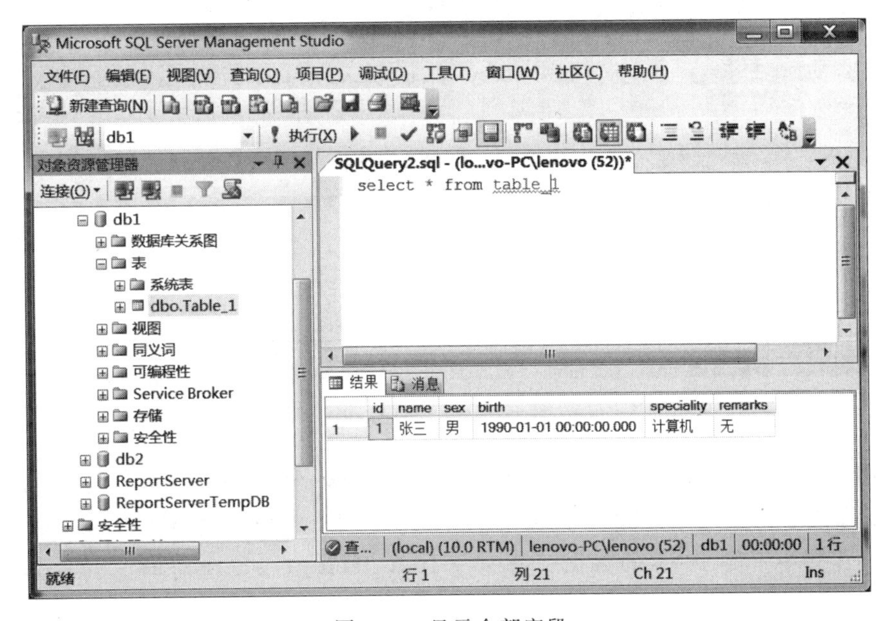

图 4-43　显示全部字段

所指定的列名排列顺序相同，如图 4-44 所示。

```
select name,sex from table_1 order by id desc
```

更改列标题，在选择列表中，可重新指定列标题。定义格式为：列标题=列名。如果指定的列标题不是标准的标识符格式时，应使用引号定界符，如图 4-45 所示。

```
select 姓名=name,性别=sex from table_1
```

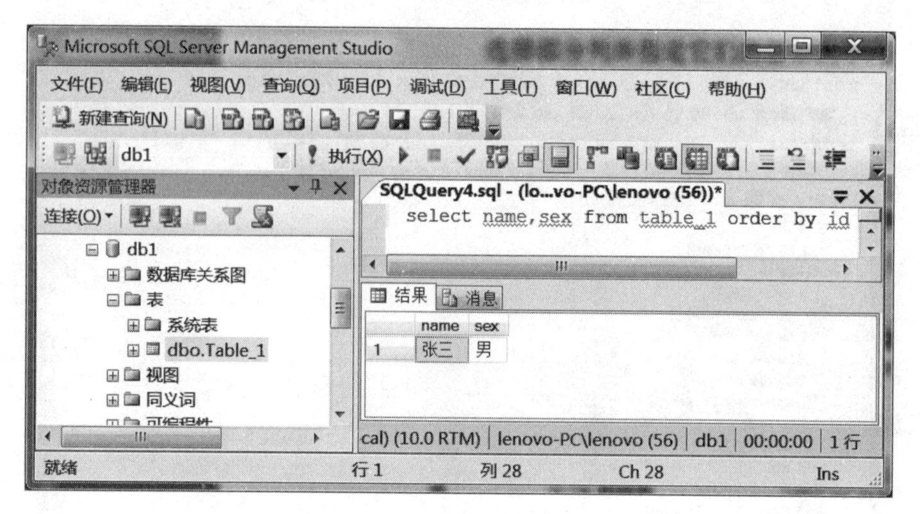

图 4-44　查询部分字段并排序

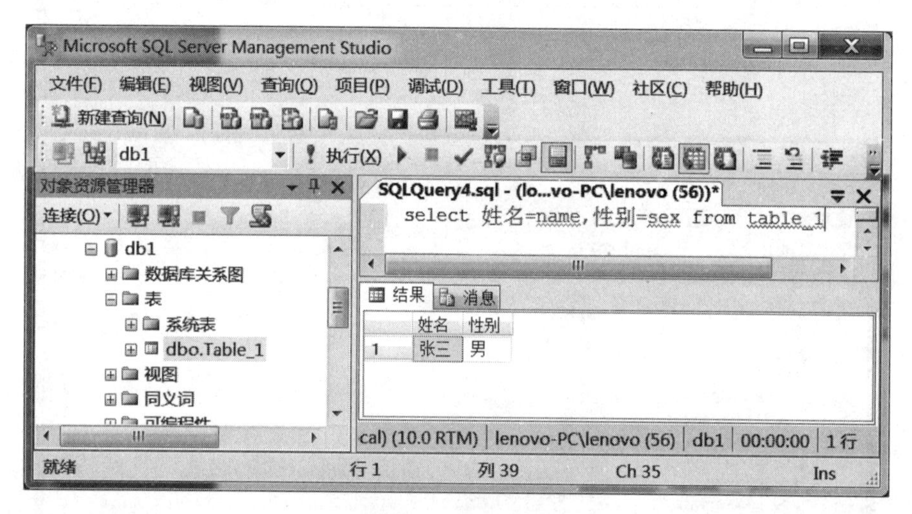

图 4-45　更换列标题

使用 where 子句设置查询条件，可以过滤掉不需要的数据行。where 子句可包括各种条件运算符：比较运算符(大小比较)：＞、＞＝、＝、＜＝、!＝10 and。

查询年龄小于等于 21 的数据：select * from table_1 where age＜＝21，如图 4-46 所示。

3. 相关背景知识

SQL(Structured Query Language)结构化查询语言，是一种数据库查询和程序设计语言，用于存取数据以及查询、更新和管理关系数据库系统。同时也是数据库脚本文件的扩展名。

SQL 是高级的非过程化编程语言，允许用户在高层数据结构上工作。它不要求用户指定对数据的存放方法，也不需要用户了解具体的数据存放方式，所以具有完全不同于底

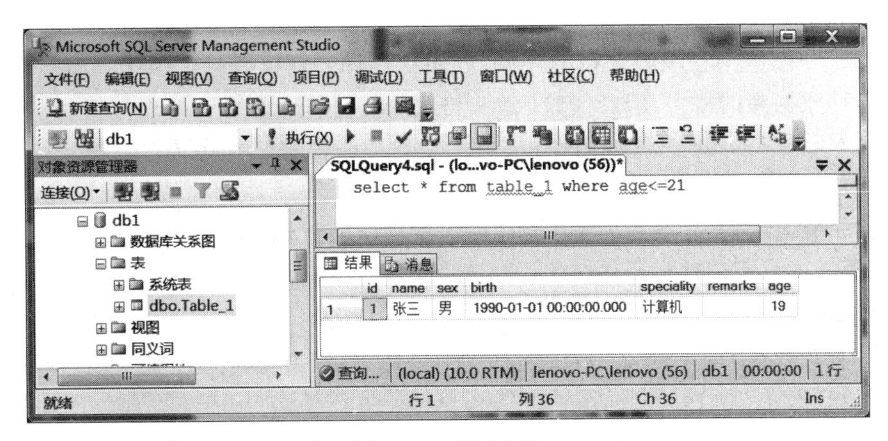

图 4-46　条件查询

层结构的数据库系统，可以使用相同的 SQL 语言作为数据输入与管理的 SQL 接口。它以记录集合作为操作对象，所有 SQL 语句接受集合作为输入，返回集合作为输出，这种集合特性允许一条 SQL 语句的输出作为另一条 SQL 语句的输入，所以 SQL 语句可以嵌套，这使其具有极大的灵活性和强大的功能，在多数情况下，在其他语言中需要一大段程序实现的功能只需要一个 SQL 语句就可以达到目的，这也意味着用 SQL 语言可以写出非常复杂的语句。

SQL 语言包含 4 个部分。

- 数据定义语言(DDL)，例如，Create、Drop、Alter 等语句。
- 数据操作语言(DML)，例如，Insert(插入)、Update(修改)、Delete(删除)语句。
- 数据查询语言(DQL)，例如，Select 语句。
- 数据控制语言(DCL)，例如，Grant、Revoke、Commit、Rollback 等语句。

任务 4.3　使用 ADO.NET 操作 SQL Server 2008

4.3.1　了解 ADO. NET

1. ADO. NET 的名称

ADO. NET 的名称起源于 ADO(ActiveX Data Objects)，这是一个广泛的类组，用于在以往的 Microsoft 技术中访问数据。之所以使用 ADO. NET 名称，是因为 Microsoft 希望表明这是在. NET 编程环境中优先使用的数据访问接口。

2. ADO. NET 的优点

与 ADO 的早期版本和其他数据访问组件相比，ADO. NET 提供了若干好处。这些好处分成以下几个类别。

(1) 互操作性

ADO.NET应用程序可以利用XML的灵活性和广泛接受性。由于XML是用于在网络中传输数据集的格式,因此读取XML格式的任何组件都可以处理数据。实际上,接收组件根本不必是ADO.NET组件:传输组件可以只是将数据集传输给其目标,而不考虑接收组件的实现方式。目标组件可以是Visual Studio应用程序或无论用什么工具实现的其他任何应用程序。唯一的要求是接收组件能够读取XML。作为一项工业标准,XML正是在考虑了这种互操作性的情况下设计的。

(2) 可维护性

在已部署系统的生存期中,适度的更改是可能的,但由于十分困难,所以很少尝试进行实质的结构更改。这是很遗憾的,因为在事件的自然过程中,这种实质上的更改会变得很有必要。例如,当自己部署的应用程序越来越受用户欢迎时,增加的性能负荷可能需要进行结构更改。随着已部署的应用程序服务器上的性能负荷的增长,系统资源会变得不足,并且响应时间或吞吐量会受到影响。面对该问题,软件设计者可以选择将服务器的业务逻辑处理和用户界面处理划分到单独计算机上的单独层上。实际上,应用程序服务器层将替换为两层,缓解了系统资源的缺乏。

该问题并不是要设计三层应用程序。相反,它是要在应用程序部署以后增加层数。如果原始应用程序使用数据集以ADO.NET实现,则该转换很容易进行。请记住,当用两层替换单个层时,将安排这两层交换信息。由于这些层可以通过XML格式的数据集传输数据,所以通信相对较容易。

(3) 可编程性

Visual Studio中的ADO.NET数据组件以不同方式封装数据访问功能,加快编程速度并减少犯错几率。例如,数据命令提取生成和执行SQL语句或存储过程的任务。

同样,由这些设计器工具生成的ADO.NET数据类会导致类型化数据集。这可以通过已声明类型的编程访问数据。最后,已声明类型的数据集的代码更安全,原因在于它提供对类型的编译时检查。例如,假定AvailableCredit表达为货币值。如果程序员误向AvailableCredit分配了字符串值,环境会在编译时向程序员报告该错误。当使用未声明类型的数据集时,程序员直到运行时才会知道该错误。

(4) 性能

对于不连接的应用程序,ADO.NET数据库提供的性能优于ADO不连接的记录集。当使用COM封送在层间传输不连接的记录集时,会因将记录集内的值转换为COM可识别的数据类型而导致显著的处理开销。在ADO.NET中,这种数据类型转换则没有必要。

(5) 可伸缩性

因为Web可以极大增加对数据的需求,所以可缩放性变得很关键。Internet应用程序具有无限的潜在用户供应。尽管应用程序可以很好地为十几个用户服务,但它可能不能向成百上千个(或成千上万个)用户提供同样好的服务。使用数据库锁和数据库连接之类资源的应用程序不能很好地为大量用户服务,因为用户对这些有限资源的需求最终将超出其供应。

ADO.NET 通过鼓励程序员节省有限资源来实现可缩放性。由于所有 ADO.NET 应用程序都使用对数据的不连接访问，因此它不会在较长持续时间内保留数据库锁或活动数据库连接。

3. ADO.NET 的结构

ADO.NET 结构由以下三部分组成。

(1) 表示层

ADO.NET 利用 XML 的力量来提供对数据的断开式访问。ADO.NET 的设计与.NET Framework 中 XML 类的设计是并进的，它们都是同一个结构的组件。ADO.NET 和.NET Framework 中的 XML 类集中于 DataSet 对象。无论 XML 源是文件还是 XML 流，都可以用来填充 DataSet。无论 DataSet 中数据的数据源是什么，DataSet 都可以作为符合万维网联合会(W3C)标准的 XML 进行编写，并且将其架构包含为 XML 架构定义语言(XSD)架构。由于 DataSet 固有的序列化格式为 XML，因此是在层间移动数据出色的媒介，这使 DataSet 成为在远程向 XML Web 服务发送数据和架构上下文以及从 XML Web 服务接收数据和架构上下文的最佳选择。

(2) 中间层

中间层存储了大量的访问数据的组件。

(3) 数据层

数据层直接与数据库接触，并可操作数据库。

ADO.NET 的体系结构如图 4-47 所示。

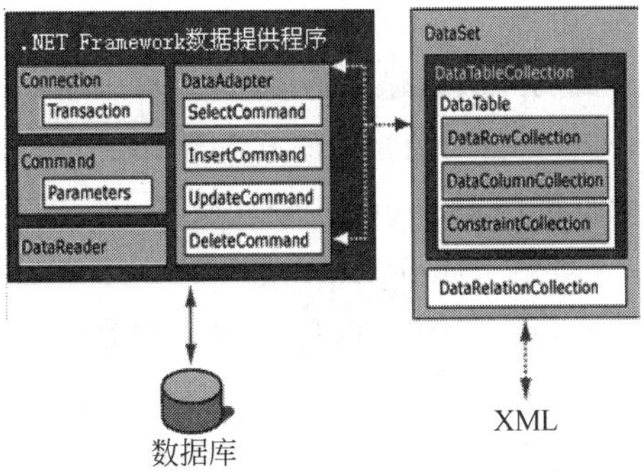

图 4-47　ADO.NET 的体系结构

4. .NET Framework 数据提供程序

.NET Framework 数据提供程序用于连接到数据库、执行命令和检索结果。可以直接处理检索到的结果，或将其放到 DO.NET DATASET 对象，以便与来自多个源的数据或在层之间进行远程处理的数据组合在一起，以特殊方式向用户公开。.NET Framework 数据提供程序是轻量的，它在数据源和代码之间创建了一个最小层，以便在不以功能为代价的前提下提高性能。

.NET Framework 数据提供程序包括四种不同的数据提供程序，支持多种数据库的访问。

- SQL Server .NET Framework 数据提供程序：提供对 MS SQL Server 7.0 或更高版本的数据访问，它位于 SYSTEM.DATA.SQLCLIENT 命名空间内。
- OLE DB .NET Framework 数据提供程序：适用于 OLE DB 公开的数据源。它位于 SYSTEM.DATA.OLEDB 命名空间内。
- ODBC .NET Framework 数据提供程序：适用于 ODBC 公开的数据源，它位于

SYSTEM.DATA.ODBC 命名空间内。

- ORACLE .NET Framework 数据提供程序：适用于 ORACLE 数据源，位于 SYSTEM.DATAORACLECLIENT。

5. ADO.NET 包含的类

(1) SqlConnection 类

用于连接 SQL Server 数据库。连接帮助指明数据库服务器、数据库名字、用户名、密码，和连接数据库所需要的其他参数。connection 对象会被 command 对象使用，这样就能够知道是在哪个数据库上面执行命令。

与数据库交互的过程意味着程序必须指明想要发生的数据操作。这些操作是依靠 command 对象执行的。可以使用 command 对象来发送 SQL 语句给数据库。command 对象使用 connection 对象来指出与哪个数据库进行连接。也能够单独使用 command 对象来直接执行命令，或者将一个 command 对象的引用传递给 SqlDataAdapter。

(2) command 对象

成功与数据建立连接后，就可以用 command 对象来执行查询、修改、插入、删除等命令；command 对象常用的方法有 ExecuteReader()、ExecuteScalar()、ExecuteNonQuery()。插入数据可用 ExecuteNOnQuery()方法。

(3) SqlDataReader 类

许多数据操作只是读取一串数据。datareader 对象允许获得从 command 对象的 Select 语句得到的结果。考虑性能的因素，从 datareader 返回的数据都是快速的且只是"向前"的数据流。这意味着只能按照一定的顺序从数据流中取出数据。这对于速度来说是有好处的，但是如果需要操作数据，更好的办法是使用 DataSet。

(4) DataSet 对象

DataSet 对象是数据在内存中的表示形式。它包括多个 DataTable 对象，而 DataTable 包含列和行，就像一个普通的数据库中的表。也可以定义表之间的关系来创建主从关系(parent-child relationships)。DataSet 是在特定的场景下使用——帮助管理内存中的数据并支持对数据的断开操作。DataSet 是被所有 Data Providers 使用的对象，因此它并不像 Data Provider 一样需要特别的前缀。

(5) SqlDataAdapter 类

某些时候使用的数据主要是只读的，并且很少需要将其改变至底层的数据源。同样一些情况要求在内存中缓存数据，以此来减少并不改变的数据被数据库调用的次数。DataAdapter 通过断开模型来帮助完成对以上情况的处理。当在一单批次的对数据库进行读写操作并返回至数据库的时候，DataAdapter 填充 DataSet 对象。DataAdapter 包含对连接对象以及当对数据库进行读取或者写入的时候自动打开或者关闭连接的引用。另外，DataAdapter 包含对数据进行 Select、Insert、Update 和 Delete 操作时对 command 对象的引用。

4.3.2 使用 Connection 对象

1. 要求和目的

要求：

设计一个应用程序，测试与数据库的连接是否正常，并给予提示。

目的：

掌握 Connection 对象属性设置的方法。

掌握 Connection 对象编程的方法。

2. 设计步骤

(1) 打开 Visual Studio 2012 编程环境，创建一个名称为 3-3-2 的项目。在窗体界面中拖入 1 个 Button 控件，设置该控件的 Text 属性为测试数据库连接，如图 4-48 所示。

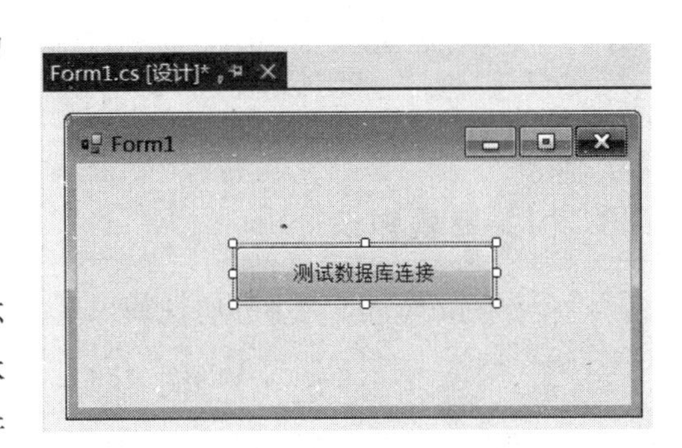

图 4-48　设计界面

(2) 首先定义窗体的公共变量，编写程序如代码 4-1 所示。

代码 4-1　定义窗体的公共变量。

```
private static SqlConnection mySqlConnection;
private static string ConnectionString="";
private static bool IsCanConnectioned=false;
```

(3) 双击“测试数据库连接”按钮，进入该按钮的单击事件，编写程序如代码 4-2 所示。

代码 4-2　“测试数据库连接”按钮的单击事件。

```
private void button1_Click(object sender,EventArgs e)
{
    //获取数据库连接字符串
    ConnectionString="Data Source=.;Initial Catalog=db01;Integrated Security
    =SSPI";
    //创建连接对象
    mySqlConnection=new SqlConnection(ConnectionString);
    try
    {
        //打开数据库
        mySqlConnection.Open();
        IsCanConnectioned=true;
    }
    catch
    {
```

```
        //打开不成功,则连接不成功
        IsCanConnectioned=false;
    }
    if (mySqlConnection.State==ConnectionState.Closed||mySqlConnection.State
    ==ConnectionState.Broken)
    {
        MessageBox.Show("数据库连接不成功!");
    }
    else
    {
        MessageBox.Show("数据库连接成功!");
    }
}
```

3. 相关背景知识

(1) SqlConnection 常用的属性如表 4-2 所示。

表 4-2　SqlConnection 常用的属性

属　　性	说　　明
ConnectionString	返回或设置用于打开 SQL Server 数据库的字符串
ConnectionTimeout	返回在尝试建立连接时终止尝试并生成错误之前所等待的时间
Database	返回当前数据库或连接打开后要使用的数据库的名称(只读)
DataSource	返回要连接的 SQL Server 实例的名称(只读)
PacketSize	返回用来与 SQL Server 的实例通信的网络数据包的大小(以字节为单位)。这个属性只适用于 SqlConnection 类型(只读)

(2) SqlConnection 常用的方法如表 4-3 所示。

表 4-3　SqlConnection 常用的方法

方　　法	说　　明
Open	用连接字符串指定的属性打开数据库连接
CreateCommand	创建并返回一个与 SqlConnection 关联的 SqlCommand 对象
Close	关闭与数据库的连接

(3) 数据库连接字符串常用的参数及描述如表 4-4 所示。

(4) SqlConnection 类构造函数说明如表 4-5 所示。

使用第 1 种构造函数:

```
String ConnectionString="server=(local); Initial Catalog=stu;";
SqlConnection conn=new SqlConnection();
conn.ConnectionString=ConnectionString;
conn.Open();
```

表 4-4　数据库连接字符串常用的参数及描述

参　数	描　述
Provider	用于设置或返回连接提供程序的名称
Connection Timeout	在终止尝试并产生异常前，等待连接到服务器的连接时间长度（以秒为单位），默认值是 15 秒
Initial Catalog 或 Database	数据库的名称
Data Source 或 Server	连接打开时使用的 SQL Server 名称，或者是 Microsoft Access 数据库的文件名
Password 或 pwd	SQL Server 账户的登录密码
User ID 或 uid	SQL Server 登录账户
Integrated Security	此参数决定连接是否是安全连接。可能的值有 True、False 和 SSPI（SSPI 是 True 的同义词）
Persist Security Info	设置为 False 时，如果连接是打开的或曾经处于打开状态，那么安全敏感信息（如密码）不会作为连接的一部分返回。设置属性值为 True 可能有安全风险，False 是默认值

表 4-5　SqlConnection 类构造函数

函 数 定 义	参数说明	函 数 说 明
SqlConnection()	不带参数	创建 SqlConnection 对象
SqlConnection(string connectionstring)	连接字符串	根据连接字符串，创建 SqlConnection 对象

使用第 2 种构造函数：

```
String cnn="server=(local); Initial Catalog=stu;";
SqlConnection conn=new SqlConnection(cnn);
conn.Open();
```

显然使用第 2 种方法输入的代码要少一点，但是两种方法执行的效率并没有什么不同。另外，如果需要重用 Connection 对象去使用不同的身份连接不同的数据库时，使用第 1 种方法则非常有效。

以下代码演示使用连接字符串创建数据库连接的一般方式。

```
//连接 Access 数据库
string connStr="Provider=Microsoft.Jet.OleDB.4.0;Data Source=D:\db1.mdb"
//根据字符串创建 OleDbConnection 连接对象
OleDbConnection  objConnection=new  OleDbConnection(strConnect);
//打开数据源连接
if(objConnection.State==ConnectionState.Closed)
{
    objConnection.Open();
}
//使用结束后关闭数据源连接
if(objConnection.State==ConnectionState.Open)
{
```

```
    objConnection.Close();
}
```

在这段代码里的业务逻辑是：

① 创建连接字符串，从中可以看出 Connection 对象是使用 OleDB 类型的 Data Provider，连接到 D 盘下名称为 db1. mdb 的 Access 数据库中。

② 根据连接字符串，创建 Connection 类型的对象，这里用到了 OleDbConnection。

③ 打开数据源的连接。

④ 执行数据库的访问操作代码。

⑤ 关闭数据源连接。

4.3.3 使用 SqlCommand 对象与 SqlDataReader 对象

1. 要求和目的

要求：

建立一个应用程序，使用 SqlCommand 对象和 SqlDataReader 对象读取数据库内容。

目的：

掌握 SqlCommand 对象的使用方法。

掌握 SqlDataReader 对象的使用方法。

2. 设计步骤

(1) 打开 Visual Studio 2012 编程环境，创建一个名称为 3-3-3 的项目。编写窗体的 Form_Load 事件，编写程序如代码 4-3 所示。

代码 4-3 窗体的 Form_Load 事件。

```
private void Form1_Load(object sender,EventArgs e)
{
    //定义输出消息
    string message="";
    //新建连接对象
    SqlConnection conn=new SqlConnection();
    conn.ConnectionString="Data Source=.;Initial Catalog=db1;Integrated Security
    =SSPI";
    //拼接命令字符串
    string selectQuery="select * from table_1";
    //新建命令对象
    SqlCommand  cmd=new SqlCommand(selectQuery,conn);
    conn.Open( );
    //关闭阅读器时将自动关闭数据库连接
    SqlDataReader reader=cmd. ExecuteReader(CommandBehavior.CloseConnection);
    //循环读取信息
    while (reader.Read())
    {
```

```
        message+="序号:"+reader[0].ToString()+" ";
        message+="姓名:"+reader[1].ToString()+" ";
        message+="性别:"+reader[2].ToString()+" ";
        message+="出生年月:"+reader[3].ToString()+" ";
        message+="\n";
    }
    message+="\n";
    //关闭数据阅读器
    //无须关闭连接,它将自动被关闭
    reader.Close();
    //测试数据连接是否已经关闭
    if(conn.State==ConnectionState.Closed)
    {
        message+="数据连接已经关闭\n";
    }
    MessageBox.Show(message);
}
```

(2) 在 Visual Studio 2012 编程环境中,选择"调试"→"启动调试"菜单命令,使程序运行起来,效果如图 4-49 所示。

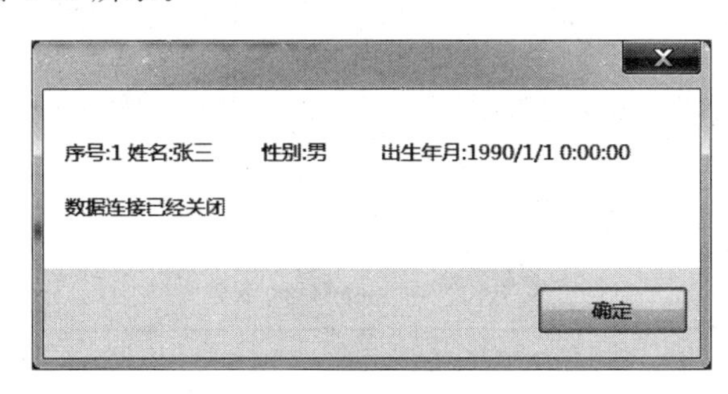

图 4-49　程序运行效果

3. 相关背景知识

(1) 应用程序连接数据库的步骤

设计一个数据库应用程序,可以采用连接和不连接方式。所谓连接方式,是数据库应用程序运行期间一直保持和数据库连接,数据库应用程序通过 SQL 语句直接对数据库操作,例如,查找记录、删除记录、修改记录。所谓不连接方式,是数据库应用程序把数据库中感兴趣的数据读入来建立一个副本,数据库应用程序对副本进行操作,必要时将修改的副本存回数据库。设计一个不连接方式数据库应用程序一般包括以下基本步骤。

① 建立数据库,包括若干个表,在表中填入数据。

② 建立与数据库的连接。

③ 从数据库中取出感兴趣的数据存入 DataSet 数据集对象,包括指定表和表中满足条件的记录,DataSet 对象在内存中建立,可以包含若干表,可以认为是数据库在内存中的一个子集。然后断开和数据库的连接。

④ 用数据绑定的方法显示这个子集的数据,供用户浏览、查询、修改。

⑤ 把修改的数据存回源数据库。

设计一个连接方式数据库应用程序一般包括以下基本步骤。

① 建立数据库,包括若干个表,在表中填入数据。

② 建立与数据库的连接。

③ 使用查询、修改、删除、更新等 Command 对象直接对数据库操作。

(2) Command 对象的常用属性

Command 对象的常用属性有 Connection、ConnectionString、CommandType、CommandText 和 CommandTimeout。

Connection 属性：用来获得或设置该 Command 对象的连接数据源。比如某 SqlConnection 类型的 conn 对象连在 SQL Server 服务器上,又有一个 Command 类型的对象 cmd,可以通过 cmd.Connection=conn 来让 cmd 在 conn 对象所指定的数据库上操作。

不过,通常的做法是直接通过 Connection 对象来创建 Command 对象,而 Command 对象不宜通过设置 Connection 属性来更换数据库,所以上述做法并不推荐。

ConnectionString 属性：用来获得或设置连接数据库时用到的连接字符串,用法和上述 Connection 属性相同。同样,不推荐使用该属性来更换数据库。

CommandType 属性：用来获得或设置 CommandText 属性中的语句是 SQL 语句、数据表名还是存储过程。

CommandType 属性的取值有 3 个,如表 4-6 所示。

表 4-6 CommandType 属性

属 性 值	说 明
CommandType 设置成为 Text 或不设置	CommandText 属性的值是一个 SQL 语句
CommandType 设置成为 TableDirect	CommandText 属性的值是一个要操作的数据表的名
CommandType 设置成为 StoredProcedure	CommandText 属性的值是一个存储过程
不显示 CommandType 设置的值	CommandType 默认为 Text

CommandType 枚举值如表 4-7 所示。

表 4-7 CommandType 枚举值

值	说 明
StoredProcedure	指示 CommandType 属性的值为存储过程的名称
TableDirect	指示 CommandType 属性的值为一个或多个表的名称。只有 OLE DB 的.NET Framework 数据提供程序才支持 TableDirect
Text	指示 CommandType 属性的值为 SQL 文本命令(默认)

CommandText 属性：根据 CommandType 属性的不同取值,可以使用 CommandText 属性获取或设置 SQL 语句、数据表名(仅限于 OLE DB 数据库提供程序)或存储过程。

(3) Command 对象的常用方法

在不同的数据提供者的内部，Command 对象的名称是不同的，在 SQL Server Data Provider 里叫 SqlCommand，而在 OLE DB Data Provider 里叫 OleDbCommand。

下面将详细介绍 Command 类型对象的常用方法，包括构造函数、执行不带返回结果集的 SQL 语句方法、执行带返回结果集的 SQL 语句方法和使用查询结果填充 DataReader 对象的方法。

构造函数用来构造 Command 对象。SqlCommand 类的构造函数说明如表 4-8 所示。

表 4-8　SqlCommand 类的构造函数

函数定义	参数说明	函数说明
SqlCommand()	不带参数	创建 SqlCommand 对象
SqlCommand(string cmdText)	cmdText：SQL 语句字符串	根据 SQL 语句字符串，创建 SqlCommand 对象
SqlCommand(string cmdText, SqlConnection connection)	cmdText：SQL 语句字符串 connection：连接到的数据源	根据数据源和 SQL 语句，创建 SqlCommand 对象
SqlCommand(string cmdText, SqlConnection connection, SqlTransaction transaction)	cmdText：SQL 语句字符串 connection：连接到的数据源 transaction：事务对象	根据数据源和 SQL 语句和事务对象，创建 SqlCommand 对象

① 第一个构造函数不带任何参数。

```
SqlCommand  cmd=new  SqlCommand();
cmd.Connection=ConnectionObject;
cmd.CommandText=CommandText;
```

上面代码段使用默认的构造函数创建一个 SqlCommand 对象，然后把已有的 Connection 对象 ConnectionObject 和命名文本 CommandText 分别赋给了 Command 对象的 Connection 属性和 CommandText 属性。

例如，CommandText 可以从数据库检索数据的 select 语句：

```
string CommandText="select * from studentInfo";
```

除此之外，许多关系型数据库，例如 SQL Server 和 Oracle，都支持存储过程。可以把存储过程的名称指定为命名文本。例如，使用编写 GetAllStudent 存储过程为命名文本：

```
string CommandText="GetAllStudent";
cmd.CommandType=CommandType.StoredProcedure;
```

② 第二个构造函数可以接受一个命令文本。

```
SqlCommand  cmd=newe SqlCommand(CommandText);
cmd.Connection=ConnectionObject;
```

上面的代码实例化了一个 Command 对象，并使用给定命令文本对 Command 对象的 CommandText 属性进行了初始化。然后，使用已有的 Connection 对象对 Command 对象的 Connection 属性进行了赋值。

③ 第三个构造函数接受一个Connection和一个命名文本。

```
SqlCommand  cmd=newe SqlCommand(CommandText,ConnectionObject);
```

注意这两个参数的顺序,第一个为string类型的命令文本,第二个为Connection对象。

④ 第四个构造函数接受三个参数,第三个参数是SqlTransaction对象,这里不做讨论。

另外,Connection对象提供了CreateCommand方法,该方法将实例化一个Command对象,并将其Connection属性赋值为建立该Command对象的Connection对象。

无论在什么情况下,当把Connection对象赋值给Command对象的Connection属性时,并不需要Connection对象是打开的。但是,如果连接没有打开,则在命令执行之前必须首先打开连接。

(4) SqlCommand提供了4个执行方法:ExecuteNonQuery()、ExecuteScalar()、ExecuteReader()、ExecuteXmlReader()。

命令对象提供的用于执行命令的方法及其含义如表4-9所示。

表4-9 执行命令的方法及其含义

方 法	含 义
Cancel	试图取消命令的执行
ExecuteNonQuery	对连接执行SQL语句并返回受影响的行数
ExecuteReader	执行查询,将查询结果返回到数据读取器(DataReader)中
ExecuteScalar	执行查询,并返回查询所返回的结果集中第一行的第一列。忽略额外的列或行
ExecuteXmlReader	执行查询,将查询结果返回到一个XmlReader对象中

① ExecuteNonQuery方法

用来执行insert、update、delete等非查询语句和其他没有返回结果集的SQL语句,并返回执行命令后影响的行数。如果update和delete命令所对应的目标记录不存在,返回0;如果出错,返回−1。

```
String cnstr="server=(local);database=student; Integrated Security=true";
SqlConnection cn=new SqlConnection(cnstr);
cn.Open();
string sqlstr="update student set  name='Jone' where name='Bill' ";
SqlCommand cmd=new SqlCommand(sqlstr,cn);
cmd.ExecuteNonQuery();
cn.Close();
```

ExecuteNonQuery()方法的返回值是一个整数,代表操作所影响到的行数。

② ExecuteScalar()方法

在许多情况下,需要从SQL语句返回一个结果,例如客户表中记录的个数,当前数据库服务器的时间等。ExecuteScalar()方法就适用于这种情况。

ExecuteScalar()方法执行一个SQL命令,并返回结果集中的首行首列(执行返回单个值的命令)。如果结果集大于一行一列,则忽略其他部分。根据该特性,这个方法通常用来执行包含Count、Sum等聚合函数的SQL语句。

下面的代码读取数据库中表student的记录个数,并把它输出到控制台上。

```
String cnstr="server=(local);database=student; Integrated Security=true";
SqlConnection cn=new SqlConnection(cnstr);
cn.Open();
string sqlstr="select count(*) from student";
SqlCommand cmd=new SqlCommand(sqlstr,cn);
object count=cmd.ExecuteScalar();
Console.WriteLine(count.ToString());
cn.Close();
```

ExecuteScalar()方法的返回值类型是Object,根据具体需要,可以将它转换为合适的类型。

③ ExecuteReader()方法

ExecuteReader()方法执行命令,并使用结果集填充为DataReader对象。

ExecuteReader()方法用于执行查询操作,它返回一个DataReader对象,通过该对象可以读取查询所得的数据。

ExecuteReader()方法在Command对象中用得比较多,通过DataReader类型的对象,应用程序能够获得执行SQL查询语句后的结果集。该方法的两种定义为:

ExecuteReader():不带参数,直接返回一个DataReader结果集。

ExecuteReader(CommandBehavior behavior):根据behavior的取值类型,决定DataReader的类型。

如果behavior取值是CommandBehavior. SingleRow这个枚举值,则说明返回的ExecuteReader只获得结果集中的第一条数据。如果取值是CommandBehavior. SingleResult,则说明只返回在查询结果中多个结果集里的第一个。

一般来说,应用代码可以随机访问返回的ExecuteReader列。但如果behavior取值为CommandBehavior. SequentialAccess,则说明对于返回的ExecuteReader对象只能顺序读取它包含的列。也就是说,一旦读过该对象中的列,就再也不能返回去阅读了。这种操作是以方便性为代码换取读数据时的高效率,需谨慎使用。

```
String cnstr="server=(local);database=student; Integrated Security=true";
SqlConnection cn=new SqlConnection(cnstr);
cn.Open();
string sqlstr="select * from student";
SqlCommand cmd=new SqlCommand(sqlstr,cn);
SqlDataReader dr=cmd.ExecuteReader();
while(dr.Read())
{
    String name=dr["姓名"].ToString();
    Console.WriteLine(name);
```

```
}
dr.Close();
cn.Close();
```

这段代码从数据库的 student 表中读取全部数据,并把该表的"姓名"字段的数据全部输出到控制台上。

④ ExecuteXmlReader

SqlCommand 特有的方法,OleDbCommand 无此方法。该方法执行将返回 XML 字符串的命令。它将返回一个包含所返回的 XML 的 System. Xml. XmlReader 对象。

(5) Command 对象应用距离

在下面这段代码里,首先根据连接字符串创建一个 SqlConnecdon 连接对象,并用此对象连接数据源: 然后创建一个 SqlCommand 对象,并用此对象的 ExecuteNonQuery 方法执行不带返回结果集的 SQL 语句。

```
//连接字符串
private static string strConnect=" data source=localhost;
uid=sa;pwd=aspent;database=LOGINDB"
//根据连接字符串创建 SqlConnection 连接句柄
SqlConnetion objConnection=new SqlConnection(strConnect);
//数据库命令
SqlCommand objCommand=new SqlCommand("",objConnection);
//设置 SQL 语句
objcommand.commandtext="insert into users"+" (username,nickname,userpassword,
useremail, userrole, creatdate, lastmodifydate)" +" values  " +"  (@ username, @
nickname,@userpassword,@useremail,@userrole,@creatdate,@lastmodifydate)";
//以下省略设置各值的语句
…
try
{
    //打开数据库连接
    if(objConnection.State==ConnectionState. Closed)
    {
        objConnection.Open();
    }
    //获取运行结果,插入数据
    objCommand.ExecuteNonQuery();
    //省略后继动作
    …
}
catch(SqlException e)
{
    Response.Write(e.Message.ToString());
}
finally
{
```

```
        //关闭数据库连接
        if(objConnection.State==ConnectionState.Open)
        {
            objConnection.Close();
        }
    }
```

这段代码是连接数据库并执行操作的典型代码。其中，操作数据库的代码均在 try ... catch ... finally 结构中，因此代码不仅能正常地操作数据库，更能在发生异常的情况下抛出异常。另外，不论是否发生异常，也不论发生了哪种数据库操作的异常，finally 块里的代码均会被执行，所以，一定能保证代码在访问数据库后关闭连接。

而在下面的代码里，将使用 Command 对象执行查询类的 SQL 语句，并将结果集赋给 DataRead 对象。

```
private static string strConnect=" data source=localhost;
uid=sa;pwd=aspent;database=LOGINDB"
SqlConnetion objConnection=new SqlConnection(strConnect);
SqlCommand objCommand=new SqlCommand(" ",objConnection);
//设置 SQL 语句
objCommand.CommandText="SELECT * FROM USERS";
try
{
    //打开数据库连接
    if(objConnection.State==ConnectionState. Closed)
        objConnection.Open();
    //获取运行结果
    SqlDataReader result=objCommand.ExecuteReader();
    //省略后继动作
    ...
}
catch(SqlException e)
{
    Response.Write(e.Message.ToString());
}
finally
{
    //关闭数据库连接
    if(objConnection.State==ConnectionState.Open)
    {
        objConnection.Close();
    }
}
```

这里用到 DataReader 对象来获得结果集，如果仅仅想返回查询结果集的第一行第一列的值，可以将“SqlDataReader result=objCommand. ExecuteReader();”改成“objCommand. ExecuteScalar(). ToString();”。

4.3.4 使用 DataSet 对象

1. 要求和目的

要求：

设计制作一个读取数据库的程序，能够显示数据表的内容。

目的：

掌握 SqlConnection 连接对象的用法。

掌握 DataSet 对象的用法。

掌握 bindingSource 和 dataGridView 控件的用法。

2. 设计步骤

(1) 打开 Visual Studio 2012 编程环境，新建一个名称为 4-3-4 的项目。在窗体界面中拖入 1 个 dataGridView 控件，将该控件的 dock 属性设置为 Fill。然后拖入 1 个 bindingSource 控件，如图 4-50 所示。

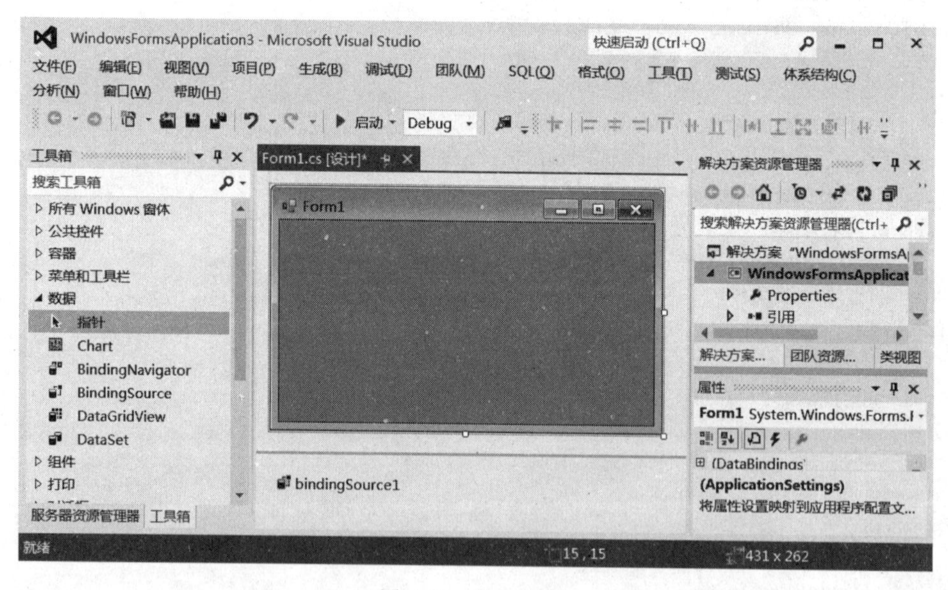

图 4-50 设计界面

(2) 首先定义窗体的公共变量，编写程序如代码 4-4 所示。

代码 4-4 定义窗体的公共变量。

```
private SqlConnection con;
private SqlDataAdapter da;
private DataSet ds;
```

(3) 编写窗体的 Form_Load 事件，编写程序如代码 4-5 所示。

代码 4-5 窗体的 Form_Load 事件。

```
private void Form1_Load(object sender,EventArgs e)
{
    string ConnString="Data Source=.;Initial Catalog=db1;Integrated Security=SSPI;";
    SqlConnection con=new SqlConnection(ConnString);
    con.Open();
    string cmdstring=" Select * from table_1 order by id asc";
    SqlDataAdapter da=new SqlDataAdapter(cmdstring,con);
    DataSet ds=new DataSet();
    da.Fill(ds);
    bindingSource1.DataSource=ds.Tables[0];
    dataGridView1.DataSource=bindingSource1;
}
```

(4) 在 Visual Studio 2012 编程环境中,选择"调试"→"启动调试"菜单命令,使程序运行起来,如图 4-51 所示。

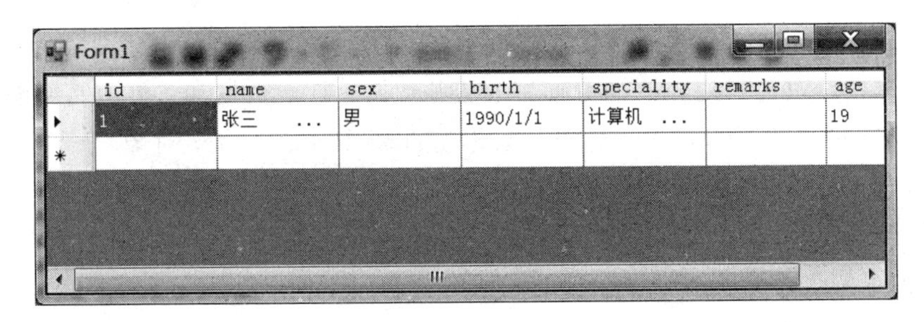

图 4-51 程序运行效果

3. 相关背景知识

(1) Dataset 介绍。

数据集 DataSet 是断开与数据源的连接时,可以被使用的数据记录在内存中的缓存。可以把数据集 DataSet 看做是内存中的数据库。它在应用程序中对数据的支持功能十分强大。DataSet 一经创建,就能在应用程序中充当数据库的位置,为应用程序提供数据支持。

数据集 DataSet 的数据结构可以在.NET 开发环境中通过向导完成,也可以通过代码来增加表、数据列、约束以及表之间的关系。数据集 DataSet 中的数据既可以来自数据源,也可以通过代码直接向表中增加数据行。数据集 DataSet 类似一个客户端内存中的数据库,可以在这个数据库中增加、删除数据表,可以定义数据表结构和表之间的关系,可以增加、删除表中的行。

数据集 DataSet 不考虑其中的表结构和数据是来自数据库、XML 文件还是程序代码,因此数据集 DataSet 不维护到数据源的连接。这缓解了数据库服务器和网络的压力。对数据集 DataSet 的特点可以总结为四点。

① 使用数据集对象 DataSet 无须与数据库直接交互。

② DataSet 对象是存储从数据库检索到的数据的对象。

③ DataSet 对象是零个或多个表对象的集合,这些表对象由数据行和列、约束和有关表中数据关系的信息组成。

④ DataSet 对象既可容纳数据库的数据,也可以容纳非数据库的数据源。

(2) 在不连接的数据模型中,每次数据库应用程序需要处理下一条记录时都连接回数据库是不可行的,这样做会大大消除使用不连接数据的优越性。解决方案是临时存储从数据库检索的记录,然后使用该临时集,这便是数据集的概念。数据集 DataSet 是从数据库检索的记录的缓存。数据集 DataSet 中包含一个或多个表(这些表基于源数据库中的表),并且还可以包含有关这些表之间的关系,以及对表包含数据的约束信息。数据集 DataSet 的数据通常是源数据库内容的子集,可以用与操作实际数据库十分类似的方式操作数据集 DataSet,但操作时,将保持与源数据库的不连接状态,使数据库可以自由执行其他任务。

因为数据集 DataSet 是数据库数据的私有子集,所以它不一定反映源数据库的当前状态,因此,需要经常更新数据集 DataSet 中的数据。可以修改数据集 DataSet 中的数据,然后把这些修改写回到源数据库。为了从源数据库获取数据和将修改写回源数据库,请使用数据适配器 DataAdapter 对象。数据适配器 DataAdapter 对象包含更新数据集 DataSet 和将修改写回源数据库的方法。DataAdapter. Fill( )方法执行更新数据集 DataSet 操作。DataAdapter. Update()方法执行将修改写回源数据库操作。

尽管数据集是作为从数据库获取的数据的缓存,但数据集与数据库之间没有任何实际关系。数据集是容器,它用数据适配器的 SQL 命令或存储过程填充。

(3) DataSet 对象常用的属性方法和事件。

DataSet 对象常用的属性如表 4-10 所示。

表 4-10　DataSet 对象常用的属性

属 性 名	属 性 说 明
CaseSensitive	用于控制 DataTable 中的字符串比较是否区分大小写
DataSetName	当前 DataSet 的名称。如果不指定,则该属性值设置为“NewDataSet”。如果将 DataSet 内容写入 XML 文件,DataSetName 是 XML 文件的根节点名称
DesignMode	如果在设计时使用组件中的 DataSet,DesignMode 返回 True,否则返回 False
HasErrors	表示 DataSet 中的 DataRow 对象是否包含错误。如果将一批更改提交给数据库并将 DataAdapter 对象的 ContinueUpdateOnError 属性设置为 True,则在提交更改后必须检查 DataSet 的 HasErrors 属性,以确定是否有更新失败
Relations	返回一个 DataRelationCollection 对象
Tables	检查现有的 DataTable 对象

DataSet 对象常用的方法如表 4-11 所示。

表 4-11 DataSet 对象常用的方法

方 法 名	方 法 说 明
AcceptChanges 和 RejectChanges	接受或放弃 DataSet 中所有挂起的更改。调用 AcceptChanges 时，RowState 属性值为 Added 或 Modified 的所有行的 RowState 属性都将被设置为 UnChanged，任何标记为 Deleted 的 DataRow 对象将从 DataSet 中删除。调用 RejectChanges 时，任何标记为 Added 的 DataRow 对象将会被从 DataSet 中删除，其他修改过的 DataRow 对象将返回前一状态
Clear	清除 DataSet 中所有的 DataRow 对象。该方法比释放一个 DataSet 然后再创建一个相同结构的新 DataSet 要快
Clone 和 Copy	使用 Copy 方法会创建与原 DataSet 具有相同结构和相同行的新 DataSet。使用 Clone 方法会创建具有相同结构的新 DataSet，但不包含任何行
GetChanges	返回与原 DataSet 对象具有相同结构的新 DataSet，并且还包含原 DataSet 中所有挂起更改的行
GetXml 和 GetXmlSchema	使用 GetXml 方法得到由 DataSet 的内容与它的架构信息转换为 XML 格式后的字符串。如果只希望返回架构信息，可以使用 GetXmlSchema
HasChange	表示 DataSet 中是否包含挂起更改的 DataRow 对象
Merge	从另一个 DataSet、DataTable 或现有 DataSet 中的一组 DataRow 对象载入数据
ReadXml 和 WriteXml	使用 ReadXml 方法从文件、TextReader、数据流或者 XmlReader 中将 XML 数据载入 DataSet 中
Reset	将 DataSet 返回为未初始化状态。如果想放弃现有 DataSet 并且开始处理新的 DataSet，使用 Reset 方法比创建一个 DataSet 的新实例好

DataSet 对象常用的事件如表 4-12 所示。

表 4-12 DataSet 对象常用的事件

事件名	事 件 说 明
MergeFailed	在 DataSet 的 Merge 方法中发生一个异常时触发

任务 4.4 图书管理系统的实现

4.4.1 图书管理系统整体功能设计

图书馆作为一种信息资源的集散地，图书和用户借阅资料繁多，包含很多的信息数据的管理。根据调查得知，图书馆以前对信息管理的主要方式是基于文本、表格等纸介质的手工处理，对于图书借阅情况（如借书天数、超过限定借书时间的天数）的统计和核实等往往采用对借书卡的人工检查进行，对借阅者的借阅权限以及借阅天数等用人工计算、手抄进行。数据信息处理工作量大，容易出错。由于数据繁多，容易丢失，且不易查找。总的来说，缺乏系统规范的信息管理手段。尽管有的图书馆有计算机，但是尚未用于信息管理，没有发挥它的效力，资源闲置比较突出。因此，需要设计一套规范、高效的图书管理系统,以提高图书管理效率。

本项目将设计制作一套图书管理系统,功能包括用户管理、图书管理和借阅管理。其中,图书管理包括入库管理、更新管理和图书检索。

图书管理系统的功能结构如图 4-52 所示。

本项目包含的功能界面具体如下:

(1) 关于我们界面 AboutBox.cs。

(2) 添加图书信息界面 frmAddBook.cs。

(3) 图书封面管理界面 frmBookPic.cs。

(4) 借阅图书界面 frmIssueBook.cs。

(5) 系统登录界面 frmLogin.cs。

(6) 系统管理主界面 FrmMain.cs。

(7) 图书检索界面 frmSearchBook.cs。

(8) 图书更新界面 frmUpdateBook.cs。

本项目的工程文件列表如图 4-53 所示。

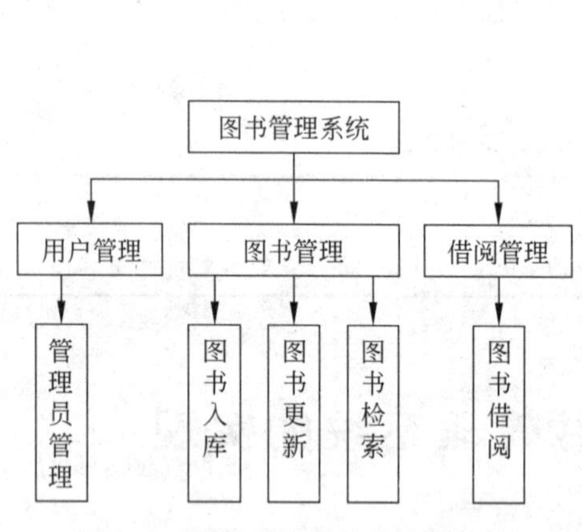

图 4-52 图书管理系统的功能结构

图 4-53 项目工程文件列表

4.4.2 图书管理系统数据库设计

1. 数据库设计

本系统采用 SQL Server 2008 作为后台数据库,数据库名为 book。本系统的数据库包括 3 个数据表,分别为图书信息数据表 bookinfo、借阅信息数据表 IssueInfo、用户信息数据表 userinfo。数据表的列表结构如图 4-54 所示。

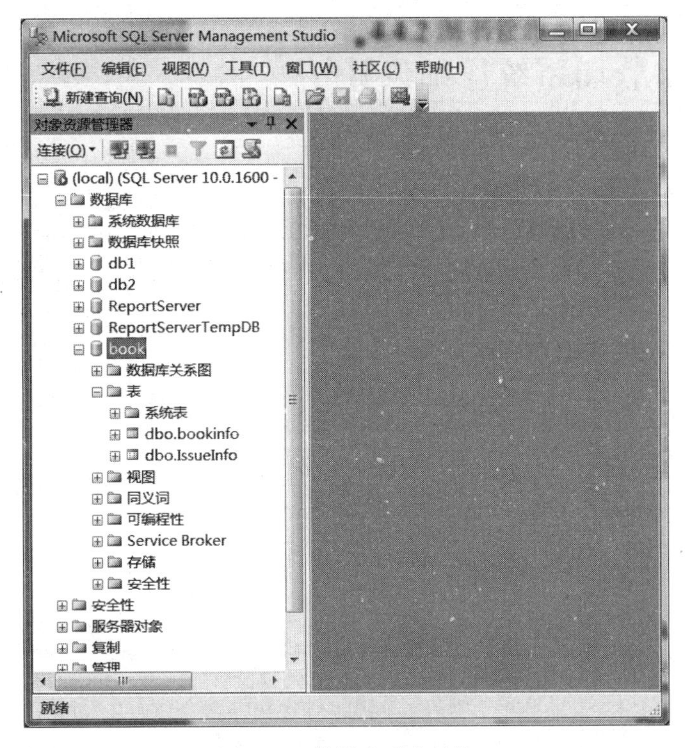

图 4-54　数据表列表结构

2. 数据表设计

(1) 图书信息数据表 bookinfo 的设计界面如图 4-55 所示。

(2) 图书借阅信息数据表 IssueInfo 的设计界面如图 4-56 所示。

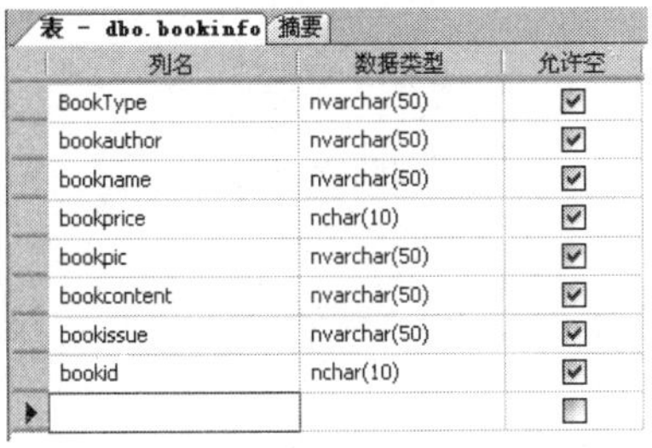

表 - dbo.bookinfo　摘要

列名	数据类型	允许空
BookType	nvarchar(50)	☑
bookauthor	nvarchar(50)	☑
bookname	nvarchar(50)	☑
bookprice	nchar(10)	☑
bookpic	nvarchar(50)	☑
bookcontent	nvarchar(50)	☑
bookissue	nvarchar(50)	☑
bookid	nchar(10)	☑
		☐

图 4-55　图书信息数据表 bookinfo 的设计界面

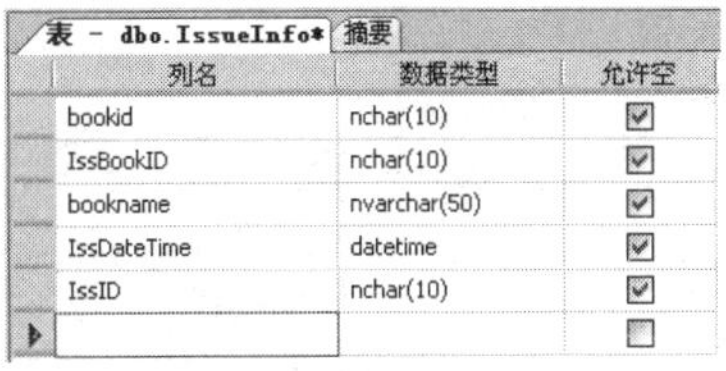

表 - dbo.IssueInfo*　摘要

列名	数据类型	允许空
bookid	nchar(10)	☑
IssBookID	nchar(10)	☑
bookname	nvarchar(50)	☑
IssDateTime	datetime	☑
IssID	nchar(10)	☑
		☐

图 4-56　图书借阅信息数据表 IssueInfo 的设计界面

(3) 用户信息数据表 userinfo 的设计界面如图 4-57 所示。

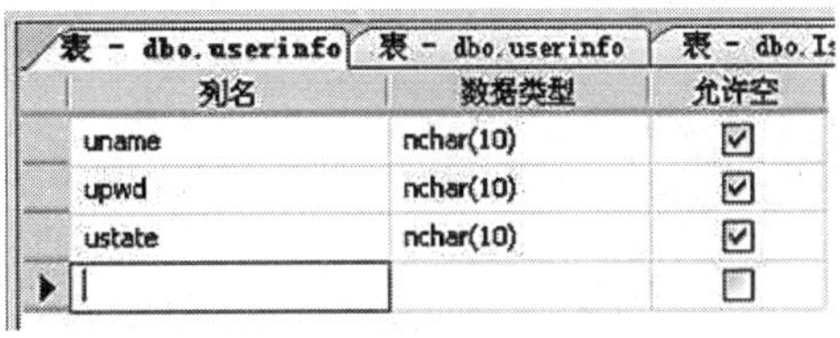

表 - dbo.userinfo　表 - dbo.userinfo　表 - dbo.I

列名	数据类型	允许空
uname	nchar(10)	☑
upwd	nchar(10)	☑
ustate	nchar(10)	☑
		☐

图 4-57　用户信息数据表 userinfo 的设计界面

4.4.3 图书管理系统详细设计

1. 设计公共类

在设计具体的功能界面之前,首先需要对系统的公共类进行设计,本系统中设计了一个数据库访问类,用于对数据库的查询、修改、删除和修改操作,类名是 DataAccess.cs。该类的程序如代码 4-6 所示。

代码 4-6 系统公共数据库访问类。

```
class DataAccess
{
    private static string ConnectString="Data Source=localhost;Initial
    Catalog=Book;Integrated Security=true";            //数据库连接字符串
    ///<summary>
    ///根据表名获取数据集的表
    ///</summary>
    ///<param name="table"></param>
    ///<returns></returns>
    public static DataTable GetDataSetByTableName(string table)
    {
        using (SqlConnection con=new SqlConnection(ConnectString))
                                                       //创建数据库连接对象
        {
            string sql="select * from "+table+"";      //查询 SQL 语句
            try
            {
                SqlDataAdapter adapter=new SqlDataAdapter(sql,con);
                                                       //创建适配器对象
                DataSet ds=new DataSet();              //创建数据集对象
                adapter.Fill(ds,"table");              //填充数据集
                return ds.Tables[0];                   //返回数据表
            }
            catch (SqlException ex)
            {
                //异常处理
                throw new Exception(ex.Message);
            }
        }
    }
}
///<SUMMARY>
///根据 SQL 语句获取数据集对象
///</summary>
///<param name="sql"></param>
///<returns></returns>
public static DataSet GetDataSetBySql(string sql)
```

```
{
    using (SqlConnection con=new SqlConnection(ConnectString))
                                                            //创建数据库连接对象
    {
        SqlDataAdapter adapter=new SqlDataAdapter(sql,con);//创建适配器对象
        DataSet ds=new DataSet();                           //创建数据集对象
        try
        {
            adapter.Fill(ds);                               //填充数据集
            return ds;                                      //返回数据集
        }
        catch (SqlException ex)
        {
            throw new Exception(ex.Message);
        }
    }
}
///<SUMMARY>
///根据 id 值获取 DataReader 对象
///</summary>
///<param name="id"></param>
///<returns></returns>
public static SqlDataReader GetDataReaderByID(int id)
{
    using (SqlConnection con=new SqlConnection(ConnectString))
    {
        string sql="select * from bookinfo where bookid="+id;//SQL 语句
        try
        {
            SqlCommand comm=new SqlCommand(sql,con);        //创建 Command 对象
            con.Open();                                     //打开连接
            SqlDataReader reader=comm.ExecuteReader();      //创建 DataReader 对象
            reader.Read();                                  //读取数据
            return reader;                                  //返回 DataReader
        }
        catch (SqlException ex)
        {
            throw new Exception(ex.Message);
        }
    }
}
///<SUMMARY>
///更新数据
///</summary>
///<param name="sql"></param>
///<returns></returns>
public static bool UpdateDataTable(string sql)
{
    using (SqlConnection con=new SqlConnection(ConnectString))
    {
        try
```

```
            {
                con.Open();                                          //打开连接
                SqlCommand comm=new SqlCommand(sql,con);             //创建 Command 对象
                if (comm.ExecuteNonQuery()>0)                        //执行更新
                {
                    return true;
                }
                else
                {
                    return false;
                }
            }
            catch (SqlException ex)
            {
                throw new Exception(ex.Message);
            }
        }
    }
    ///<SUMMARY>
    ///根据数据集和 SQL 语句更新数据库
    ///</summary>
    ///<param name="ds"></param>
    ///<param name="sql"></param>
    public static void UpdateDataSet(DataSet ds,string sql)
    {
        using (SqlConnection con=new SqlConnection(ConnectString))
        {
            try
            {
                SqlDataAdapter adapter=new SqlDataAdapter(sql,con);      //创建适配器
                SqlCommandBuilder builder=new SqlCommandBuilder(adapter);
                //根据适配器自动生成表单
                adapter.Update(ds,"table");                              //更新数据库
            }
            catch (SqlException ex)
            {
                throw new Exception(ex.Message);
            }
        }
    }
```

2. 设计制作用户登录界面

用户登录界面的设计步骤为：拖入 3 个 Label 控件，分别作为“用户名”、“密码”和“用户类型”。拖入 2 个 TextBox 控件，其中作为密码输入框的 TextBox 控件的 PasswordChar 属性设置为“*”。最后拖入 2 个 Button 控件，分别作为“登录”和“取消”按钮。设计界面如图 4-58 所示。

双击“登录”按钮，进入该按钮的单击事件，编写程序如代码 4-7 所示。

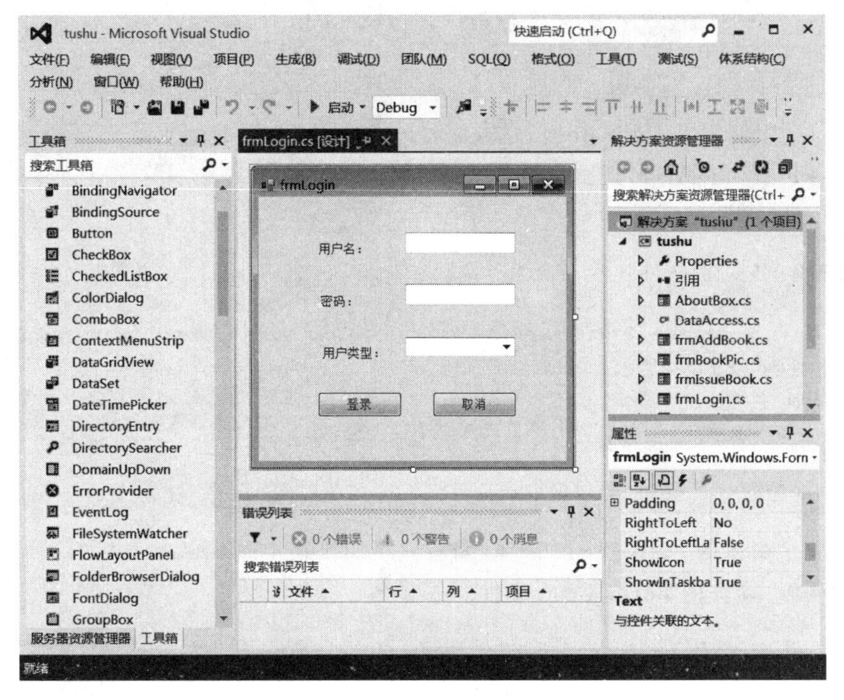

图 4-58　用户登录的设计界面

代码 4-7　“登录”按钮的单击事件。

```
private void btnLogin_Click(object sender,EventArgs e)
{
    //验证通过
    if (Validate())
    {
        string state=this.cboUserType.Text;
        int num;
        if (state.Equals("管理员"))                    //判断用户角色
            num=1;
        else
            num=2;
        //定义查询语句
        string sql=string.Format("select * from userinfo where uname='{0}'and upwd=
        '{1}' and ustate={2}",this.txName.Text.Trim(),this.txtPwd.Text.Trim(),
        num);
        DataSet ds=DataAccess.GetDataSetBySql(sql);
        if (ds.Tables[0].Rows.Count>0)
        {
            MessageBox.Show("登录成功");
            this.Visible=false;
            FrmMain fm=new FrmMain();
            fm.Show();
        }
        else
```

```
            MessageBox.Show("用户名或密码错误");
        }
    }
```

代码 4-7 中调用了 Validate()方法，编写该方法，如代码 4-8 所示。

代码 4-8 Validate()方法。

```
//验证方法
private bool Vaildate()
{
    if (this.txName.Text !=string.Empty && this.txtPwd.Text !=string.Empty)
        return true;
    else
        MessageBox.Show("用户名或密码不能为空");
    return false;
}
```

编写登录窗体的 Form_Load 事件，编写程序如代码 4-9 所示。

代码 4-9 窗体的 Form_Load 事件。

```
private void frmLogin_Load(object sender,EventArgs e)
{
    this.cboUserType.SelectedIndex=0;
}
```

3. 设计制作管理主界面

在用户登录界面，输入正确的“用户名”和“密码”之后，会登录到“管理主界面”。管理主界面的设计界面如图 4-59 所示。

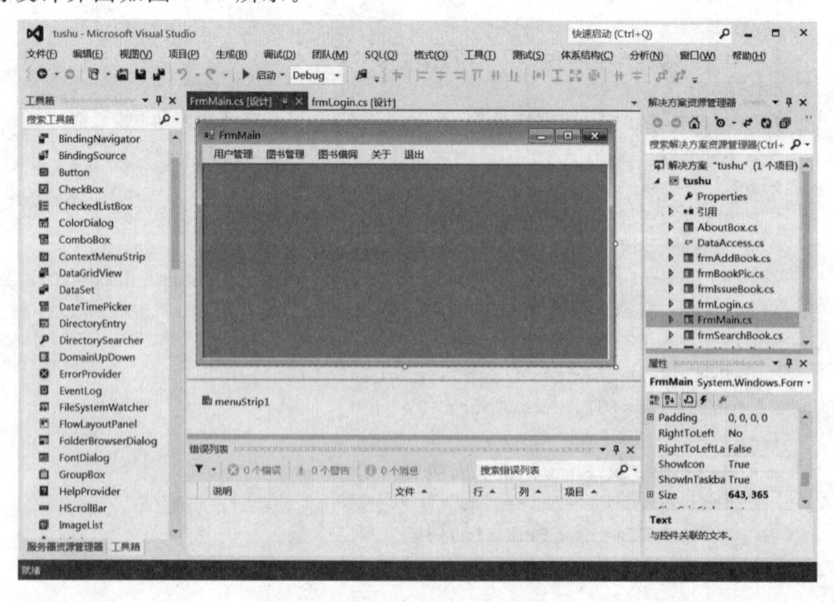

图 4-59 管理主界面的设计界面

管理主界面的设计步骤为：首先拖入 1 个 menuStrip 菜单控件，设置菜单项如表 4-13 所示。

表 4-13　菜单项

一级菜单项	二级菜单项
用户管理	管理员登录
	退出
图书管理	图书入库
	图书更新
	图书检索
图书借阅	图书借阅
关于	无
退出	无

首先添加窗体的公共变量，编写程序如代码 4-10 所示。

代码 4-10　窗体的公共变量。

```
public static DialogResult result;
```

添加"管理员登录"菜单项的单击事件，编写程序如代码 4-11 所示。

代码 4-11　"管理员登录"菜单项的单击事件。

```
private void 用户登录 ToolStripMenuItem_Click
(object sender,EventArgs e)
{
    //检测该窗口是否处于打开状态
    if (this.checkchildfrm("frmLogin")==true)
        return;                          //窗口已经打开,返回
    frmLogin user=new frmLogin();        //实例化登录窗体
    user.ShowDialog();                   //登录窗体以模式对话框的方式打开
    //判断是否登录成功,登录成功则启用相应的菜单和按钮
}
```

添加"图书入库"菜单项的单击事件，编写程序如代码 4-12 所示。

代码 4-12　"图书入库"菜单项的单击事件。

```
private void mnuAddBook_Click(object sender,EventArgs e)
{
    if (this.checkchildfrm("frmAddBook")==true)
        return;
    frmAddBook objbook=new frmAddBook();
    objbook.MdiParent=this;
    objbook.Show();
}
```

添加"图书更新"菜单项的单击事件，编写程序如代码 4-13 所示。

代码 4-13　"图书更新"菜单项的单击事件。

```
private void mnuUpdateBook_Click(object sender,EventArgs e)
{
    if (this.checkchildfrm("frmUpdateBook")==true)
        return;
    frmUpdateBook objbook=new frmUpdateBook();
    objbook.MdiParent=this;
    objbook.Show();
}
```

添加"图书检索"菜单项的单击事件，编写程序如代码 4-14 所示。

代码 4-14　"图书检索"菜单项的单击事件。

```
private void 图书检索 ToolStripMenuItem_Click(object sender,EventArgs e)
{
    if (this.checkchildfrm("frmSearchBook")==true)
        return;
    frmSearchBook book=new frmSearchBook();
    book.MdiParent=this;
    book.Show();
}
```

添加"图书借阅"菜单项的单击事件,编写程序如代码4-15所示。

代码4-15 "图书借阅"菜单项的单击事件。

```
private void 图书 ToolStripMenuItem_Click(object sender,EventArgs e)
{
    if (this.checkchildfrm("frmIssueBook")==true)
        return;
    frmIssueBook issuebook=new frmIssueBook();
    issuebook.MdiParent=this;
    issuebook.Show();
}
```

4. 设计制作"图书入库"界面

"图书入库"的功能是显示现有的图书信息,并可以添加新的图书信息,设计界面如图4-60所示。图书入库界面的设计步骤为:首先拖入2个GroupBox控件,分别用于"插入详细信息"和"图书详细信息"选项组名。在插入详细信息部分,拖入7个Label控件,分别作为"类别"、"书名"、"作者"、"价格"、"封面"、"内容简介"和"指定访问码"。在图书详细信息部分,拖入1个dataGridView控件。最后拖入2个Button控件,分别作为"插入"和"退出"按钮。

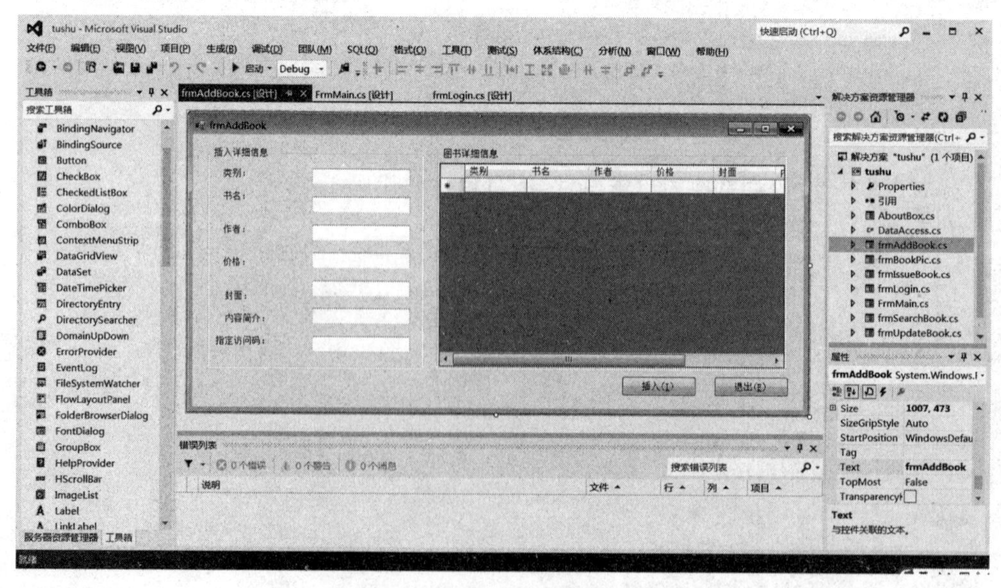

图4-60 "图书入库"的设计界面

单击 dataGridView 控件右上角的智能标签，选择编辑列，编辑 dataGridView 控件的列，如图 4-61 所示。

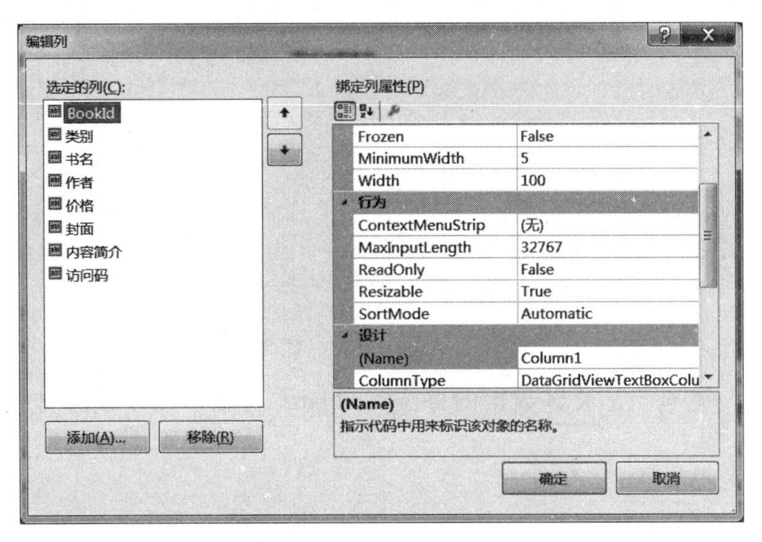

图 4-61　dataGridView 列的设计界面

首先编写窗体的 Form_Load 事件，编写程序如代码 4-16 所示。

代码 4-16　窗体的 Form_Load 事件。

```
private void frmAddBook_Load(object sender,EventArgs e)
{
    DataSet ds=DataAccess.GetDataSetBySql("select * from BookInfo");
    this.dataGridView1.DataSource=ds.Tables[0];
}
```

双击"插入图书信息"的按钮，进入该按钮的单击事件，编写程序如代码 4-17 所示。

代码 4-17　"插入图书信息"按钮的单击事件。

```
private void btnInsertBkDt_Click(object sender,EventArgs e)
{
    //定义变量接收控件的值
    string booktype=this.txtType.Text.ToString();
    string bookname=this.txtName.Text.ToString();
    string bookauthor=this.txtAuthor.Text.ToString();
    Double bookprice=Convert.ToDouble(this.txtPrice.Text);
    string bookpic=this.txtPic.Text.ToString();
    string bookcontent=this.txtContent.Text.ToString();
    int bookissue=Convert.ToInt32(this.txtIssue.Text);
    //如果数据验证通过，则调用 DataAccess 类的方法实现添加功能
    if (Validate())
    {
        //SQL 语句
        string sql=string.Format("insert into bookinfo values('{0}','{1}','{2}
        ','{3}','{4}','{5}','{6}')",booktype,bookauthor,bookname,bookprice,
```

```
            bookpic,bookcontent,bookissue);
            if (DataAccess.UpdateDataTable(sql))        //调用更新方法
            {
                MessageBox.Show("添加成功","提示",MessageBoxButtons.OK);
            }
            else
            {
                MessageBox.Show("添加失败","提示",MessageBoxButtons.OK);
            }
            //DataGridView控件显示数据
            DataSet ds=DataAccess.GetDataSetBySql("select * from BookInfo");
            this.dataGridView1.DataSource=ds.Tables[0];
        }
    }
```

代码4-17中,调用了验证数据的方法Vaildate(),编写该方法的程序如代码4-18所示。

代码4-18 Vaildate()方法。

```
//数据验证
private bool Vaildate()
{
    if(this.txtType.Text !=string.Empty && this.txtName.Text !=string.Empty &&
    this.txtAuthor.Text !=string.Empty && this.txtContent.Text !=string.Empty
    && this.txtIssue.Text !=string.Empty && this.txtPrice.Text !=string.Empty)
        return true;
    else
        MessageBox.Show("请输入完整的信息");
    return false;
}
```

5. 设计制作"图书更新"界面

"图书更新"界面的设计如图4-62所示。"图书更新"界面的功能是显示"图书详细信息",并对"图书信息"进行更新。

"图书更新"界面的设计步骤:首先拖入2个GroupBox控件,分别用于显示"图书详细信息"和"更新图书信息"组合框。在"图书详细信息"部分,拖入1个DataGridView控件,然后拖入1个Button控件,作为"保存修改"按钮。在"更新图书信息"部分,拖入几个Label控件和几个TextBox控件,分别作为"图书编号"、"图书价格"、"图书类型"、"图书封面"、"图书名字"、"图书内容"、"图书作者"、"访问码"。最后拖入4个Button控件,分别作为"更新封面"、"更新"、"删除"和"关闭"按钮。

首先定义窗体的公共变量,编写程序如代码4-19所示。

代码4-19 窗体的公共变量。

```
DataSet ds=new DataSet();
```

编写窗体的Form_Load事件,编写程序如代码4-20所示。

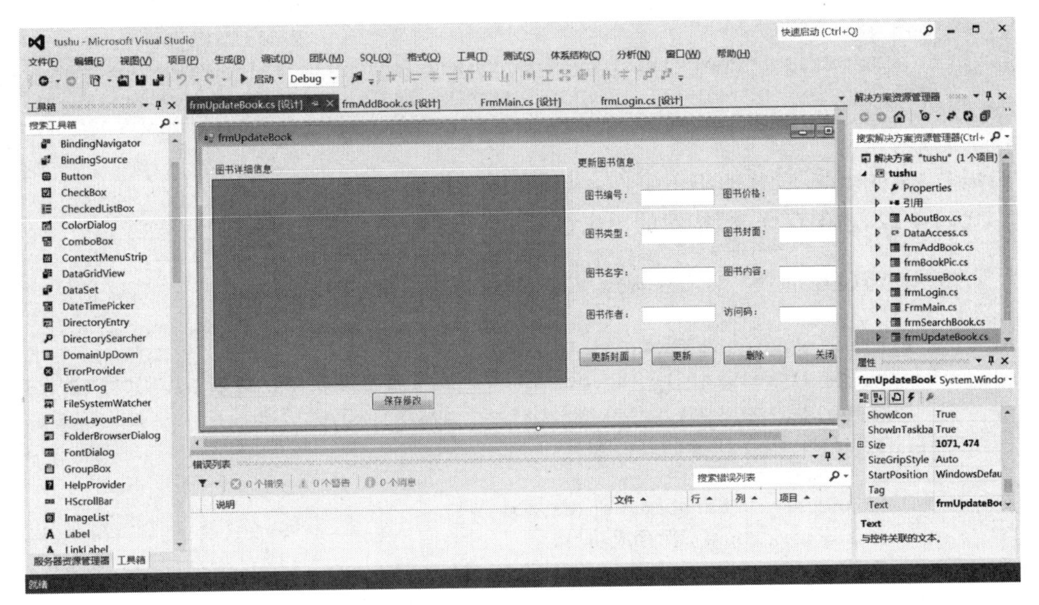

图 4-62　"图书更新"界面的设计

代码 4-20　窗体的 Form_Load 事件。

```
private void frmUpdateBook_Load(object sender,EventArgs e)
{
    string sql="select * from bookinfo";
    ds=DataAccess.GetDataSetBySql(sql);
    this.dgvBookInfo.DataSource=ds.Tables[0];
    this.txtbID.Enabled=false;
}
```

编写 DataGridView 控件的 CellClick 事件，编写程序如代码 4-21 所示。

代码 4-21　DataGridView 控件的 CellClick 事件。

```
private void dgvBookInfo_CellClick(object sender,DataGridViewCellEventArgs e)
{
    //获得当前鼠标单击时的行索引号
    int index=this.dgvBookInfo.CurrentCell.RowIndex;
    //通过索引号获得值并赋予相应的文本框显示
    this.txtbID.Text=this.dgvBookInfo.Rows[index].Cells[0].Value.ToString().
    Trim();
    this.txtbType.Text=this.dgvBookInfo.Rows[index].Cells[1].Value.ToString().
    Trim();
    this.txtbName.Text=this.dgvBookInfo.Rows[index].Cells[2].Value.ToString().
    Trim();
    this.txtAuthor.Text=this.dgvBookInfo.Rows[index].Cells[3].Value.ToString().
    Trim();
    this.txtbPrice.Text=this.dgvBookInfo.Rows[index].Cells[4].Value.ToString().
    Trim();
    this.txtbPic.Text=this.dgvBookInfo.Rows[index].Cells[5].Value.ToString().
```

```
    Trim();
    this.txtbContent.Text=this.dgvBookInfo.Rows[index].Cells[6].Value.ToString();
    this.txtIssueID.Text=this.dgvBookInfo.Rows[index].Cells[7].Value.ToString();
}
```

编写"保存修改"按钮的单击事件,编写程序如代码 4-22 所示。

代码 4-22 "保存修改"按钮的单击事件。

```
private void btnSave_Click(object sender,EventArgs e)
{
    string sql="select * from BookInfo";
    DialogResult result=MessageBox.Show("确实要将修改保存到数据库吗?","操作提
    示",MessageBoxButtons.OKCancel,MessageBoxIcon.Question);
    if (result==DialogResult.OK)
    {
        DataAccess.UpdateDataSet(ds,sql);
        MessageBox.Show("保存成功");
    }
    this.dgvBookInfo.DataSource=DataAccess.GetDataSetBySql(sql).Tables[0];
}
```

编写"更新封面信息"按钮单击事件的程序如代码 4-23 所示。

代码 4-23 "更新封面信息"按钮的单击事件。

```
private void btnUpdatePic_Click(object sender,EventArgs e)
{
    string pic=this.txtbPic.Text.ToString();
    int bookid=Convert.ToInt32(this.txtbID.Text);
    frmBookPic bookpic=new frmBookPic();
    bookpic.ShowContent(bookid,pic);
    bookpic.ShowDialog();
}
```

编写"更新"按钮的单击事件,编写程序如代码 4-24 所示。

代码 4-24 "更新"按钮的单击事件。

```
private void btnUpdate_Click(object sender,EventArgs e)
{
    string booktype=this.txtbType.Text.ToString();
    string bookname=this.txtbName.Text.ToString();
    string bookauthor=this.txtAuthor.Text.ToString();
    Double bookprice=Convert.ToDouble(this.txtbPrice.Text);
    string bookpic=this.txtbPic.Text.ToString();
    string bookcontent=this.txtbContent.Text.ToString();
    int bookissue=Convert.ToInt32(this.txtIssueID.Text);
    string sql=string.Format("update bookInfo set BookType='{0}',BookName='{1}',
            BookAuthor='{2}',BookPrice={3},BookPic='{4}',BookContent='{5}',
            BookIssue={6} where BookID={7}",booktype,bookname,bookauthor,
            bookprice,bookpic,bookcontent,bookissue,Convert.ToInt32(this.
            txtbID.Text));
```

```
    if (DataAccess.UpdateDataTable(sql))
    {
        MessageBox.Show("更新成功","提示",MessageBoxButtons.OK);
    }
    else
    {
        MessageBox.Show("更新失败","提示",MessageBoxButtons.OK);
    }
}
```

编写“删除”按钮的单击事件，编写程序如代码 4-25 所示。

代码 4-25　“删除”按钮的单击事件。

```
private void btnDel_Click(object sender,EventArgs e)
{
    DataSet ds=DataAccess.GetDataSetBySql("select * from IssueInfo where BookID
    ="+Convert.ToInt32(this.txtbID.Text)+"");
    if (ds.Tables[0].Rows.Count>0)
    {
        MessageBox.Show("此书有借阅,不能删除");
        return;
    }
    else
    {
        string sql="delete from bookInfo where BookID="+this.txtbID.Text+"";
        if (DataAccess.UpdateDataTable(sql))
        {
            MessageBox.Show("删除成功","提示",MessageBoxButtons.OK);
        }
        else
        {
            MessageBox.Show("删除失败","提示",MessageBoxButtons.OK);
        }
    }
    this.txtAuthor.Text="";
    this.txtbContent.Text="";
    this.txtbID.Text="";
    this.txtbName.Text="";
    this.txtbPic.Text="";
    this.txtbPrice.Text="";
    this.txtbType.Text="";
}
```

6. 设计制作“图书检索界面”

“图书检索”功能界面的设计如图 4-63 所示。“图书检索”界面的功能是按照检索条件查询图书，并显示图书的详细信息。

“图书检索”界面的设计步骤为：首先拖入 2 个 GroupBox 控件，分别用于显示“搜索

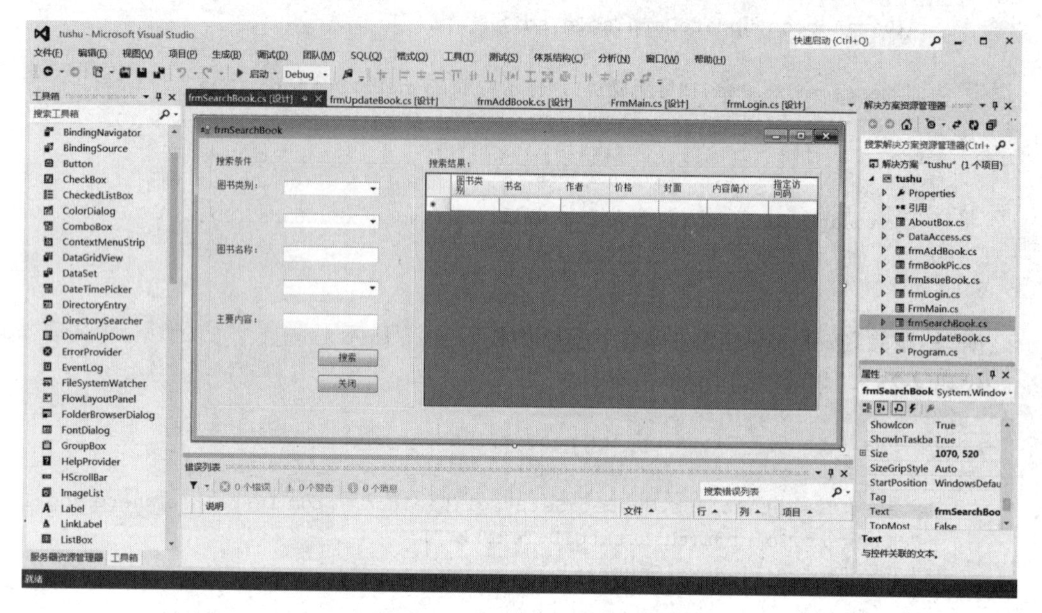

图 4-63 “图书检索”功能界面的设计

条件”和“搜索结果”。在“搜索条件”部分，拖入 3 个 Label 控件，分别用于显示“图书类别”、“图书名称”和“主要内容”。然后拖入 3 个 ComboBox 控件和 2 个 TextBox 控件。最后拖入 2 个 Button 控件，作为“搜索”和“关闭”按钮。在“搜索结果”部分拖入 1 个 DataGridView 控件，单击该控件右上角的智能标签，选择编辑列，编辑该控件的列如图 4-64 所示。

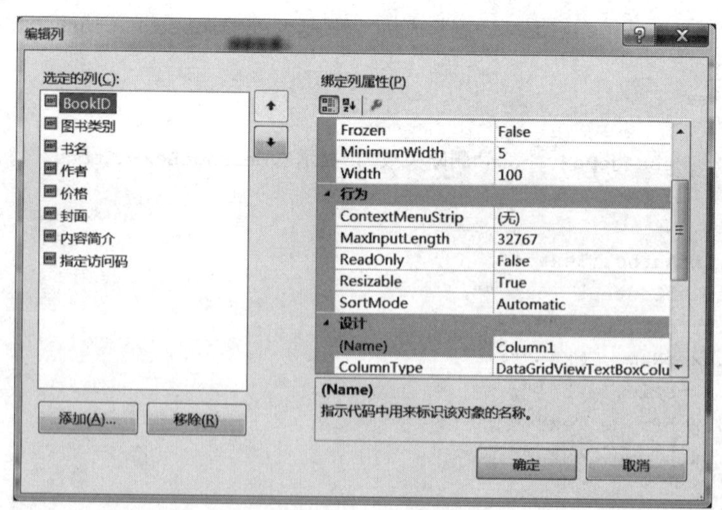

图 4-64 DataGridView 控件编辑列的界面

编写“图书检索”窗体的 Form_Load 事件，编写程序如代码 4-26 所示。

代码 4-26 “图书检索”窗体的 Form_Load 事件。

```
private void frmSearchBook_Load(object sender,EventArgs e)
```

```
{
    //图书类别组合框初始化
    DataSet Myds = DataAccess.GetDataSetBySql ("select distinct BookType from
    bookInfo");
    DataTable table=Myds.Tables[0];
    for (int i=0; i<table.Rows.Count; i++)
    {
        this.cboType.Items.Add(table.Rows[i][0].ToString().Trim());
    }
    cboType.SelectedIndex=0;
    this.cboOR.SelectedIndex=0;
    this.cboAnd.SelectedIndex=0;
}
```

编写“搜索”按钮的单击事件，编写程序如代码 4-27 所示。

代码 4-27　“搜索”按钮的单击事件。

```
private void btnSerch_Click(object sender,EventArgs e)
{
    string cbo1=this.cboOR.Text;
    string cbo2=this.cboAnd.Text;
    string booktype=cboType.Text;
    string bookname=this.txtName.Text;
    string bookcontent=this.txtContent.Text;
    //定义 SQL 语句
    string sql="select * from bookInfo where BookType='"+booktype+"' "+cbo1+"
    BookName like '%"+bookname+"%' "+cbo2+" BookContent like '%"+bookcontent+"%'";
    //调用 DataAccess.GetDataSetBySql 方法
    DataSet Myds=DataAccess.GetDataSetBySql(sql);
    DataTable table=Myds.Tables[0];
    //指定数据源
    this.dgvSearchBook.DataSource=table;
}
```

7. 设计制作“图书借阅”界面

“图书借阅”功能的设计界面如图 4-65 所示。“图书借阅”的功能为提交借阅信息并显示借阅信息。

“图书借阅”界面的设计步骤为：首先拖入 2 个 GroupBox 控件，分别用于显示“借阅详细信息录入”和“借阅详细信息显示”。在“借阅详细信息录入”部分，拖入 5 个 Label 控件，然后拖入 3 个 TextBox 控件，再拖入 1 个 ComboBox 控件，最后拖入 1 个 dateTimePicker 控件。在“借阅详细信息显示”部分，拖入 1 个 DataGridView 控件。最后拖入 2 个 Button 控件，分别作为“借阅”和“退出”按钮。

首先定义窗体的公共变量，编写程序如代码 4-28 所示。

代码 4-28　定义窗体的公共变量。

```
DataSet da;
```

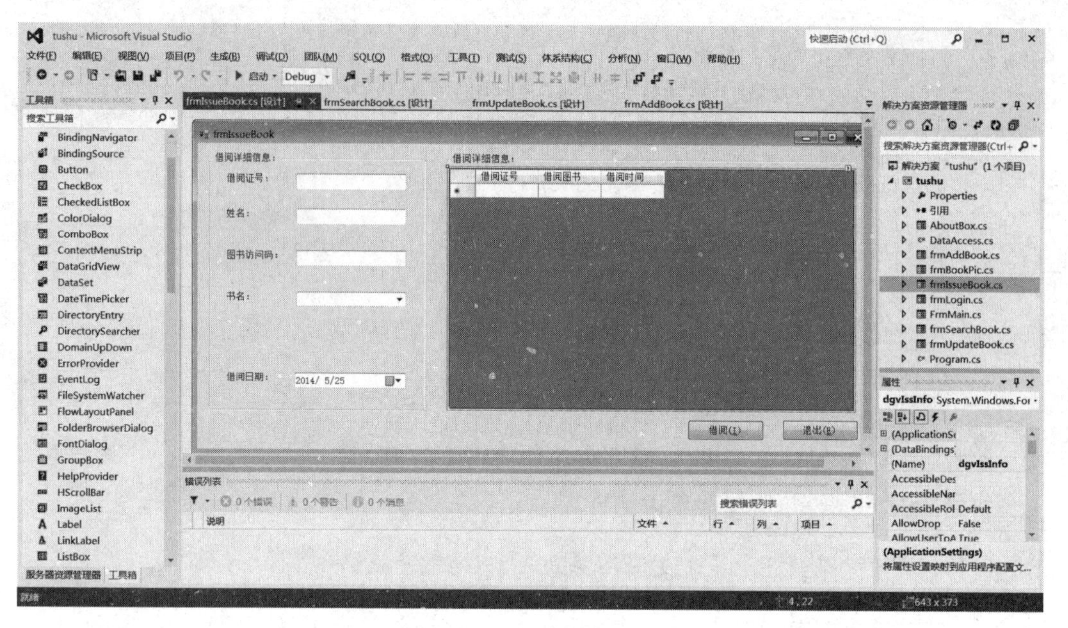

图 4-65 “图书借阅”功能的设计界面

编写窗体的 Form_Load 事件,编写程序如代码 4-29 所示。

代码 4-29 窗体的 Form_Load 事件。

```
private void frmIssueBook_Load(object sender,EventArgs e)
{
    DataSet ds=DataAccess.GetDataSetBySql("select BookInfo.BookID,
             BookInfo.BookName, IssueInfo.IssBookID, IssueInfo.IssDateTime from
             IssueInfo,BookInfo where BookInfo.BookID=IssueInfo.BookID");
    this.dgvIssInfo.DataSource=ds.Tables[0];
    da=DataAccess.GetDataSetBySql("select * from bookinfo");
    this.cboBookName.DataSource=da.Tables[0];
    this.cboBookName.DisplayMember="BookName";
    this.cboBookName.ValueMember="BookID";
}
```

编写书名对应的 ComboBox 控件的 SelectedIndexChanged 事件,编写程序如代码 4-30 所示。

代码 4-30 ComboBox 控件的 SelectedIndexChanged 事件。

```
private void cboBookName_SelectedIndexChanged(object sender,EventArgs e)
{
    foreach (DataRow objRow in da.Tables[0].Rows)
    {
        if (string.Compare(cboBookName.Text, objRow["BookName"].ToString(),
        true)==0)
        {
            this.txtBookAccessCode.Text=objRow["BookIssue"].ToString();
            this.txtAuthor.Text=objRow["BookAuthor"].ToString();
```

```
        }
    }
}
```

编写"借阅"按钮的单击事件,编写程序如代码 4-31 所示。

代码 4-31　"借阅"按钮的单击事件。

```
private void btnIssueBook_Click(object sender,EventArgs e)
{
    int bookid=Convert.ToInt32(this.cboBookName.SelectedValue);
    int issid=Convert.ToInt32(this.txtIssID.Text);                //借阅证号
    DateTime date=Convert.ToDateTime(this.dateTimePicker1.Text);
    string sql=string.Format("insert into IssueInfo values({0},{1},'{2}')",
    bookid,issid,date);
    if (DataAccess.UpdateDataTable(sql))
    {
        MessageBox.Show("借阅成功");
    }
    DataSet data=DataAccess.GetDataSetBySql("select BookInfo.BookID,
              BookInfo.BookName,IssueInfo.IssBookID,IssueInfo.IssDateTime from
              IssueInfo,BookInfo where BookInfo.BookID=IssueInfo.BookID");
    this.dgvIssInfo.DataSource=data.Tables[0];
}
```

项 目 小 结

本项目设计制作了一个图书管理系统,通过图书管理系统的设计与制作,让读者掌握了 C# 开发数据库应用程序的方法。主要介绍了 ADO. NET 进行数据库应用程序开发的各种方法,以及 ADO. NET 最常用对象的使用方法。

项 目 拓 展

读者可以根据本项目的设计制作方法,模仿设计制作一个教材库管理系统。

项目 5　设计制作文件管理系统

任务 5.1　文件管理系统功能的总体设计

文件管理是操作系统的一个重要组成部分，而文件操作就是用户在应用程序中进行文件管理的一种手段。一个完整的应用程序肯定要涉及对系统和用户的信息进行存储、读取、修改等操作，因此有效地实现文件操作是一个完善的应用程序所必须具备的内容。C＃提供了文件操作的强大功能，通过C＃程序的编写，可以实现文件的存储管理、对文件的读写等各种操作。

本项目将使用C＃设计制作文件管理系统，通过本项目的设计制作，让读者掌握使用C＃进行文件操作的方法。

文件管理系统的功能结构如图 5-1 所示。

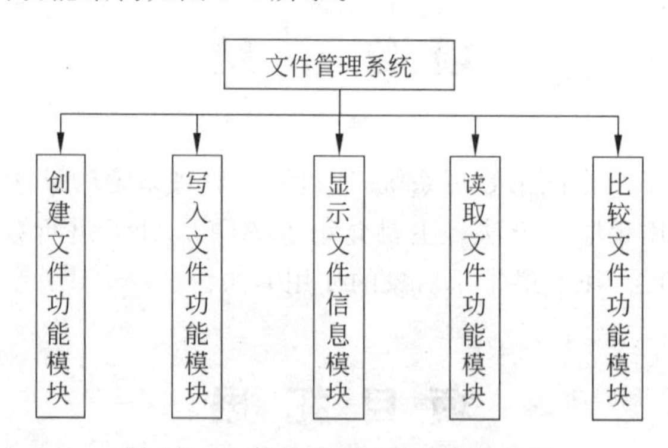

图 5-1　文件管理系统的功能结构图

在 Visual Studio 2012 编程环境中，创建一个名称为 5-1 的 Visual C＃ Windows 窗体应用程序，在窗体中添加 1 个菜单控件 menuStrip1，设计 menuStrip1 的菜单项如表 5-1 所示。

表 5-1　文件管理系统 menuStrip1 菜单项的内容

主菜单	二级菜单项	主菜单	二级菜单项
系统管理	退出系统	读写文件	读写文件
创建文件	创建文件	文件比较	文件比较
文件信息	显示信息		

首先设计“文件管理系统”的整体界面，如图 5-2 所示。

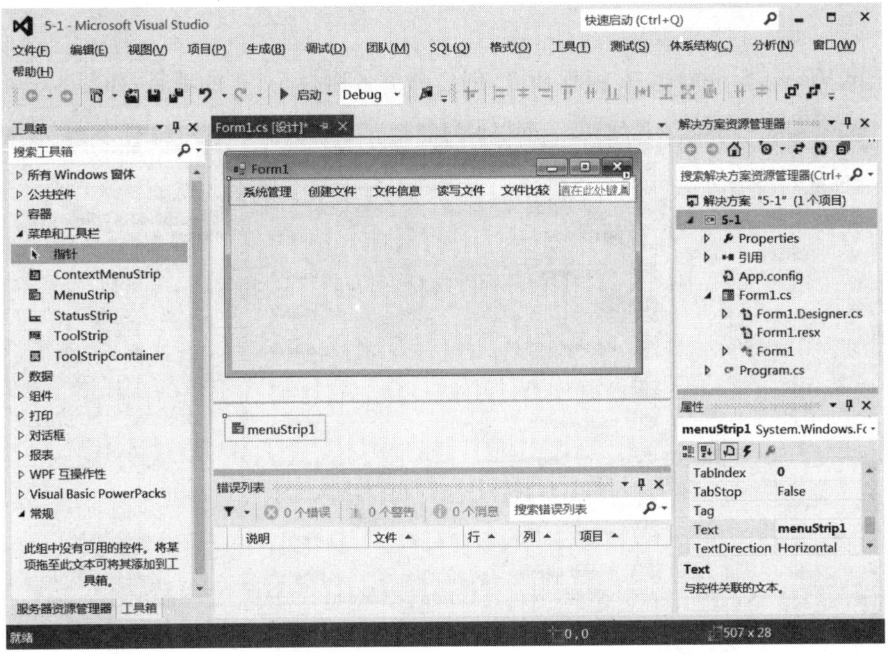

图 5-2　文件管理系统的设计界面

任务 5.2　设计制作简单的文件管理系统

5.2.1　设计制作创建文件的功能

1. 要求和目的

要求：

设计一个文件管理器，能够创建文件，并写入文件内容。

目的：

掌握文件类的使用方法。

掌握使用数据流写入文件信息的方法。

2. 设计步骤

(1) 在如图 5-2 所示的设计界面中，双击菜单“系统管理”的二级菜单项“退出系统”选项，编写程序如代码 5-1 所示。

代码 5-1　“退出系统”菜单项的事件。

```
private void 退出 ToolStripMenuItem_Click(object sender,EventArgs e)
```

```
{
    this.Close();
}
```

打开 Visual Studio 2012 编程环境,创建一个名称为 5-1-1 的项目,如图 5-3 所示。

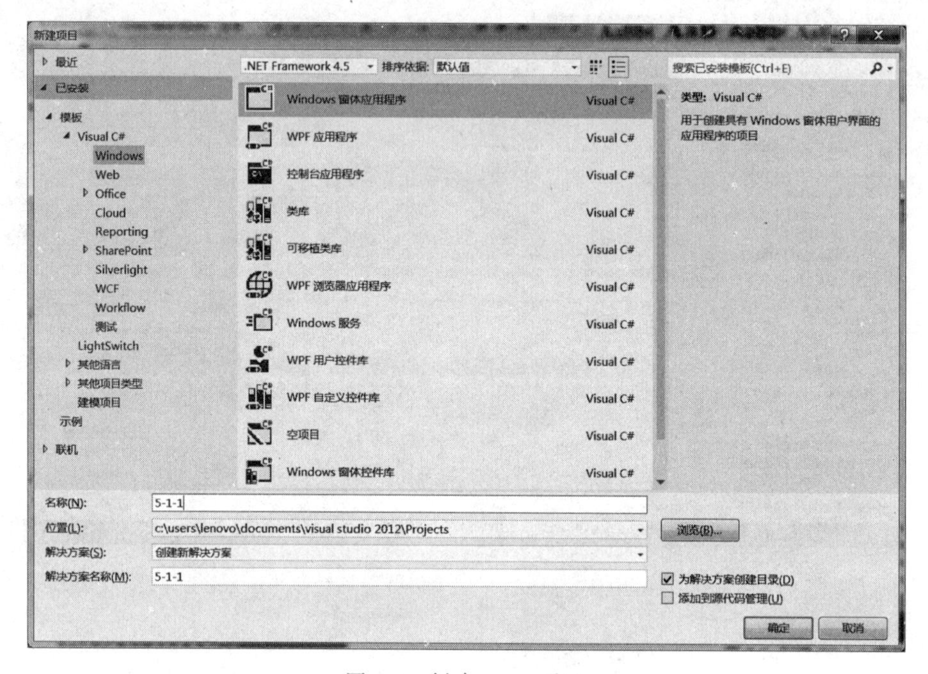

图 5-3　创建 5-1-1 项目

(2) 在新建的窗体上,设计如图 5-4 所示的界面。首先添加 3 个 GroupBox 控件,分别作为"输入文件名"、"输入文件内容"和"控制按钮"选项组。在"输入文件名"部分,添加 1 个 TextBox 控件。在"输入文件内容"部分,添加 1 个 TextBox 控件,并将该控件的 MultiLine 属性设置为 True。在"控制按钮"部分,添加 3 个 Button 控件,分别作为"创建文件"、"写入内容"和"退出程序"按钮。

(3) 在窗体的代码设计界面,首先添加"文件操作"的命名空间调用。

```
using System.IO;
```

(4) 双击"创建文件"按钮,进入该按钮的单击事件,编写程序如代码 5-2 所示。

代码 5-2　"创建文件"按钮的单击事件。

```
private void button1_Click(object sender,EventArgs e)
{
    if (textBox1.Text=="")
    {
        MessageBox.Show(this,"文件名称不能为空!","提示对话框",MessageBoxButtons.
        OK,MessageBoxIcon.Information);
    }
    else if (File.Exists(Application.StartupPath+"\\"+textBox1.Text))
```

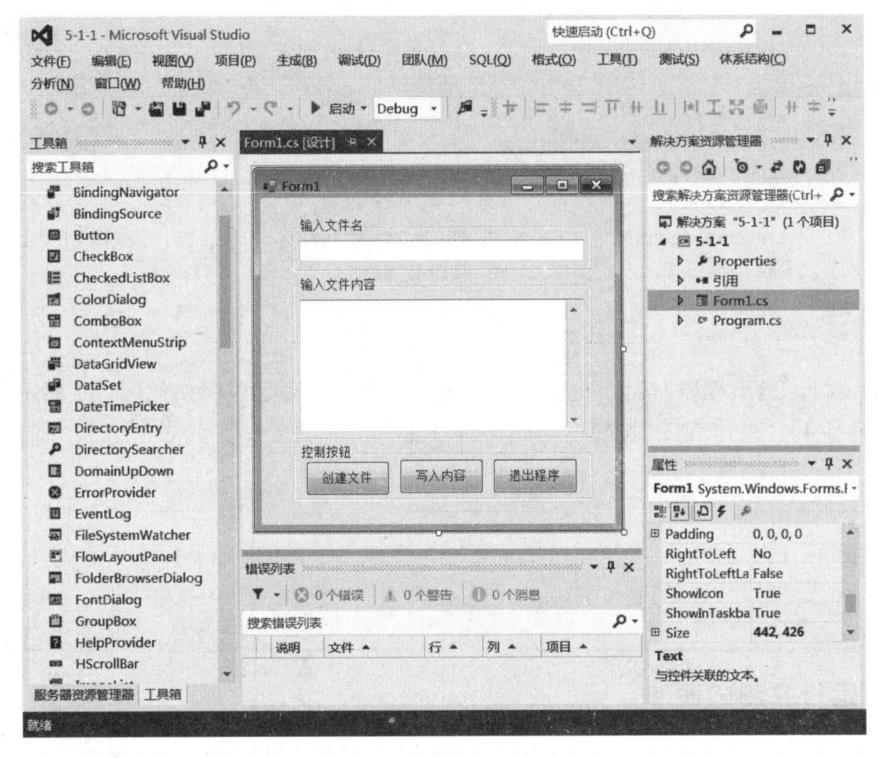

图 5-4 设计界面

```
    {
        MessageBox.Show(this,"该文件已存在!","提示对话框",MessageBoxButtons.OK,
        MessageBoxIcon.Information);
    }
    else
    {
        FileStream fs=File.Create(Application.StartupPath+"\\"+textBox1.Text);
        //创建文件
        fs.Close();
        MessageBox.Show(this,"成功创建文件!","提示对话框",MessageBoxButtons.OK,
        MessageBoxIcon.Information);
    }
}
```

(5) 双击"写入内容"按钮,进入该按钮的单击事件,编写程序如代码 5-3 所示。

代码 5-3 "写入内容"按钮的单击事件。

```
private void button2_Click(object sender,EventArgs e)
{
    if (textBox1.Text=="")
    {
        MessageBox.Show(this,"文件名称不能为空!","提示对话框",MessageBoxButtons.
        OK,MessageBoxIcon.Information);
    }
```

```
    else
    {
        StreamWriter sw = new StreamWriter (Application.StartupPath + "\\" +
        textBox1.Text);
        sw.Write(textBox2.Text);
        sw.Flush();
        sw.Close();
        MessageBox.Show(this,"成功向文件中写入内容!","提示对话框",
        MessageBoxButtons.OK,MessageBoxIcon.Information);
    }
}
```

(6) 双击"退出程序"按钮,进入该按钮的单击事件,编写程序如代码 5-4 所示。

代码 5-4 "退出程序"按钮的单击事件。

```
private void button3_Click(object sender,EventArgs e)
{
    this.Close();
    Application.Exit();                    //退出程序
}
```

3. 运行并测试程序

在 Visual Studio 2012 编程环境中,选择"调试"→"启动调试"菜单命令,使程序运行起来,并输入对应的内容,程序运行结果如图 5-5 所示。

在图 5-5 中,单击"创建文件"按钮,会出现"成功创建文件!"的提示框,如图 5-6 所示。单击"写入内容"按钮,会出现写入内容成功的提示,如图 5-7 所示。

图 5-5 程序运行结果

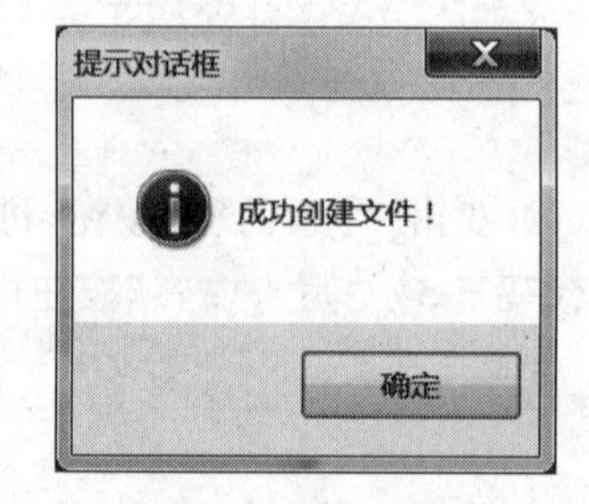

图 5-6 "成功创建文件!"的提示框

打开项目的 bin\Debug 文件夹,会发现已经创建了一个文件名为 a1.txt 的文件,内容是"文件 a1 的内容",如图 5-8 所示。

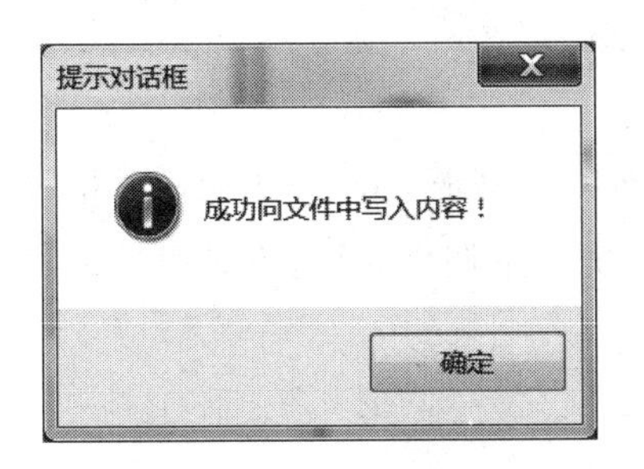

图5-7 “成功向文件中写入内容!”的提示框

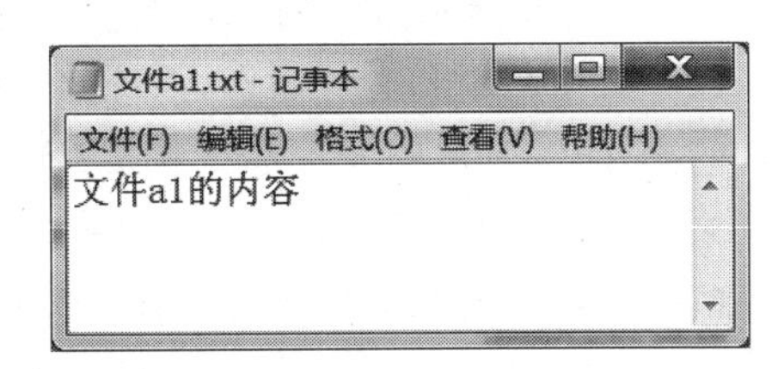

图5-8 创建的文件及内容

4. 相关背景知识

(1) 常用的文件操作类

文件是存储在外存储器上数据的集合。操作系统是以文件形式对数据进行管理的。C#中文件操作的类的结构如图5-9所示。

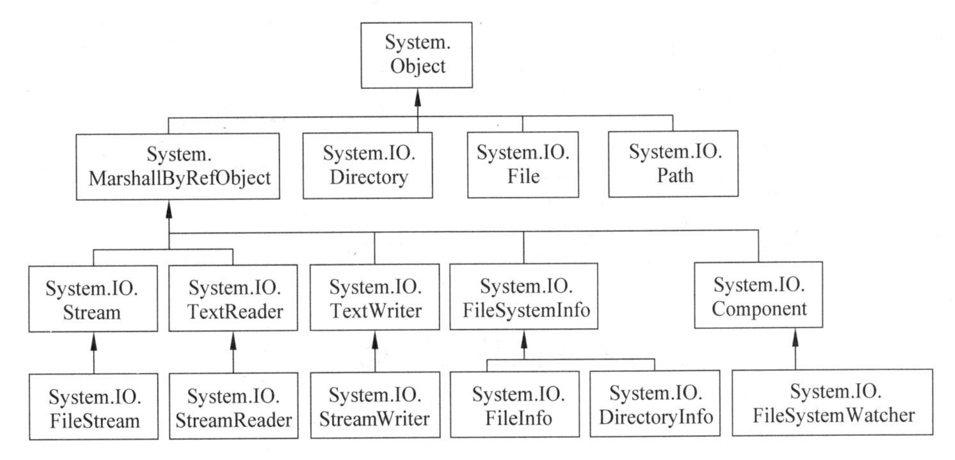

图5-9 C#中文件操作的类的结构

(2) 文件操作类及说明

File：提供创建、复制、删除、移动和打开文件的静态方法，并协助创建FileStream对象。

Directory：提供创建、复制、删除、移动和打开目录的静态方法。

Path：对包含文件或目录路径信息的字符串执行操作。

FileInfo：提供创建、复制、删除、移动和打开文件的实例方法，并帮助创建FileSystem对象。

DirectoryInfo：提供创建、移动和枚举目录和子目录的实例方法。

FileStream：指向文件流，支持对文件的读/写，支持随机访问文件。

StreamReader：从流中读取字符数据。

StreamWriter：向流中写入字符数据。

FileSystemWatcher：用于监控文件和目录的变化。

(3) 文件与目录对应的 File 类

为了方便目录和文件操作，系统专门提供了文件和目录类。.NET 中使用 File 类封装文件的操作，并且所有方法都是静态方法，可以通过类名来调用它们，不必通过创建对象实例来调用。

File 类的常用方法及说明如表 5-2 所示。

表 5-2 File 类的常用方法及说明

方　法	说　明
Append	打开指定文件并返回一个 StreamWriter 对象。以后可使用这个对象向指定文件中添加文本文件内容
Copy	复制文件
Create	创建指定文件并返回一个 FileStream 对象，如果指定的对象存在则覆盖已有对象
CreateText	创建指定文本并返回一个 StreamWrite 对象
Delete	删除指定文件
Exists	判断文件是否存在
SetAttributes	设置文件的属性
Move	把文件移到新的位置
Open	打开文件并返回 FileStream 对象，用户可使用这个对象对文件进行读/写操作

5.2.2 设计制作显示文件信息的功能

1. 要求和目的

要求：

设计制作一个文件显示功能，可以选择文件并显示选择文件的文件名、大小、最后访问时间、最后修改时间、路径。

目的：

掌握文件对话框控件的用法。

掌握文件类的使用方法。

2. 设计步骤

(1) 打开 Visual Studio 2012 编程环境，新建一个名称为 5-1-2 的项目，在界面中添加 1 个 listView 控件。然后添加 1 个 Label 控件，用于显示文件名。再添加 1 个 TextBox 控件。添加 1 个 Button 控件，作为“显示”按钮，最后添加 1 个 openFileDialog 控件，用作“文件”对话框。设计界面如图 5-10 所示。

(2) 双击“显示”按钮，进入该按钮的单击事件，编写程序如代码 5-5 所示。

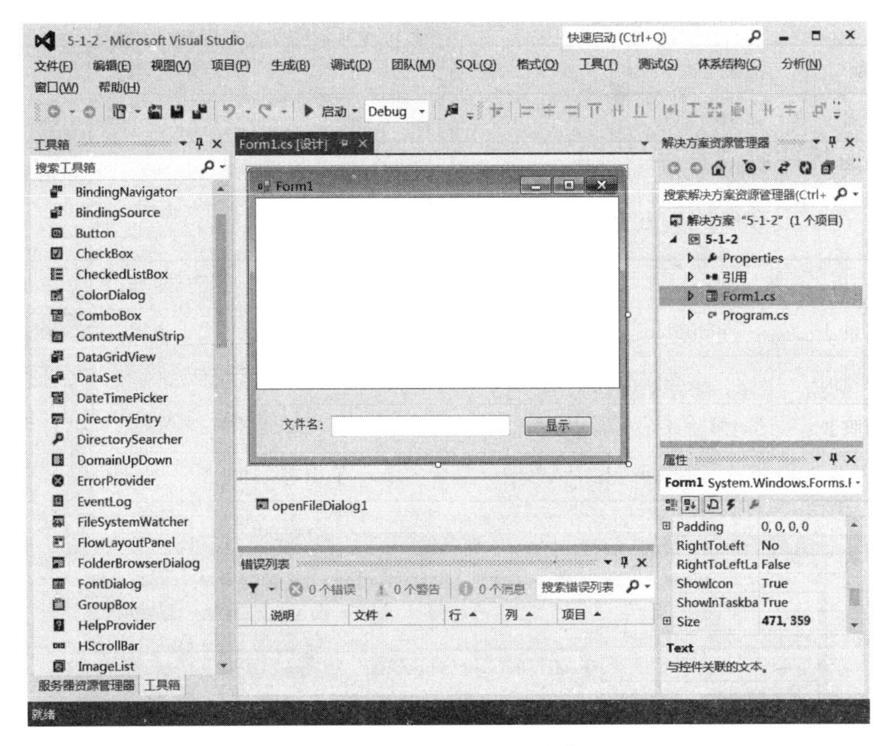

图 5-10　文件信息显示的设计界面

代码 5-5　“显示”按钮的单击事件。

```
private void button1_Click(object sender,EventArgs e)
{
    if (openFileDialog1.ShowDialog()==DialogResult.OK)
    {
        textBox1.Text=openFileDialog1.FileName;
        System.IO. FileInfo  file = new  System. IO. FileInfo (openFileDialog1.
        FileName);
        listView1.Clear();
        listView1.Columns.Add("文件名",100,HorizontalAlignment.Left);
        listView1.Columns.Add("大小",100,HorizontalAlignment.Left);
        listView1.Columns.Add("最后访问时间",100,HorizontalAlignment.Left);
        listView1.Columns.Add("最后修改时间",100,HorizontalAlignment.Left);
        listView1.Columns.Add("路径",200,HorizontalAlignment.Left);
        string[] str=
        {
            file.Name,
            file.Length.ToString(),
            file.LastAccessTime.ToString(),
            file.LastWriteTime.ToString(),
            file.DirectoryName
        };
        ListViewItem item=new ListViewItem(str);
```

```
            listView1.Items.Add(item);
        }
    }
```

3. 运行并测试程序

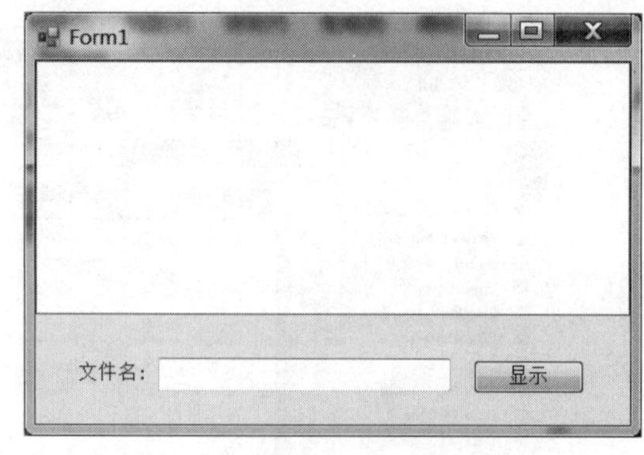

图 5-11 显示文件的运行界面

(1) 在 Visual Studio 2012 编程环境中,选择"调试"→"启动调试"菜单命令,使程序运行起来,并输入对应的内容,效果如图 5-11 所示。

(2) 单击"显示"按钮,会显示出"打开"对话框,如图 5-12 所示。

(3) 选择文件之后,单击"打开"按钮,会显示"文件信息",如图 5-13 所示。

图 5-12 "打开"对话框

图 5-13 显示文件信息

4. 相关背景知识

(1) Directory 类

使用 Directory 类，可以用目录类创建并移动目录，还可列举目录及子目录的内容。Directory 类全部是静态方法。Directory 类的常用方法及说明如表 5-3 所示。

表 5-3　Directory 类的常用方法及说明

方　法	说　明
CreateDirectory	创建目录和子目录
Delete	删除目录及其内容
Move	移动文件和目录内容
Exists	确定给定的目录字符串是否存在物理上对应的目录
GetCurrentDirectory	获取应用程序的当前工作目录
SetCurrentDirectory	将应用程序的当前工作目录设置为指定目录
GetCreationTime	获取目录创建的日期和时间
GetDirectories	获取指定目录中子目录的名称
GetFiles	获取指定目录中文件的名称

(2) DirectoryInfo 类

在使用 DirectoryInfo 类的属性和方法前必须先创建它的对象实例，在创建时需要指定该实例所对应的目录。例如：

```
DirectoryInfo di=new DirectoryInfo("C:\\mydir");
```

DirectoryInfo 类的常用方法及说明见表 5-4。

表 5-4　DirectoryInfo 类的常用方法及说明

方　法	说　明
Create	创建目录
Delete	删除 DirectoryInfo 实例所引用的目录及其内容
MoveTo	将 DirectoryInfo 实例及其内容移到新的路径
CreateSubDirectory	创建一个或多个子目录
GetDirectories	返回当前目录的子目录
GetFiles	返回当前目录的文件列表

(3) Path 类

Path 类用来处理路径字符串，它的方法也全部是静态的。Path 类的常用方法及说明如表 5-5 所示。

表 5-5　Path 类的常用方法及说明

方　法	说　明
ChangExtension	更改路径字符串的扩展名
Combine	合并两个路径的字符串
GetDirectoryName	返回指定路径字符串的目录信息
GetExtension	返回指定路径字符串的扩展名
GetFileName	返回指定路径字符串的文件名和扩展名
GetFileNameWithoutExtension	返回不带扩展名的指定路径字符串的文件名
GetFullPath	返回指定路径字符串的绝对路径
GetTempPath	返回当前系统临时文件夹的路径
HasExtension	确定路径是否包括文件扩展名

5.2.3　设计制作读写文件的功能

1. 要求和目的

要求：

设计一个文件读写功能界面，能够读取文件的内容，能够创建文件并写入内容。

目的：

掌握“打开”对话框的使用方法。

掌握“保存”对话框的使用方法。

掌握使用数据流读取文件的方法。

掌握使用数据流写入文件的方法。

2. 设计步骤

(1) 打开 Visual Studio 2012 编程环境，创建一个名为 5-1-3 的项目，如图 5-14 所示。添加 1 个 richTextBox 控件，添加 1 个 Label 控件，添加 1 个 TextBox 控件。添加 2 个 Button 控件，分别作为“读文件”和“写文件”按钮，添加 1 个 openFileDialog 控件、1 个 saveFileDialog 控件。

(2) 首先定义窗体的公共变量。

```
//读文件
public TextWriter w;
//写文件
public TextReader r;
```

(3) 双击“读文件”按钮，进入该按钮的单击事件，编写程序如代码 5-6 所示。

代码 5-6　“读文件”按钮的单击事件。

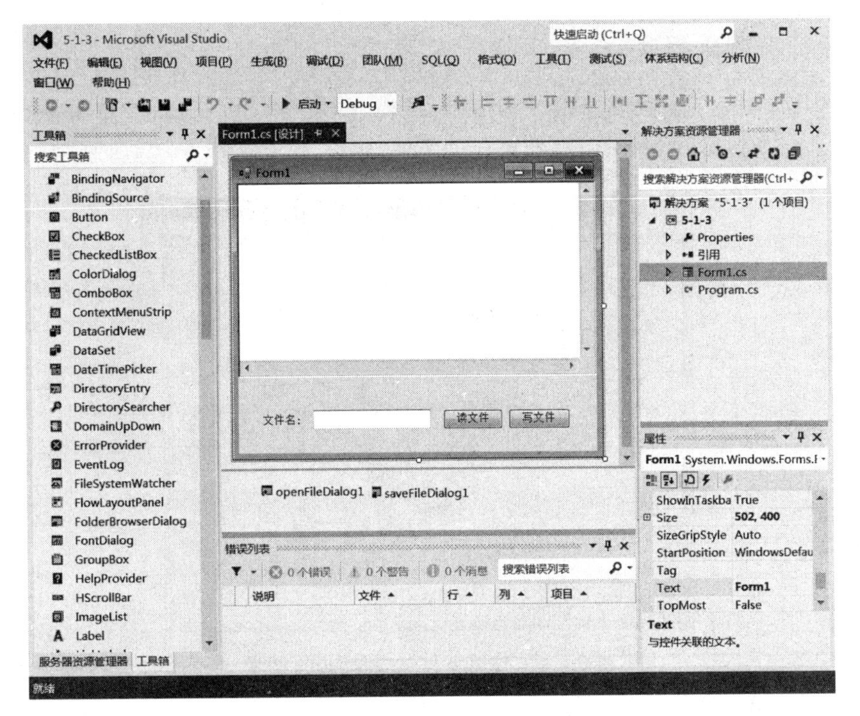

图 5-14　读写文件功能的设计界面

```
private void button1_Click(object sender,EventArgs e)
{
    if (openFileDialog1.ShowDialog()==DialogResult.OK)
    {
        textBox1.Text=openFileDialog1.FileName;
        r=new StreamReader(openFileDialog1.FileName);
        richTextBox1.Text=r.ReadToEnd();
        r.Close();
    }
}
```

(4) 双击“写文件”按钮，进入该按钮的单击事件，编写程序如代码 5-7 所示。

代码 5-7　“写文件”按钮的单击事件。

```
private void button2_Click(object sender,EventArgs e)
{
    if (saveFileDialog1.ShowDialog()==DialogResult.OK)
    {
        textBox1.Text=saveFileDialog1.FileName;
        w=new StreamWriter(saveFileDialog1.FileName);
        w.Write(richTextBox1.Text);
        w.Flush();
        w.Close();
    }
}
```

3. 运行与测试程序

(1) 在 Visual Studio 2012 编程环境中,选择"调试"→"启动调试"菜单命令,使程序运行并输入对应的内容,程序运行结果如图 5-15 所示。

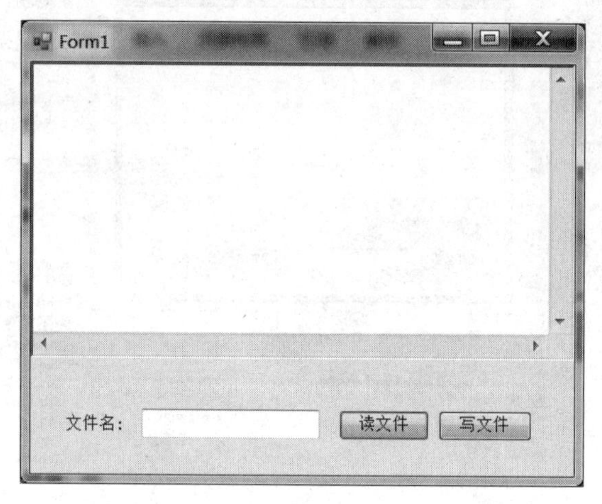

图 5-15 "读写文件"的程序运行结果

(2) 在 richTextBox 控件中输入内容,然后单击"写文件"按钮,会出现一个"另存为"对话框,设置"文件名"并单击"保存"按钮,如图 5-16 所示。

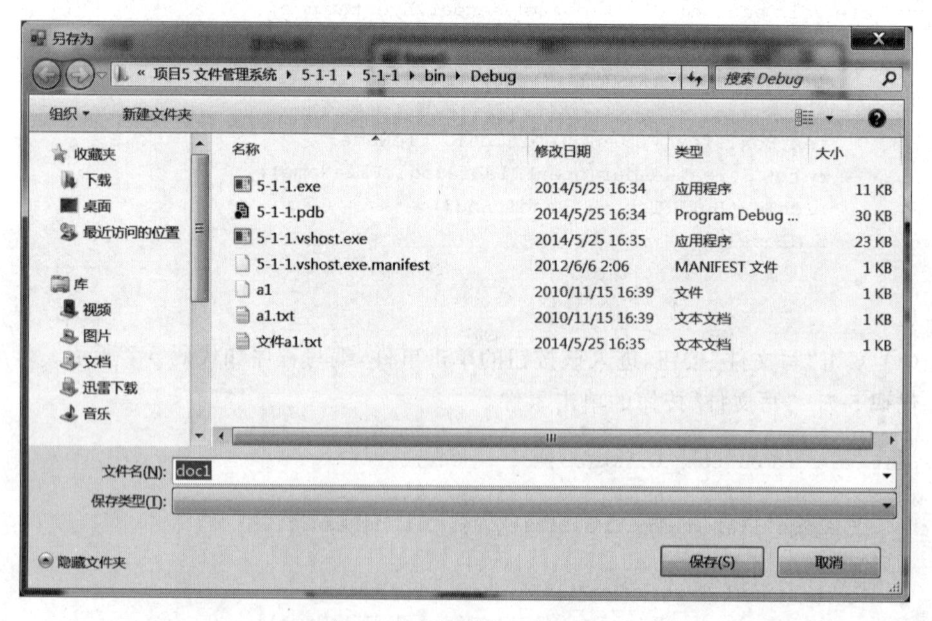

图 5-16 "另存为"对话框

(3) 单击"读文件"按钮,会出现一个"打开"对话框,选择文件,然后单击"打开"按钮,如图 5-17 所示。

(4) 打开文件之后,文件内容会显示在 richTextBox 控件中,如图 5-18 所示。

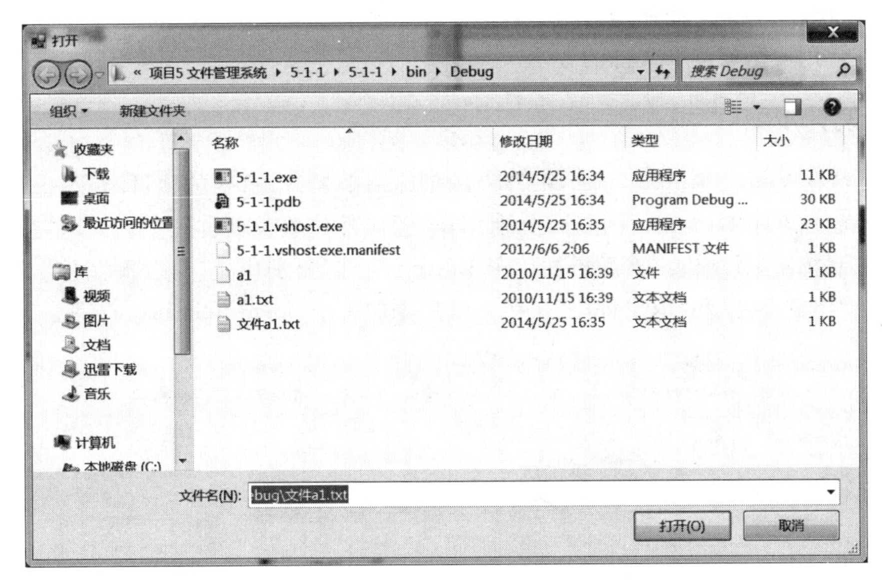

图 5-17　“打开”对话框

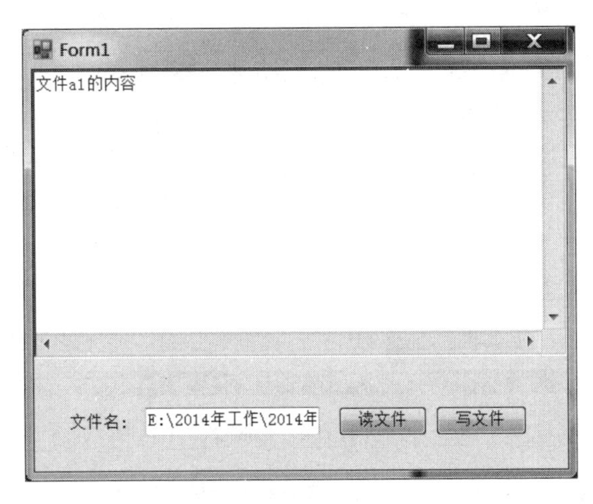

图 5-18　打开文件的界面

5.2.4　设计制作文件比较的功能

1. 要求和目的

要求：

设计一个文件比较功能界面，能够选择源文件和目标文件，然后对源文件和目标文件进行比较，判断是否相同。

目的：

掌握“打开”对话框的使用方法。

掌握"保存"对话框的使用方法。

掌握使用数据流读取文件的方法。

2. 设计步骤

(1) 打开 Visual Studio 2012 编程环境,创建一个名为 5-1-4 的项目,如图 5-19 所示。在界面中添加 3 个 GroupBox 控件,分别用作"源文件位置及名称"、"目标文件位置及名称"和"控制按钮"选项组。然后添加 4 个 Button 控件,分别用于"打开源文件"、"打开目标文件"、"比较文件"和"退出程序"按钮。最后添加 1 个 openFileDialog 控件。

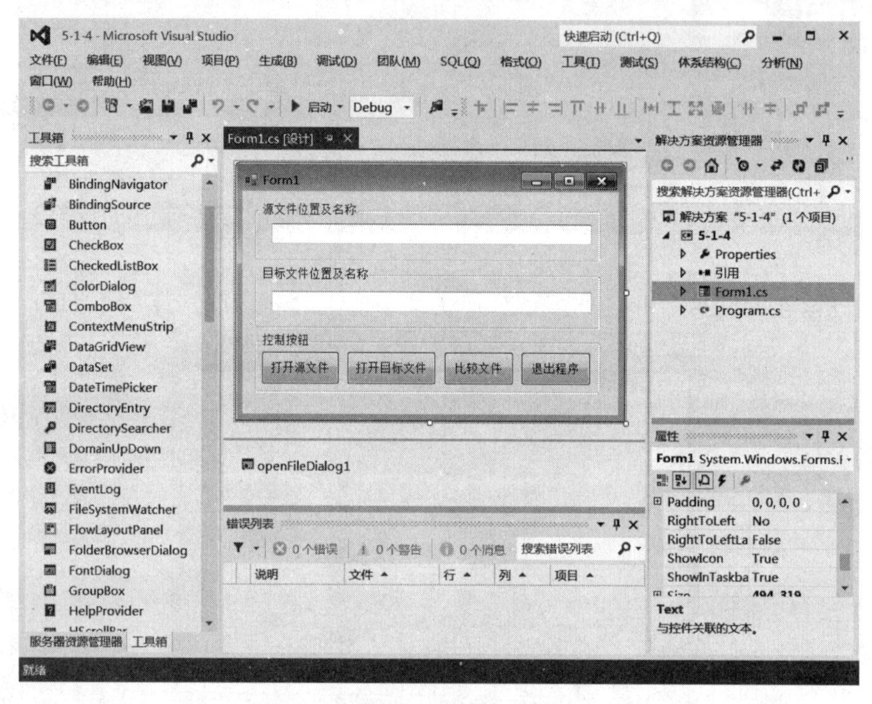

图 5-19　文件比较功能的设计界面

(2) 双击"打开源文件"按钮,进入该按钮的单击事件,编写程序如代码 5-8 所示。

代码 5-8　"打开源文件"按钮的单击事件。

```
private void button1_Click(object sender,EventArgs e)
{
    openFileDialog1.Filter="*.txt;*.doc|*.txt;*.doc";
    if (openFileDialog1.ShowDialog()==DialogResult.OK)
    {
        textBox1.Text=openFileDialog1.FileName;              //要判断的第一个文件
    }
    else
    {
        MessageBox.Show(this,"打开文件错误!","提示对话框",MessageBoxButtons.OK,
        MessageBoxIcon.Information);
    }
```

```
}
```

(3) 双击“打开目标文件”按钮，进入该按钮的单击事件，编写程序如代码5-9所示。

代码5-9 “打开目标文件”按钮的单击事件。

```
private void button2_Click(object sender,EventArgs e)
{
    openFileDialog1.Filter="*.txt;*.doc|*.txt;*.doc";
    if (openFileDialog1.ShowDialog()==DialogResult.OK)
    {
        textBox2.Text=openFileDialog1.FileName;    //要判断的第二个文件
    }
    else
    {
        MessageBox.Show(this,"打开文件错误!","提示对话框",MessageBoxButtons.OK,
        MessageBoxIcon.Information);
    }
}
```

(4) 双击“比较文件”按钮，进入该按钮的单击事件，编写程序如代码5-10所示。

代码5-10 “比较文件”按钮的单击事件。

```
private void button3_Click(object sender,EventArgs e)
{
    StreamReader sr1=new StreamReader(textBox1.Text);
    StreamReader sr2=new StreamReader(textBox2.Text);
    if (object.Equals(sr1.ReadToEnd(),sr2.ReadToEnd())) //读取文件内容并进行判断
    {
        MessageBox.Show(this,"两个文件相同!","提示对话框",MessageBoxButtons.OK,
        MessageBoxIcon.Information);
    }
    else
    {
        MessageBox.Show(this,"两个文件不相同!","提示对话框",MessageBoxButtons.
        OK,MessageBoxIcon.Information);
    }
}
```

3. 运行与测试程序

(1) 在Visual Studio 2012编程环境中，选择“调试”→“启动调试”菜单命令，使程序运行，程序运行结果如图5-20所示。

(2) 分别单击“打开源文件”按钮和“打开目标文件”按钮，选择文件，如图5-21所示。

(3) 单击“比较文件”按钮，会对两次选择的文件进行比较，并给出提示，如图5-22所示。

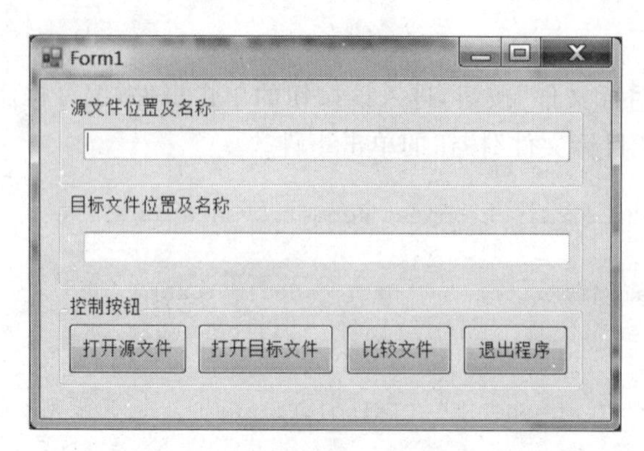

图 5-20　文件比较功能的运行界面

图 5-21　选择文件对话框

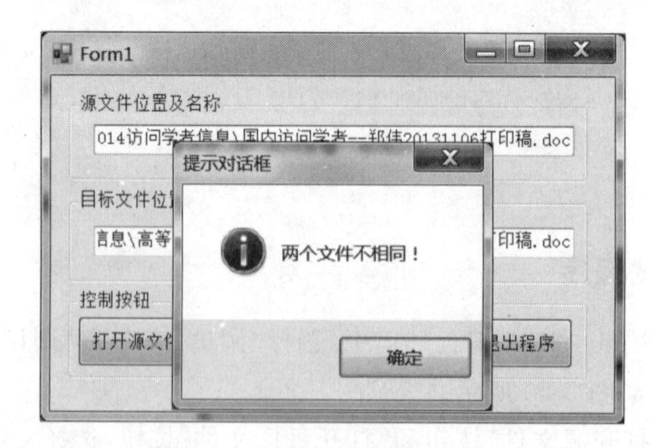

图 5-22　比较文件功能的提示框

项目小结

本项目设计制作了文件管理系统的部分功能，主要是通过编写C#程序，实现文件的存储管理、对文件的读写等各种操作。

项目拓展

读者可以根据本项目设计制作的文件管理功能模块，设计制作出一个功能更完善的文件管理系统。

项目 6　设计制作酒店客房管理系统

随着信息技术的迅速发展，酒店业务涉及的工作环节，从入住登记直至最后退房结账，整个过程应该能够体现以客户为中心。酒店应该提供快捷、方便的服务，给客户顾客至上的感受。提高酒店的管理水平，简化各种复杂的操作，在最合理、最短时间内完成酒店业务规范操作，以提高酒店的服务水平和竞争力。面对酒店业内的激烈竞争，各酒店均在努力提高其服务水平。采用全新的网络技术和管理系统，将成为提高酒店的管理效率，改善服务水准的重要手段之一。

酒店行业的激烈竞争使得酒店要争取客源、提高酒店的满员率、提高酒店管理的效率。借助信息技术来提高管理效率，最终提高经济效益已经成为许多酒店的首选。计算机管理系统在保存数据、查询数据等方面还具有强大的优势，是手工操作所不能完成的。因此，本项目将设计制作一套酒店客房管理系统，通过项目的设计与制作，让读者掌握使用 Visual Studio 2012 设计制作完整系统的流程，同时也强化前面项目所学到的基础知识与技能。

任务 6.1　系统功能总体设计

本项目将设计制作一套酒店客房管理系统，该系统包括以下功能：管理员登录、管理员注册、管理员更新、客房楼管理、客房管理、客户信息录入、入住宿舍登记、报修登记、维修反馈、违规信息录入、违规处理、帮助信息、用户信息查询、维修记录查询、违规记录查询等功能模块。

6.1.1　系统的功能结构设计

本系统的功能模块有以下几个：系统管理（包括管理员注册和管理员更新）、资源管理（包括客房楼管理和客房管理）、入住管理（包括客户信息登记和入住登记）、报修管理（包括报修登记和维修反馈）、违规管理（包括违规登记和处理意见）、数据查询（包括用户信息查询和维修记录查询等）。系统的结构如图 6-1 所示。

该项目包含的功能界面具体如下：

(1) 关于我们界面 About.cs。

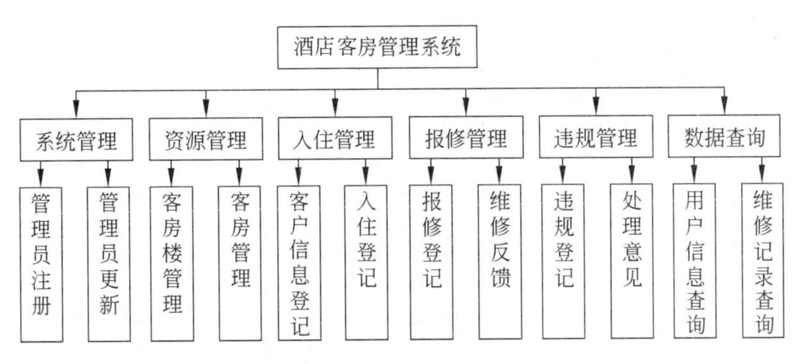

图 6-1　酒店客房管理系统功能结构

(2) 酒店楼号信息界面 BuildInfo. cs。
(3) 添加违规记录界面 DormFouls. cs。
(4) 客房信息界面 DormInfo. cs。
(5) 入住信息界面 DormRegister. cs。
(6) 维修信息界面 DormRepair. cs。
(7) 违规处理界面 FoulsFeedback. cs。
(8) 违规登记界面 FoulsRecord. cs。
(9) 顾客信息录入界面 InfoRegister. cs。
(10) 信息查询界面 InfoSearch. cs。
(11) 登录界面 login. cs。
(12) 管理员信息注册界面 MRegister. cs。
(13) 管理员更新界面 MUpdate. cs。
(14) 维修反馈信息界面 RepairFeedback. cs。
(15) 报修记录界面 RepairRecord. cs。
(16) 系统管理主界面 WFMain. cs。
本项目的工程文件列表如图 6-2 所示。

解决方案资源管理器
搜索解决方案资源管理器(Ctrl+
解决方案 "WindowsFormsAppl
WindowsFormsApplicatior
Properties
引用
About.cs
BuildInfo.cs
DBHelper.cs
DormFouls.cs
DormInfo.cs
DormRegister.cs
DormRepair.cs
FoulsFeedback.cs
FoulsRecord.cs
InfoRegister.cs
InfoSearch.cs
login.cs
MRegister.cs
MUpdate.cs
Program.cs
RepairFeedback.cs
RepairRecord.cs
UserHelper.cs
WFMain.cs

图 6-2　项目工程文件列表

6.1.2　系统的数据库设计

1. 数据库设计

本系统采用 SQL Server 2008 作为后台数据库，数据库名为 Virgo。本数据库包含 7 个数据表，分别是客房楼信息表 DB_BuildInfo、违规记录数据表 DB_DormDes、客房信息数据表 DB_DormInfo、入住登记信息表 DB_DormRegister、维修记录信息表 DB_DormRepair、管理员信息数据表 DB_ManageInfo、顾客信息数据表 DB_StuInfo。数据表的列表结构如图 6-3 所示。

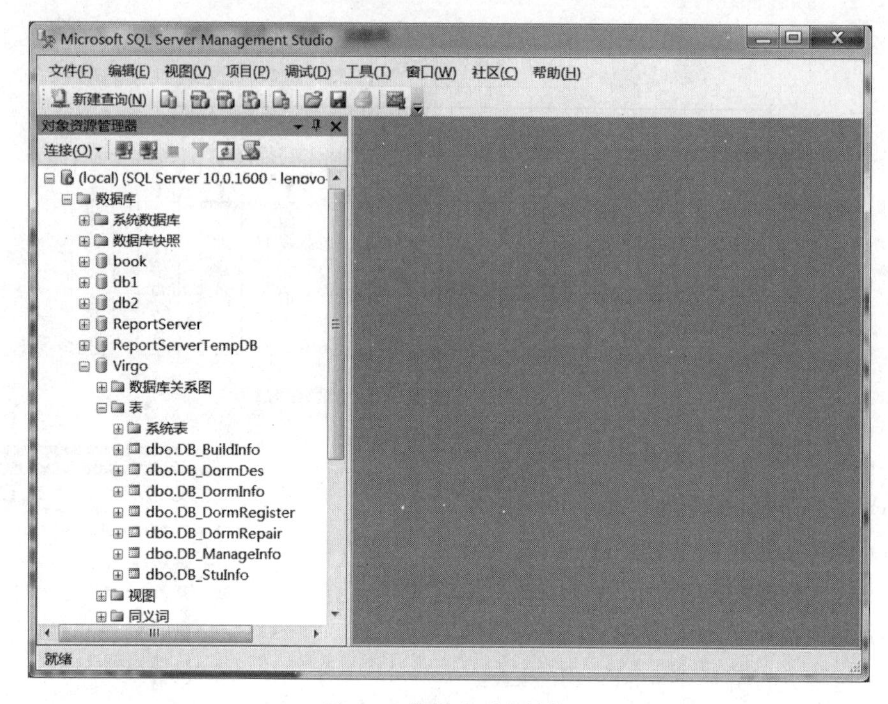

图 6-3　数据表列表结构

2. 数据表设计

(1)“客房楼信息表”DB_BuildInfo 的字段如表 6-1 所示,数据表的设计界面如图 6-4 所示。

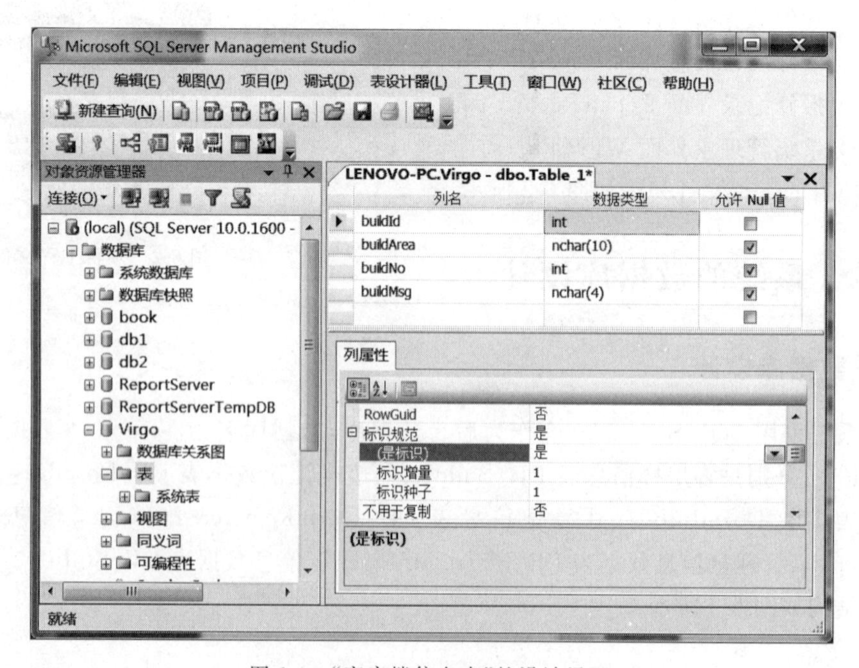

图 6-4　“客房楼信息表”的设计界面

表 6-1　“客房楼信息表”DB_BuildInfo 的字段

字段名	数据类型	说　明	字段名	数据类型	说　明
buildId	int	编号	buildNo	int	楼号
buildArea	nchar(10)	区域	buildMsg	nchar(4)	楼信息说明

(2)“违规记录数据表”DB_DormDes 的字段如表 6-2 所示，数据表的设计界面如图 6-5 所示。

表 6-2　“违规记录数据表”DB_DormDes 的字段

字段名	数据类型	说　明	字段名	数据类型	说　明
msgId	int	信息编号	foulsTime	datetime	提交时间
buildArea	varchar(10)	区域	dormMsg	text	客房信息
buildNo	int	楼号	dormResult	text	处理结果
dormNo	int	客房号			

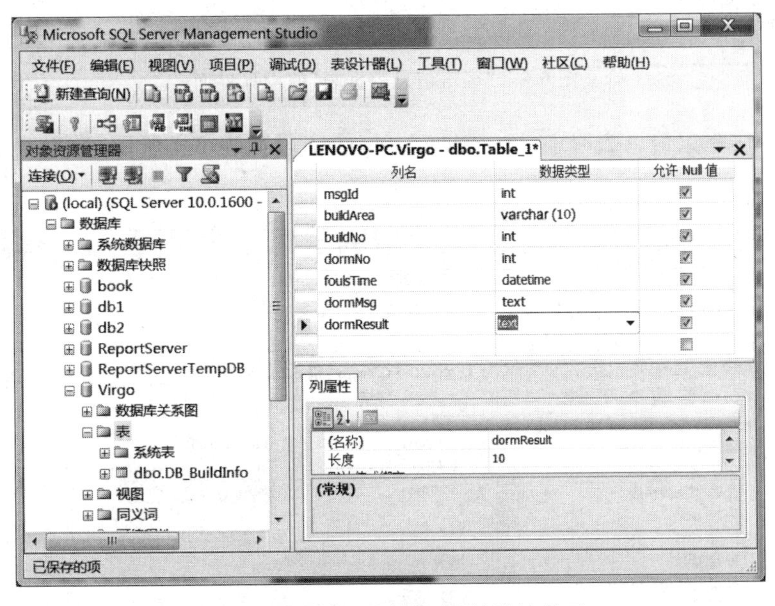

图 6-5　“违规记录数据表”的设计界面

(3)“客房信息数据表”DB_DormInfo 的字段如表 6-3 所示，数据表的设计界面如图 6-6 所示。

表 6-3　“客房信息数据表”DB_DormInfo 的字段

字段名	数据类型	说　明	字段名	数据类型	说　明
dormId	int	房间编号	dormNo	int	房间号
buildArea	varchar(10)	楼区	bedNum	int	床数
buildNo	int	楼号	dormElse	text	其他说明

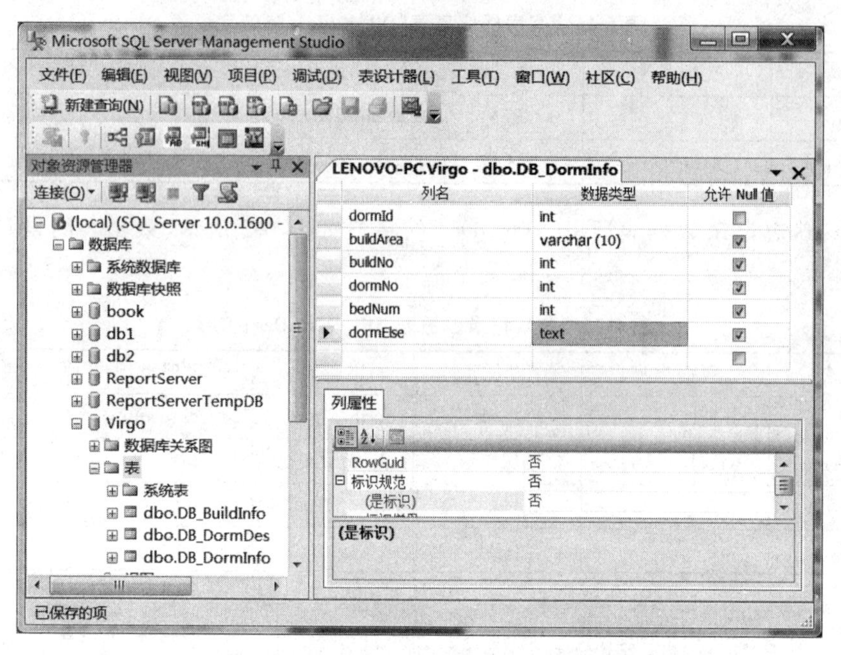

图 6-6 “客房信息数据表”的设计界面

(4)“入住登记信息表”DB_DormRegister 的字段如表 6-4 所示,数据表的设计界面如图 6-7 所示。

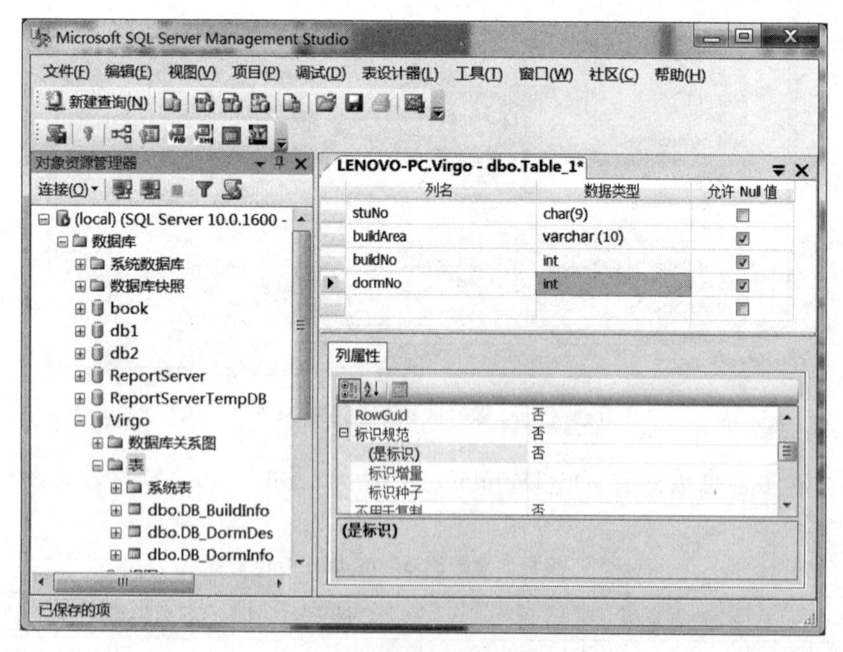

图 6-7 “入住登记信息表”的设计界面

(5)“维修记录信息表”DB_DormRepair 的字段如表 6-5 所示,数据表的设计界面如图 6-8 所示。

表 6-4　“入住登记信息表”DB_DormRegister 的字段

字段名	数据类型	说　明	字段名	数据类型	说　明
stuNo	char(9)	编号	buildNo	int	客房楼号
buildArea	varchar(10)	楼区	dormNo	int	客房号

表 6-5　“维修记录信息表”DB_DormRepair 的字段

字段名	数据类型	说　明	字段名	数据类型	说　明
repairId	int	维修记录编号	RepairTime	datetime	上报时间
buildArea	varchar(10)	楼区	dormJob	text	保修内容
buildNo	int	客房楼号	repairResult	text	处理结果
dormNo	int	客房号			

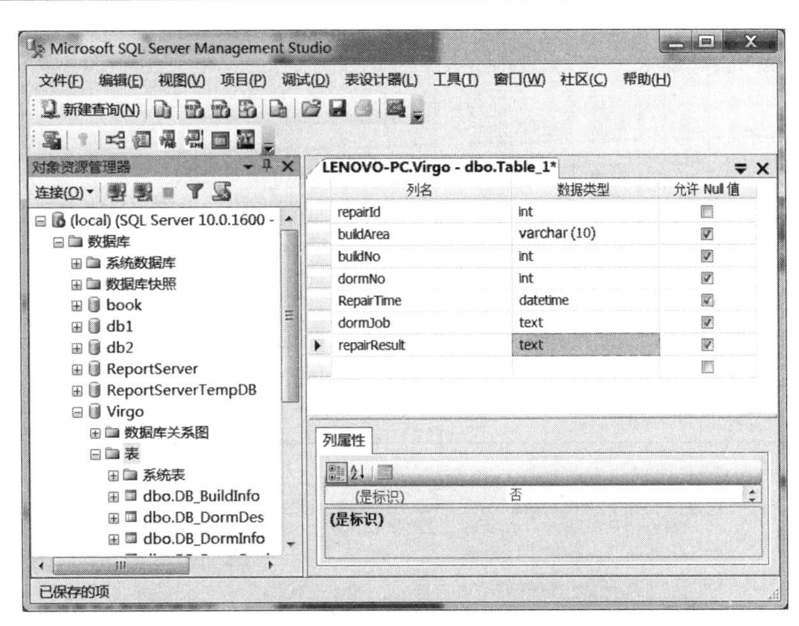

图 6-8　“维修记录信息表”的设计界面

（6）“管理员信息数据表”DB_ManageInfo 的字段如表 6-6 所示，数据表的设计界面如图 6-9 所示。

表 6-6　“管理员信息数据表”DB_ManageInfo 的字段

字段名	数据类型	说　明	字段名	数据类型	说　明
loginId	int	编号	loginPwd	varchar(13)	密码
loginNo	varchar(10)	用户名	loginType	varchar(10)	登录类型

（7）“顾客信息数据表”DB_StuInfo 的字段如表 6-7 所示，数据表的设计界面如图 6-10 所示。

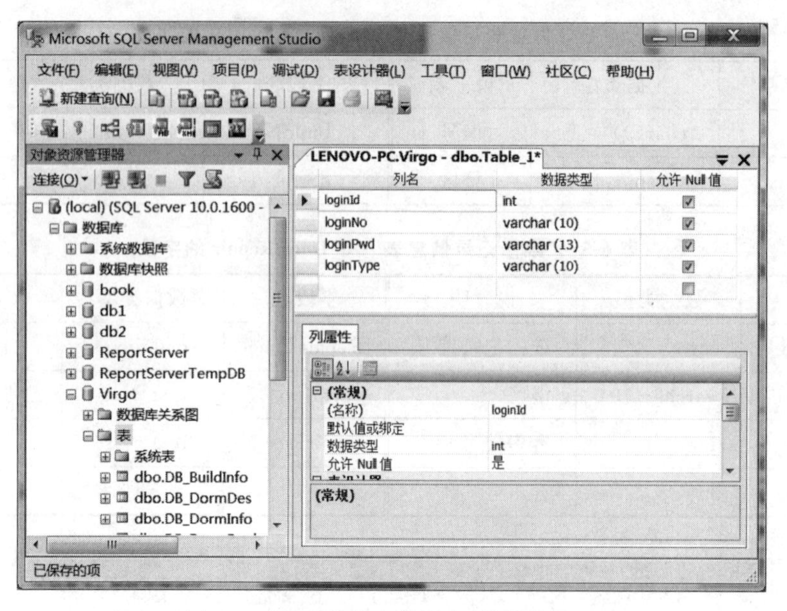

图 6-9 “管理员信息数据表”的设计界面

表 6-7 “顾客信息数据表”DB_StuInfo 的字段

字段名	数据类型	说　明	字段名	数据类型	说　明
stuNo	char(13)	编号	stuDepart	varchar(18)	联系方式
stuName	varchar(10)	姓名	stuPro	varchar(18)	电话
stuSex	char(2)	性别	stuElse	text	其他信息
stuTime	datetime	时间			

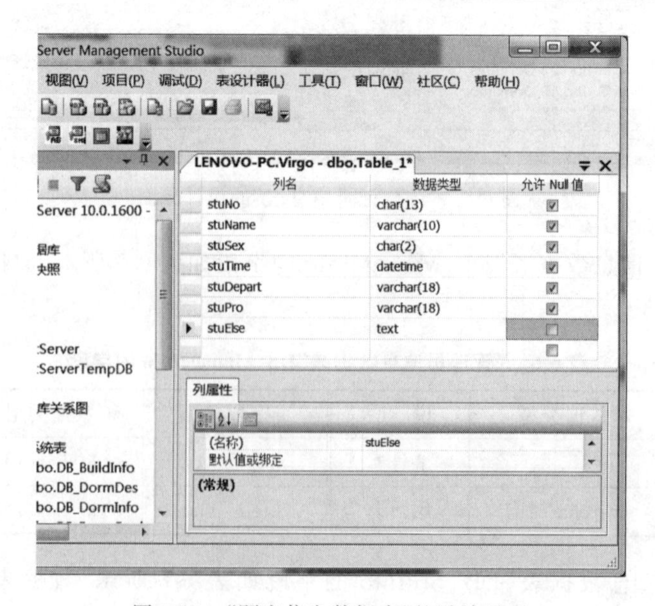

图 6-10 “顾客信息数据表”的设计界面

任务 6.2　系统详细设计

在设计具体的功能界面之前，首先需要对系统的公共类进行设计，本系统中设计了一个数据库访问类，用于对数据库的查询、修改、删除和修改操作，类名是 DBHelper. cs，该类的程序如代码 6-1 所示。

代码 6-1　数据库操作类 DBHelper. cs。

```
class DBHelper
{
    private static SqlCommand cmd=null;
    private static SqlDataReader dr=null;
    //数据库连接字符串
    private static string connectionString="Data Source=.; Initial Catalog=
    Virgo; Integrated Security=SSPI";
    //数据库连接 Connection 对象
    public static SqlConnection connection=new SqlConnection(connectionString);
    public DBHelper()
    {}
    #region 返回结果集
    public static SqlDataReader GetResult(string sql)
    {
        try
        {
            cmd=new SqlCommand();
            cmd.CommandText=sql;
            cmd.Connection=connection;
            cmd.Connection.Open();
            dr=cmd.ExecuteReader();
            return dr;
        }
        catch (Exception ex)
        {
            MessageBox.Show(ex.Message);
            return null;
        }
        finally
        {
            //dr.Close();
            //cmd.Connection.Close();
        }
    }
  #endregion
  #region 对于 Select 语句,返回 int 型结果集
```

```
public static int GetSqlResult(string sql)
{
    try
    {
        cmd=new SqlCommand();
        cmd.CommandText=sql;
        cmd.Connection=connection;
        cmd.Connection.Open();
        int a=(int)cmd.ExecuteScalar();
        return a;
    }
    catch (Exception ex)
    {
        MessageBox.Show(ex.Message);
        return-1;
    }
    finally
    {
        cmd.Connection.Close();
    }
}
#endregion
#region 对于 Update、Insert 和 Delete 语句,返回对应命令所影响的行数
public static int GetDsqlResult(string sql)
{
    try
    {
        cmd=new SqlCommand();
        cmd.CommandText=sql;
        cmd.Connection=connection;
        cmd.Connection.Open();
        cmd.ExecuteNonQuery();
        return 1;
    }
    catch (Exception ex)
    {
        MessageBox.Show(ex.Message);
        return-1;
    }
    finally
    {
        cmd.Connection.Close();
    }
 }
 #endregion
}
```

6.2.1 设计用户登录界面 login.cs

酒店客房管理系统的管理员登录界面如图6-11所示。

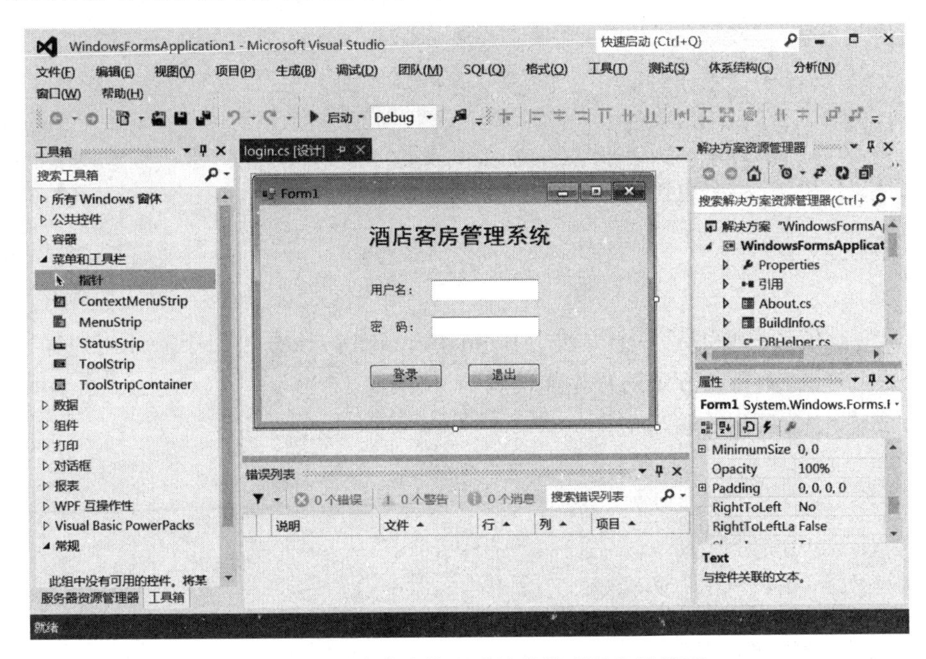

图6-11 酒店客房管理系统的管理员登录界面

1. 设计界面

该界面的设计步骤为:依次在Form窗体中添加2个Label控件,分别用于显示标签"用户名"、"密码"。然后添加2个TextBox控件,用于接收"用户名"和"密码"的输入。最后添加2个Button控件,用作"登录"和"取消"按钮。

2. 编写代码

(1) 在窗体界面中双击"登录"按钮,进入该按钮的单击事件,验证"用户名"和"密码",并登录到管理界面。该按钮的单击事件如代码6-2所示。

代码6-2 "登录"按钮的单击事件。

```
private void btnLogin_Click(object sender,EventArgs e)
{
    bool isValidUser=false;
    string message="";
    if (IsValidataInput())
    {
        //验证用户是否为合法用户
        isValidUser=IsValidataUser(txtLoginNo.Text.Trim(),txtLoginPwd.Text,ref
```

```
            message);
        if (isValidUser)
        {
            WFMain sfm=new WFMain();
            sfm.Show();
            this.Hide();
        }
        else
        {
            MessageBox.Show(message,"登录提示",MessageBoxButtons.OK,MessageBoxIcon.
            Asterisk);
        }
    }
}
```

(2) 这段代码中调用了一个方法 IsValidataInput(),该方法用于验证用户输入的登录信息是否合法,编写该方法的程序如代码 6-3 所示。

代码 6-3 验证用户输入信息。

```
private bool IsValidataInput()
{
    if (txtLoginNo.Text.Trim()=="")
    {
        MessageBox.Show("请输入账号!","登录提示",MessageBoxButtons.OK,MessageBoxIcon.
        Information);
        txtLoginNo.Focus();
        return false;
    }
    else if (txtLoginPwd.Text=="")
    {
        MessageBox.Show("请输入密码!","登录提示",MessageBoxButtons.OK,MessageBoxIcon.
        Information);
        txtLoginPwd.Focus();
        return false;
    }
    return true;
}
```

(3) 在代码 6-2 中,调用了验证用户是否合法的方法 IsValidataUser(),编写该方法的程序如代码 6-4 所示。

代码 6-4 编写方法 IsValidataUser()。

```
#region 验证用户是否合法
//传递用户账号、密码,合法则返回 true,不合法则返回 false。message 参数用来记录验证失
  败的原因
private bool IsValidataUser(string loginNo,string loginPwd,  ref string message)
{
    string sql= String.Format("select count(*) from DB_ManageInfo where loginNo=
```

```
        '{0}' and loginPwd='{1}'",loginNo,loginPwd);
        int a=DBHelper.GetSqlResult(sql);
        if (a<1)
        {
            message="该用户名或密码不存在!";
            return false;
        }
        else
        {
            return true;
        }
    }
    #endregion
```

(4) 双击"退出"按钮,进入该按钮的单击事件,编写程序如代码6-5所示。

代码6-5 "退出"按钮的单击事件。

```
private void button2_Click(object sender,EventArgs e)
{
    DialogResult result = MessageBox. Show ( " 您 确 定 要 退 出 吗?"," 操 作 提 示 ",
    MessageBoxButtons.OKCancel,MessageBoxIcon.Question);
    if (result==DialogResult.OK)
    {
        Application.Exit();
    }
}
```

6.2.2 设计管理主界面WFMain.cs

管理员在登录界面中输入正确的"用户名"和"密码",会进入管理主界面。管理主界面可以使用系统的所有功能。

1. 界面设计

管理主界面Form窗体的IsMdiContainer属性设置为True,此属性将窗体的显示和行为更改为MDI父窗体。当此属性设置为True时,该窗体显示具有凸起边框的凹陷工作区。所有分配给该父窗体的MDI子窗体都在该父窗体的工作区内显示,即本系统的其他功能模块都作为管理主界面的子窗体出现,并包含在主界面中。管理主界面的设计界面如图6-12所示。

该界面的设计步骤为:首先在窗体中添加1个menuStrip菜单控件,用于显示界面中的"系统管理"、"资源管理"、"顾客管理"、"报修管理"、"违规管理"和"帮助"菜单项。其次添加1个toolStrip控件,用于显示界面中的工具栏"用户信息"、"维修记录"、"违规记录"。

(1) 设计"系统管理"的菜单项,添加子菜单项"管理员注册"、"管理员更新"和"退出"。设计界面如图6-13所示。

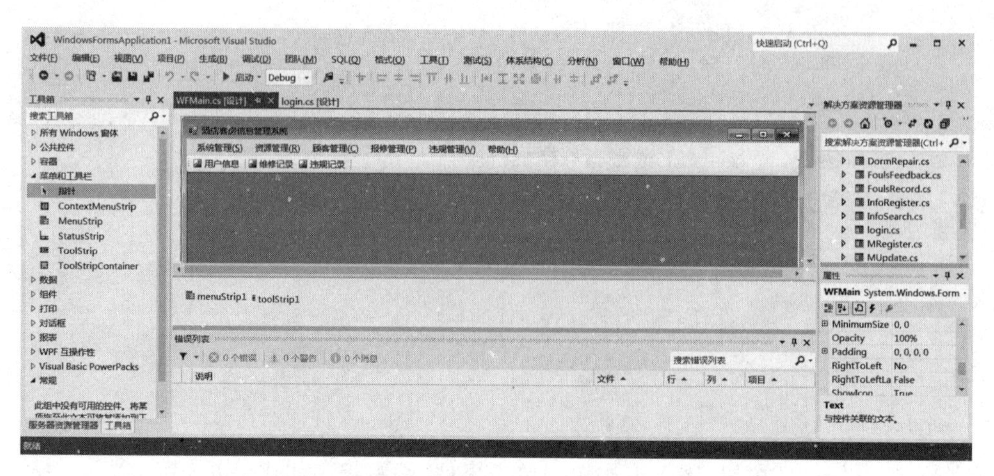

图 6-12　管理主界面的设计界面

(2) 设计“资源管理”菜单项,添加子菜单项“楼号管理”和“客房管理”,设计界面如图 6-14 所示。

(3) 设计“顾客管理”菜单项,添加子菜单项“信息登记”和“入住登记”,设计界面如图 6-15 所示。

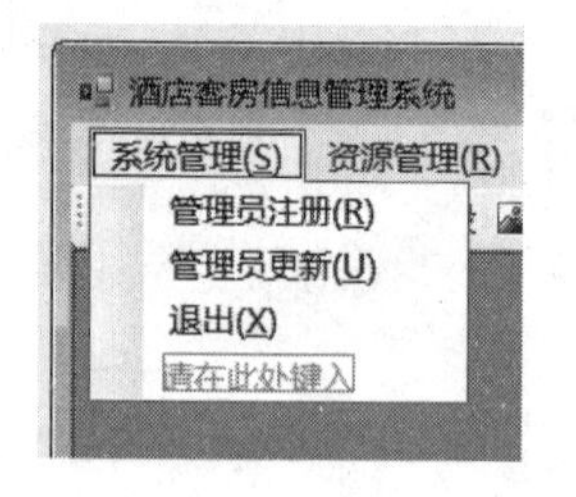

图 6-13　“系统管理”菜单项的设计界面

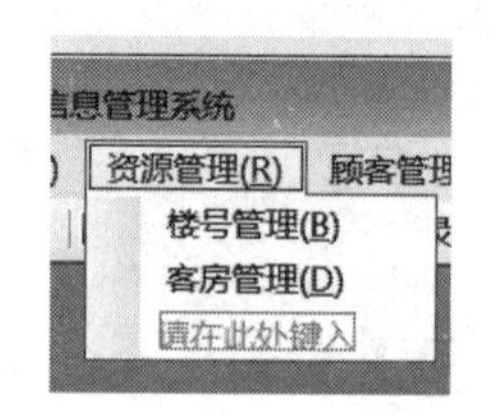

图 6-14　“资源管理”菜单项的设计界面

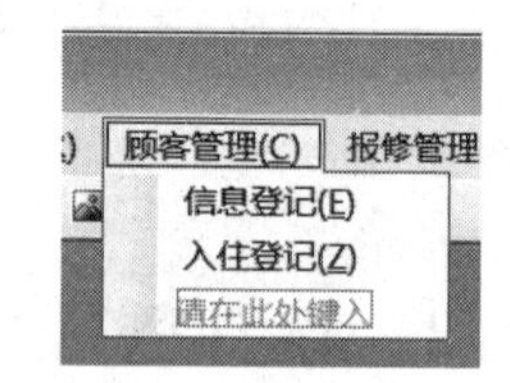

图 6-15　“顾客管理”菜单项的设计界面

(4) 设计“报修管理”菜单项,添加子菜单项“报修登记”和“维修反馈”,设计界面如图 6-16 所示。

(5) 设计“违规管理”菜单项,添加子菜单项“违规登记”和“处理意见”,设计界面如图 6-17 所示。

(6) 设计“帮助”菜单项,添加子菜单项“关于”,设计界面如图 6-18 所示。

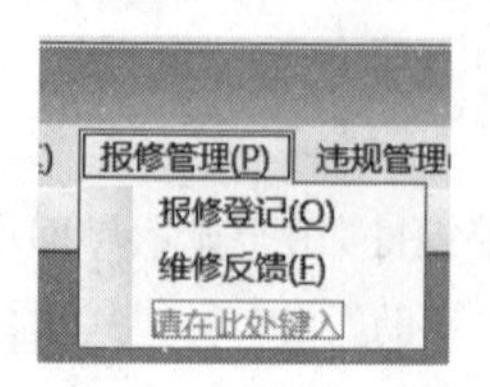

图 6-16　“报修管理”菜单项的设计界面

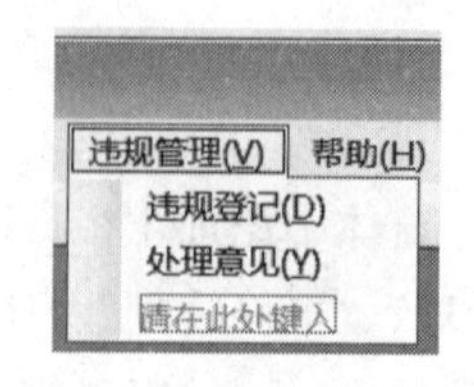

图 6-17　“违规管理”菜单项的设计界面

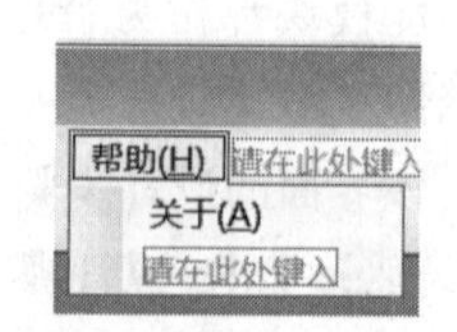

图 6-18　“帮助”菜单项的设计界面

(7) 设计“工具栏”,依次添加 3 个 toolStripButton 控件,用于显示“用户信息”、“维修记录”和“违规记录”功能按钮。设计界面如图 6-19 所示。

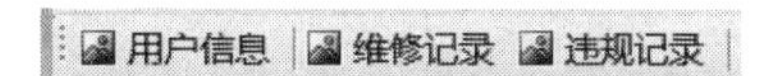

图 6-19 “工具栏”的设计界面

2. 编写管理主界面的代码

(1) 进入该界面的代码文件编辑状态,添加一个用于显示主界面子窗体的方法 OpenUniqueMDIChildWindow,该方法用于将系统的其他功能界面作为子窗体并显示在管理主界面中。OpenUniqueMDIChildWindow 方法的程序如代码 6-6 所示。

代码 6-6　显示子窗体的方法。

```
private T OpenUniqueMDIChildWindow<T>(Form mdiParent) where T : Form,new()
{
    foreach (Form subForm in mdiParent.MdiChildren)
    {
        if (!subForm.GetType().Equals(typeof(T)))
        {
            subForm.Close();
        }
        else
        {
            subForm.Activate();
            return subForm as T;
        }
    }
    T newForm=new T();
    newForm.MdiParent=mdiParent;
    newForm.StartPosition=FormStartPosition.CenterScreen;
    newForm.Show();
    return newForm;
}
```

(2) 编写“管理员注册”菜单项的单击事件,如代码 6-7 所示,这段代码将打开 MRegister 功能界面。

代码 6-7　“管理员注册”菜单项的单击事件。

```
private void adminRToolStripMenuItem_Click(object sender,EventArgs e)
{
    OpenUniqueMDIChildWindow<MRegister>(this);
}
```

(3) 编写“管理员更新”菜单项的单击事件,如代码 6-8 所示,这段代码将打开 MUpdate 功能界面。

代码 6-8　“管理员更新”菜单项的单击事件。

```
private void updateUToolStripMenuItem_Click(object sender,EventArgs e)
{
    OpenUniqueMDIChildWindow<MUpdate>(this);
}
```

(4) 编写“客房楼管理”菜单项的单击事件,如代码6-9所示,这段代码将打开BuildInfo功能界面。

代码6-9 “客房楼管理”菜单项的单击事件。

```
private void louBToolStripMenuItem_Click(object sender,EventArgs e)
{
    OpenUniqueMDIChildWindow<BuildInfo>(this);
}
```

(5) 编写“客房管理”菜单项的单击事件,如代码6-10所示,这段代码将打开DormInfo功能界面。

代码6-10 “客房管理”菜单项的单击事件。

```
private void susheDToolStripMenuItem_Click(object sender,EventArgs e)
{
    OpenUniqueMDIChildWindow<DormInfo>(this);
}
```

(6) 编写“信息登记”菜单项的单击事件,如代码6-11所示,这段代码将打开StuInfoRegister功能界面。

代码6-11 “信息登记”菜单项的单击事件。

```
private void xinxiEToolStripMenuItem_Click(object sender,EventArgs e)
{
    OpenUniqueMDIChildWindow<StuInfoRegister>(this);
}
```

(7) 编写“报修登记”菜单项的单击事件,如代码6-12所示,这段代码将打开DormRepair功能界面。

代码6-12 “报修登记”菜单项的单击事件。

```
private void baoxiuOToolStripMenuItem_Click(object sender,EventArgs e)
{
    OpenUniqueMDIChildWindow<DormRepair>(this);
}
```

(8) 编写“维修反馈”菜单项的单击事件,如代码6-13所示,这段代码将打开RepairFeedback功能界面。

代码6-13 “维修反馈”菜单项的单击事件。

```
private void weixiuFToolStripMenuItem_Click(object sender,EventArgs e)
{
    OpenUniqueMDIChildWindow<RepairFeedback>(this);
}
```

(9) 编写“违规登记”菜单项的单击事件,如代码6-14所示,这段代码将打开DormFouls功能界面。

代码6-14 “违规登记”菜单项的单击事件。

```
private void weiguiDToolStripMenuItem_Click(object sender,EventArgs e)
{
    OpenUniqueMDIChildWindow<DormFouls>(this);
}
```

(10) 编写“处理意见”菜单项的单击事件，如代码 6-15 所示，这段代码将打开 FoulsFeedback 功能界面。

代码 6-15 “处理意见”菜单项的单击事件。

```
private void chuliYToolStripMenuItem_Click(object sender,EventArgs e)
{
    OpenUniqueMDIChildWindow<FoulsFeedback>(this);
}
```

(11) 编写“帮助”菜单项的单击事件，如代码 6-16 所示，这段代码将打开 About 功能界面。

代码 6-16 “帮助”菜单项的单击事件。

```
private void guanyuAToolStripMenuItem_Click(object sender,EventArgs e)
{
    OpenUniqueMDIChildWindow<About>(this);
}
```

(12) 编写工具栏“用户信息”的单击事件，如代码 6-17 所示，这段代码将打开 StuInfoSearch 功能界面，用于显示用户信息。

代码 6-17 “用户信息”的单击事件。

```
private void tsbStuInfoSearch_Click(object sender,EventArgs e)
{
    OpenUniqueMDIChildWindow<StuInfoSearch>(this);
}
```

(13) 编写工具栏“维修记录”的单击事件，如代码 6-18 所示，这段代码将打开 RepairRecord 功能界面，用于显示维修记录。

代码 6-18 “维修记录”的单击事件。

```
private void toolStripButton1_Click(object sender,EventArgs e)
{
    OpenUniqueMDIChildWindow<RepairRecord>(this);
}
```

(14) 编写工具栏“违规记录”的单击事件，如代码 6-19 所示，这段代码将打开 FoulsRecord 功能界面，用于显示违规记录。

代码 6-19 “违规记录”的单击事件。

```
private void toolStripButton2_Click(object sender,EventArgs e)
{
    OpenUniqueMDIChildWindow<FoulsRecord>(this);
}
```

6.2.3 设计管理员注册功能界面 MRegister.cs

“管理员注册”界面如图 6-20 所示，该界面的作用是添加管理员信息。

图 6-20 “管理员注册”界面

1. 设计界面

该界面的设计步骤为：首先添加 1 个 GroupBox 控件，用于显示“注册信息”选项组，依次添加 3 个 Label 控件，分别用于显示“账号”、“密码”、“确认密码”标签。然后添加 3 个 TextBox 控件，分别用于接受用户输入的“账号”、“密码”和“确认密码”。最后添加 2 个 Button 按钮，用作“确定”和“关闭”按钮。

2. 编写代码

(1) 首先进入该窗体的 Form_load 事件，编写程序如代码 6-20 所示。这段代码的作用是将光标停留在“账号”的文本框上。

代码 6-20 “管理员注册”窗体的 Form_load 事件。

```
private void MRegister_Load(object sender,EventArgs e)
{
    txtLoginNo.Focus();
}
```

(2) 双击“确定”按钮，进入该按钮的单击事件，编写程序如代码 6-21 所示。这段代码的作用是将管理员信息写入数据库中。

代码 6-21 “确定”按钮的单击事件。

```
private void btnEnter_Click(object sender,EventArgs e)
{
    bool isValidUser=false;
    string message="";
    if (IsValidataInput())
    {
        //验证用户是否为合法用户
            isValidUser= IsValidataUser (txtLoginNo. Text. Trim (), txtLoginPwd.
            Text,cboLoginType.Text,ref message);
        if (isValidUser)
        {
            string sql = String. Format (" insert into DB _ ManageInfo (loginNo,
            loginPwd,loginType) values ('{0}','{1}','{2}')",txtLoginNo.Text.
            Trim(),txtLoginPwd.Text,cboLoginType.Text);
            int result=DBHelper.GetDsqlResult(sql);
```

```
            if (result==1)
        {
            MessageBox.Show("注册成功!","注册提示",MessageBoxButtons.OK,MessageBoxIcon.
            Asterisk);
        }
        else
        {
            MessageBox.Show("注册失败!","注册提示",MessageBoxButtons.OK,MessageBoxIcon.
            Asterisk);
        }
        }
        else
        {
            MessageBox.Show(message,"注册提示",MessageBoxButtons.OK,MessageBoxIcon.
            Asterisk);
        }
        txtLoginNo.Clear();
        txtLoginPwd.Clear();
        DtxtLoginPwd.Clear();
        cboLoginType.SelectedIndex=-1;
        txtLoginNo.Focus();
    }
}
```

(3) 代码 6-21 调用了 IsValidataInput()方法,IsValidataInput()方法如代码 6-22 所示。这段代码的作用是验证注册的用户是否合法。

代码 6-22 IsValidataInput()方法。

```
private bool IsValidataInput()
{
    if (txtLoginNo.Text.Trim()=="")
    {
        MessageBox.Show("请输入账号!","注册提示",MessageBoxButtons.OK,MessageBoxIcon.
        Information);
        txtLoginNo.Focus();
        return false;
    }
    else if (txtLoginPwd.Text=="")
    {
        MessageBox.Show("请输入密码!","注册提示",MessageBoxButtons.OK,MessageBoxIcon.
        Information);
        txtLoginPwd.Focus();
        return false;
    }
    else if (DtxtLoginPwd.Text=="")
    {
        MessageBox.Show("请再次确认输入密码!","注册提示",MessageBoxButtons.OK,
        MessageBoxIcon.Information);
        DtxtLoginPwd.Focus();
```

```
            return false;
        }
        else if (!txtLoginPwd.Text.Equals(DtxtLoginPwd.Text))
        {
            MessageBox.Show("两次输入的密码不一致,请重新输入!","注册提示",
            MessageBoxButtons.OK,MessageBoxIcon.Information);
            DtxtLoginPwd.Clear();
            txtLoginPwd.Clear();
            txtLoginPwd.Focus();
            return false;
        }
        else if (cboLoginType.Text=="")
        {
            MessageBox.Show("请选择登录类型!","注册提示",MessageBoxButtons.OK,
            MessageBoxIcon.Information);
            cboLoginType.Focus();
            return false;
        }
        return true;
    }
```

(4) 在代码6-21中,调用了IsValidataUser方法,该方法的作用是判断用户信息是否已经注册,IsValidataUser方法如代码6-23所示。

代码6-23 IsValidataUser方法。

```
private bool IsValidataUser(string loginNo, string loginPwd, string loginType,
ref string message)
{
    string sql=String.Format("select count(*) from DB_ManageInfo where loginNo
    ='{0}' and loginType='{1}'",loginNo,loginType);
    int count=DBHelper.GetSqlResult(sql);
    if (count==1)
    {
        message="该账号已经存在,请重新注册!";
        return false;
    }
    else
    {
        return true;
    }
}
```

(5) 双击"关闭"按钮,进入该按钮的单击事件,编写程序如代码6-24所示。

代码6-24 "关闭"按钮的单击事件。

```
private void btnCanel_Click(object sender,EventArgs e)
{
    this.Close();
}
```

6.2.4　设计管理员更新功能界面 MUpdate.cs

"管理员更新"功能的设计界面如图 6-21 所示,该界面的功能是查询和更新管理员用户的信息,具体是修改管理员的密码和权限。

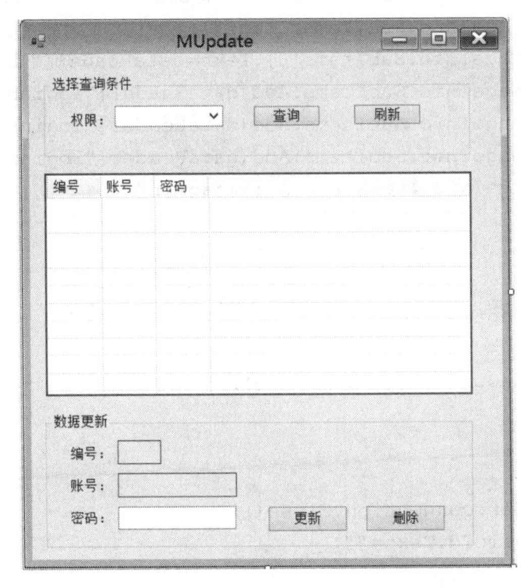

图 6-21　"管理员更新"功能的设计界面

1. 设计界面

该界面的设计步骤为:首先添加 2 个 GroupBox 控件,分别用于显示"选择查询条件"部分和"数据更新"部分。其次添加 1 个 Panel 控件,在 Panel 控件中添加 1 个 ListView 控件,用于显示查询的结果。

在"选择查询条件"部分添加 1 个标签、1 个下拉列表框、2 个按钮并修改属性。

在"数据更新"部分,添加 3 个 Label 控件,分别用于显示"编号"、"账号"、"密码"标签。然后添加 3 个 TextBox 控件,前两个的 ReadOnly 属性设置为 True。再添加 1 个 ComboBox 控件。最后添加 2 个 Button 按钮,分别用作"更新"和"删除"按钮。

2. 编写代码

(1) 进入该窗体的代码编辑界面。首先添加一个命名空间 using System.Data.SqlClient。在类中,添加一个数据对象的定义:private SqlDataReader dataReader。

(2) 添加窗体的 Form_Load 事件,如代码 6-25 所示。这段代码的作用是"查询管理员信息",并显示在 ListView 控件上。

代码 6-25　窗体的 Form_Load 事件。

```
private void MUpdate_Load(object sender,EventArgs e)
```

```
{
    try
    {
        dataReader=DBHelper.GetResult("select * from DB_ManageInfo");
        while (dataReader.Read())
        {
            ListViewItem lviManageInfo=new ListViewItem();
            lviManageInfo.SubItems.Clear();
            lviManageInfo.SubItems[0].Text=dataReader["loginId"].ToString();
            lviManageInfo.SubItems.Add(dataReader["loginNo"].ToString());
            lviManageInfo.SubItems.Add(dataReader["loginPwd"].ToString());
            lviManageInfo.SubItems.Add(dataReader["loginType"].ToString());
            lvManageInfo.Items.Add(lviManageInfo);
        }
        dataReader.Close();
    }
        catch (Exception ex)
        {
            MessageBox.Show(ex.Message);
        }
        finally
        {
            DBHelper.connection.Close();
            dLblLoginId.Text="";
            txtLoginNo.Text="";
            txtLoginPwd.Clear();
            CboLoginType.SelectedIndex=-1;
            DcboLoginType.SelectedIndex=-1;
        }
}
```

(3) 双击"查询"按钮,进入该按钮的单击事件,如代码6-26所示。

代码6-26 "查询"按钮的单击事件。

```
private void btnSearch_Click(object sender,EventArgs e)
{
    if (CboLoginType.Text=="")
    {
        MessageBox.Show ( " 请 选 择 所 要 查 找 的 权 限 用 户!"," 操 作 提 示 ",
        MessageBoxButtons.OK,MessageBoxIcon.Asterisk);
    }
    else
    {
    string sql= String.Format("select loginId, loginNo, loginPwd, loginType from
    DB_ManageInfo where loginType='{0}'",CboLoginType.Text);
    try
    {
        dataReader=DBHelper.GetResult(sql);
        if (!dataReader.Read())
        {
```

```
            lvManageInfo.Items.Clear();
            MessageBox.Show("查无此权限用户信息!","操作提示",MessageBoxButtons.
            OK,MessageBoxIcon.Asterisk);
        }
        else
        {
            dataReader.Close();
            DBHelper.connection.Close();
            sql=String.Format("select loginId,loginNo,loginPwd,loginType from
            DB_ManageInfo where loginType='{0}'",CboLoginType.Text);
            //重新指定 SQL 命令
            dataReader=DBHelper.GetResult(sql);
            lvManageInfo.Items.Clear();
            while (dataReader.Read())
            {
                ListViewItem lviManageInfo=new ListViewItem();
                lviManageInfo.SubItems.Clear();
                lviManageInfo.SubItems[0].Text=dataReader["loginId"].ToString();
                lviManageInfo.SubItems.Add(dataReader["loginNo"].ToString());
                lviManageInfo.SubItems.Add(dataReader["loginPwd"].ToString());
                lviManageInfo.SubItems.Add(dataReader["loginType"].ToString());
                lvManageInfo.Items.Add(lviManageInfo);
            }
        }
    dataReader.Close();
    }
        catch (Exception ex)
        {
            MessageBox.Show(ex.Message);
        }
        finally
        {
            DBHelper.connection.Close();
        }
    }
    dLblLoginId.Text="";
    txtLoginNo.Text="";
    txtLoginPwd.Clear();
    DcboLoginType.SelectedIndex=-1;
}
```

(4) 双击“刷新”按钮,进入该按钮的单击事件,如代码 6-27 所示。

代码 6-27　“刷新”按钮的单击事件。

```
private void btnAll_Click(object sender,EventArgs e)
{
    lvManageInfo.Items.Clear();
    //初始化窗体
    MUpdate_Load(sender,e);
}
```

(5) 双击"更新"按钮,进入该按钮的单击事件,如代码 6-28 所示,这段代码将更新管理员信息。

代码 6-28 "更新"按钮的单击事件。

```
private void btnUpdata_Click(object sender,EventArgs e)
{
    if (lvManageInfo.SelectedItems.Count==0)
    {
        MessageBox.Show("请选择要更新的用户!","操作提示",MessageBoxButtons.OK,
        MessageBoxIcon.Asterisk);
        return;
    }
    if (txtLoginPwd.Text=="")
    {
        MessageBox.Show("请确认登录密码!","操作提示",MessageBoxButtons.OK,
        MessageBoxIcon.Asterisk);
        return;
    }
    DialogResult result=MessageBox.Show("您确定要更新该用户信息?","操作提示",
    MessageBoxButtons.OKCancel,MessageBoxIcon.Question);
    if (result==DialogResult.OK)
    {
        string sql= String.Format("update DB_ManageInfo set loginPwd='{0}',
        loginType='{1}' where loginId={2}",txtLoginPwd.Text,DcboLoginType.
        Text,Convert.ToInt32(dLblLoginId.Text));
    try
    {
        int count=DBHelper.GetDsqlResult(sql);
        if (count==1)
        {
            MessageBox.Show("更新记录成功!","操作提示",MessageBoxButtons.OK,
            MessageBoxIcon.Asterisk);
        }
        else
        {
            MessageBox.Show("更新记录失败!","操作提示",MessageBoxButtons.OK,
            MessageBoxIcon.Asterisk);
        }
    }
        catch (Exception ex)
        {
            MessageBox.Show(ex.Message);
        }
        finally
        {
            DBHelper.connection.Close();
            if (CboLoginType.Text=="")
            {
                lvManageInfo.Items.Clear();
                //初始化窗体
                MUpdate_Load(sender,e);
```

```
            }
            else
            {
                FormRefresh();
            }
        }
    }
}
```

(6) 这段代码中调用了 FormRefresh()方法,该方法的功能是重新绑定 ListView,以显示更新过的信息,该方法的程序如代码 6-29 所示。

代码 6-29　FormRefresh()方法的代码。

```
//刷新窗体
private void FormRefresh()
{
    lvManageInfo.Items.Clear();
    string sqlString=String.Format("select * from DB_ManageInfo where loginType
    ='{0}'",CboLoginType.Text);
    try
    {
        dataReader=DBHelper.GetResult(sqlString);
        while (dataReader.Read())
        {
            ListViewItem lviManageInfo=new ListViewItem();
            lviManageInfo.SubItems.Clear();
            lviManageInfo.SubItems[0].Text=dataReader["loginId"].ToString();
            lviManageInfo.SubItems.Add(dataReader["loginNo"].ToString());
            lviManageInfo.SubItems.Add(dataReader["loginPwd"].ToString());
            lviManageInfo.SubItems.Add(dataReader["loginType"].ToString());
            lvManageInfo.Items.Add(lviManageInfo);
        }
    dataReader.Close();
    }
        catch (Exception ex)
        {
            MessageBox.Show(ex.Message);
        }
        finally
        {
            DBHelper.connection.Close();
            dLblLoginId.Text="";
            txtLoginNo.Text="";
            txtLoginPwd.Clear();
            DcboLoginType.SelectedIndex=-1;
        }
}
```

(7) 双击"删除"按钮,进入该按钮的单击事件,如代码 6-30 所示。这段代码的功能是删除信息,并重新显示数据。

代码 6-30　“删除”按钮的单击事件。

```
private void btnDel_Click(object sender,EventArgs e)
{
    if (lvManageInfo.SelectedItems.Count==0)
    {
        MessageBox.Show("请选择要删除的用户记录!","操作提示",MessageBoxButtons.
        OK,MessageBoxIcon.Asterisk);
        return;
    }
    DialogResult result=MessageBox.Show("您确定要删除该用户信息?","操作提示",
    MessageBoxButtons.OKCancel,MessageBoxIcon.Question);
    if (result==DialogResult.OK)
    {
        string sql=String.Format("delete from DB_ManageInfo where loginId={0}",
        Convert.ToInt32(dLblLoginId.Text));
    try
    {
        int count=DBHelper.GetDsqlResult(sql);
        if (count==1)
        {
            MessageBox.Show("删除记录成功!","操作提示",MessageBoxButtons.OK,
            MessageBoxIcon.Asterisk);
        }
        else
        {
            MessageBox. Show ( " 删 除 记 录 失 败, 请 重 新 操 作!"," 操 作 提 示 ",
            MessageBoxButtons.OK,MessageBoxIcon.Asterisk);
        }
    }
        catch (Exception ex)
        {
            MessageBox.Show(ex.Message);
        }
        finally
        {
            DBHelper.connection.Close();
            if (CboLoginType.Text=="")
            {
                lvManageInfo.Items.Clear();
                //初始化窗体
                MUpdate_Load(sender,e);
            }
            else
            {
                FormRefresh();
            }
        }
    }
}
```

6.2.5 设计客房楼信息管理界面 BuildInfo.cs

“客房楼信息管理”界面如图6-22所示，该界面的功能是对客房楼信息进行管理，包括查询、刷新、添加记录和更新记录。客房楼信息包括编号、地理区域、客房楼号和描述。

图6-22 “客房楼信息管理”的设计界面

1. 设计界面

(1) “选择查询条件”选项组部分的设计步骤：首先添加1个GroupBox控件，用于显示“选择查询条件”选项组。添加1个Label控件，用于显示“地理区域”标签。添加1个ComboBox控件，用于显示“地理区域”的内容。最后添加2个Button控件，分别用作“查询”和“刷新”按钮。

这部分界面的控件属性设置如表6-8所示。

表6-8 控件属性的设置

控件类型	控件名称	属性名称	属 性 值
GroupBox	GroupBox1	Text	选择查询条件
		anchor	Top,Left,Right
ComboBox	dCboBuildArea	DropDownStyle	DropDownList
Button	btnSearch	Text	查询
	btnAll	Text	刷新

(2) “显示客房楼信息”部分的设计步骤为：首先添加1个Panel控件。添加1个显

示数据的ListView控件,放置在Panel控件上。单击ListView控件属性右上角的智能标签,"视图"选项设为Details。然后单击"编辑列"选项,如图6-23所示。设置编辑列的属性值如表6-9所示,界面如图6-24所示。

表6-9 编辑列的属性设置

列 名	属性名	属性值	列 名	属性名	属性值
floorNum	Text	编号	floorId	Text	客房楼号
floorArea	Text	地理区域	floorMsg	Text	描述

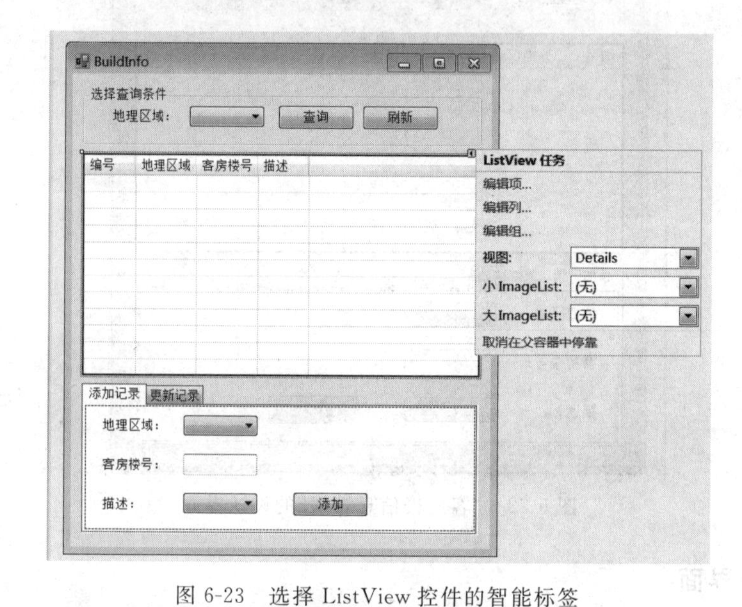

图6-23 选择ListView控件的智能标签

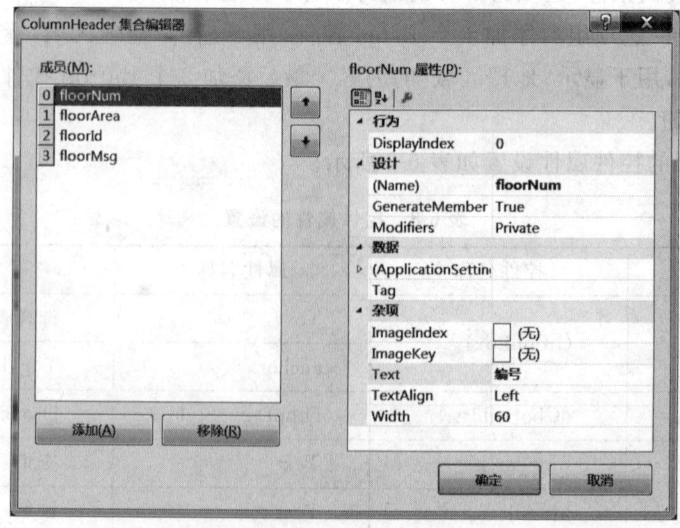

图6-24 编辑列的界面

(3) 添加"更新记录"部分的设计步骤为：首先添加 1 个 tabControl 控件，编辑该控件的 tabPage1 属性如图 6-25 所示。

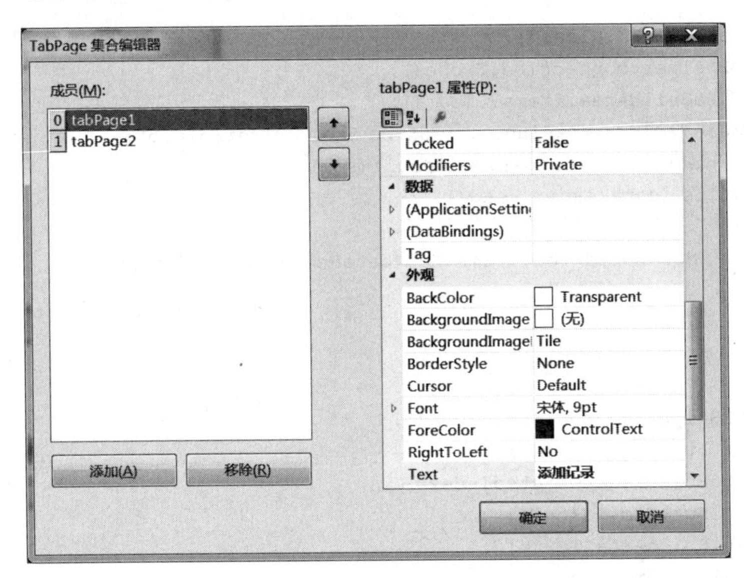

图 6-25　编辑 tabControl 控件的 tabPage1 属性

在"添加记录"选项卡中，添加 3 个 Label 控件。然后依次添加 1 个 ComboBox 控件、1 个 TextBox 控件、1 个 ComboBox 控件，分别用于"地理区域"、"客房楼号"和"描述"内容的显示。最后添加 1 个 Button 控件，用作"添加"按钮。

在"更新记录"选项卡中，添加 4 个 Label 控件，然后依次添加 3 个 TextBox 控件，1 个 ComboBox 控件，分别用于"编号"、"地理区域"、"客房楼号"和"描述"内容的显示。最后添加两个 Button 控件，分别用作"更新"和"删除"按钮。

2. 编写代码

(1) 编写窗体的 Form_load 事件 BuildInfo_Load，如代码 6-31 所示。

代码 6-31　窗体的 Form_load 事件 BuildInfo_Load。

```
private void BuildInfo_Load(object sender,EventArgs e)
{
    string sql="select * from DB_BuildInfo order by buildId";
    try
    {
        SqlDataReader dataReader=DBHelper.GetResult(sql);
        while (dataReader.Read())
        {
            ListViewItem lvi=new ListViewItem();
            lvi.SubItems.Clear();
            lvi.SubItems[0].Text=dataReader["buildId"].ToString();
            lvi.SubItems.Add(dataReader["buildArea"].ToString());
            lvi.SubItems.Add(dataReader["buildNo"].ToString());
```

```
            lvi.SubItems.Add(dataReader["buildMsg"].ToString());
            lvFloorInfo.Items.Add(lvi);
        }
        dataReader.Close();
        DBHelper.connection.Close();
        dCboBuildArea.Items.Clear();
        sql="select distinct buildArea from DB_BuildInfo";
        dataReader=DBHelper.GetResult(sql);
        while (dataReader.Read())
        {
            dCboBuildArea.Items.Add(dataReader[0].ToString());
        }
    }
    finally
    {
        DBHelper.connection.Close();
        txtBuildNo.Clear();
        cboBuildMsg.SelectedIndex=-1;
        lblBuildId.Text="";
        lblBuildArea.Text="";
        lblBuildNo.Text="";
        dCboBuildMsg.SelectedIndex=-1;
    }
    if (lvFloorInfo.Items.Count==0)
    {
        dCboBuildArea.Enabled=false;
    }
    else
    {
        dCboBuildArea.Enabled=true;
    }
}
```

(2) 双击"查询"按钮,进入该按钮的单击事件,编写程序如代码6-32所示。

代码6-32 "查询"按钮的单击事件。

```
private void btnSearch_Click(object sender,EventArgs e)
{
    if (dCboBuildArea.Text=="")
    {
        MessageBox.Show("请选择所要查询的地理区域!","操作提示",
        MessageBoxButtons.OK,MessageBoxIcon.Asterisk);
    }
    else
    {
        string sql=String.Format("select * from DB_BuildInfo where buildArea=
        '{0}'",dCboBuildArea.Text);
        try
        {
            SqlCommand command=new SqlCommand(sql,DBHelper.connection);
```

```
            DBHelper.connection.Open();
            //执行查询
            SqlDataReader dataReader=command.ExecuteReader();
            if (!dataReader.Read())
            {
                MessageBox.Show("查无此区域记录!","操作提示",MessageBoxButtons.
                OK,MessageBoxIcon.Asterisk);
            }
            else
            {
                dataReader.Close();
                sql=String.Format("select * from DB_BuildInfo where buildArea=
                '{0}'",dCboBuildArea.Text);
                //重新指定 SQL 命令
                command.CommandText=sql;
                dataReader=command.ExecuteReader();
                lvFloorInfo.Items.Clear();
                while (dataReader.Read())
                {
                    ListViewItem lvi=new ListViewItem();
                    lvi.SubItems.Clear();
                    lvi.SubItems[0].Text=dataReader["buildId"].ToString();
                    lvi.SubItems.Add(dataReader["buildArea"].ToString());
                    lvi.SubItems.Add(dataReader["buildNo"].ToString());
                    lvi.SubItems.Add(dataReader["buildMsg"].ToString());
                    lvFloorInfo.Items.Add(lvi);
                }
            }
            dataReader.Close();
        }
        catch (Exception ex)
        {
            MessageBox.Show(ex.Message);
        }
        finally
        {
            DBHelper.connection.Close();
        }
    }
}
```

(3) 双击"刷新"按钮,进入该按钮的单击事件,编写程序如代码 6-33 所示。

代码 6-33　"刷新"按钮的单击事件。

```
private void btnAll_Click(object sender,EventArgs e)
{
    lvFloorInfo.Items.Clear();
    BuildInfo_Load(sender,e);
}
```

(4) 编写 ListView 控件的 ItemSelectionChanged 事件，如代码 6-34 所示。

代码 6-34 ListView 控件的 ItemSelectionChanged 事件。

```
private void lvFloorInfo_ItemSelectionChanged(object sender,
ListViewItemSelectionChangedEventArgs e)
{
    //避免重复执行事件
    if (e.IsSelected)
    {
        lblBuildId.Text=e.Item.SubItems[0].Text;
        lblBuildArea.Text=e.Item.SubItems[1].Text;
        lblBuildNo.Text=e.Item.SubItems[2].Text;
        dCboBuildMsg.Text=e.Item.SubItems[3].Text;
    }
}
```

(5) 在"添加记录"选项卡中双击"添加"按钮，进入该按钮的单击事件，编写程序如代码 6-35 所示。

代码 6-35 "添加"按钮的单击事件。

```
private void btnAdd_Click(object sender,EventArgs e)
{
    if (IsValidataInput())
    {
        string sql=String.Format("select count(*) from DB_BuildInfo where
        buildArea='{0}' and buildNo={1}",cboBuildArea.Text,Convert.ToInt32
        (txtBuildNo.Text.Trim()));
        try
        {
            int count=DBHelper.GetSqlResult(sql);
            if (count==1)
            {
                MessageBox.Show("该楼号已经存在,请另外选择!","操作提示",
                MessageBoxButtons.OK,MessageBoxIcon.Information);
            }
            else
            {
                sql=String.Format(@"insert into DB_BuildInfo(buildArea,buildNo,
                buildMsg) values ('{0}',{1},'{2}')",cboBuildArea.Text,Convert.
                ToInt32(txtBuildNo.Text.Trim()),cboBuildMsg.Text);
                int result=DBHelper.GetDsqlResult(sql);
                if (result==1)
                {
                        MessageBox.Show("添加记录成功!","操作提示",
                        MessageBoxButtons.OK,MessageBoxIcon.Asterisk);
                }
                else
                {
                    MessageBox.Show("添加记录失败!","操作提示",MessageBoxButtons.
```

```
                    OK,MessageBoxIcon.Asterisk);
                }
            }
        }
        catch (Exception ex)
        {
            MessageBox.Show(ex.Message);
        }
        finally
        {
            DBHelper.connection.Close();
            if (dCboBuildArea.Text=="")
            {
                lvFloorInfo.Items.Clear();
                btnAll.PerformClick();
            }
            else
            {
                FormRefresh();
            }
        }
    }
}
```

(6) 这段代码中调用了确定是否是有效输入的 IsValidataInput()方法，这段代码的功能是判断将要添加的记录是否符合要求，IsValidataInput()方法如代码 6-36 所示。

代码 6-36　IsValidataInput()方法。

```
#region 确定是否是有效输入
private bool IsValidataInput()
{
    if (cboBuildArea.Text=="")
    {
        MessageBox.Show("请确定学生宿舍地理区域!","操作提示",MessageBoxButtons.
        OK,MessageBoxIcon.Information);
        cboBuildArea.Focus();
        return false;
    }
    else if (txtBuildNo.Text.Trim()=="")
    {
        MessageBox.Show("请输入学生宿舍楼号!","操作提示",MessageBoxButtons.OK,
        MessageBoxIcon.Information);
        txtBuildNo.Focus();
        return false;
    }
    else if (cboBuildMsg.Text=="")
    {
        MessageBox.Show("请确定学生宿舍楼属性!","操作提示",MessageBoxButtons.
        OK,MessageBoxIcon.Information);
```

```
        cboBuildMsg.Focus();
        return false;
    }
    return true;
}
#endregion
```

(7) 在"更新记录"选项卡中双击"更新"按钮,进入该按钮的单击事件,编写程序如代码6-37所示。

代码 6-37 "更新"按钮的单击事件。

```
private void btnRefresh_Click(object sender,EventArgs e)
{
    if (lvFloorInfo.SelectedItems.Count==0)
    {
        MessageBox.Show("请选择要更新的记录!","操作提示",MessageBoxButtons.OK,
        MessageBoxIcon.Asterisk);
        return;
    }
    DialogResult result=MessageBox.Show("您确定要更新该条记录?","操作提示",
    MessageBoxButtons.OKCancel,MessageBoxIcon.Question);
    if (result==DialogResult.OK)
    {
        string sql=String.Format("update DB_BuildInfo set buildMsg='{0}' where
        buildId={1}",dCboBuildMsg.Text,Convert.ToInt32(lblBuildId.Text));
        try
        {
            int count=DBHelper.GetDsqlResult(sql);
            if (count==1)
            {
                MessageBox.Show("更新记录成功!","操作提示",MessageBoxButtons.
                OK,MessageBoxIcon.Asterisk);
            }
            else
            {
                MessageBox.Show("更新记录失败!","操作提示",MessageBoxButtons.
                OK,MessageBoxIcon.Asterisk);
            }
            catch (Exception ex)
            {
                MessageBox.Show(ex.Message);
            }
            finally
            {
                DBHelper.connection.Close();
                if (dCboBuildArea.Text=="")
                {
                    lvFloorInfo.Items.Clear();
                    //初始化窗体
```

```
                BuildInfo_Load(sender,e);
            }
            else
            {
                FormRefresh();
            }
        }
    }
  }
}
```

(8) 这段代码中调用了 FormRefresh()方法,用于刷新窗体,编写 FormRefresh()方法的程序如代码 6-38 所示。

代码 6-38 FormRefresh()方法。

```
//刷新窗体
private void FormRefresh()
{
    lvFloorInfo.Items.Clear();
    string sqlString=String.Format("select * from DB_BuildInfo where buildArea
    ='{0}'",dCboBuildArea.Text);
    try
    {
        SqlDataReader dataReader=DBHelper.GetResult(sqlString);
        while (dataReader.Read())
        {
            ListViewItem lvi=new ListViewItem();
            lvi.SubItems.Clear();
            lvi.SubItems[0].Text=dataReader["buildId"].ToString();
            lvi.SubItems.Add(dataReader["buildArea"].ToString());
            lvi.SubItems.Add(dataReader["buildNo"].ToString());
            lvi.SubItems.Add(dataReader["buildMsg"].ToString());
            lvFloorInfo.Items.Add(lvi);
        }
    dataReader.Close();
    }
    finally
    {
        DBHelper.connection.Close();
        cboBuildArea.SelectedIndex=-1;
        txtBuildNo.Clear();
        cboBuildMsg.SelectedIndex=-1;
        lblBuildId.Text="";
        lblBuildArea.Text="";
        lblBuildNo.Text="";
        dCboBuildMsg.SelectedIndex=-1;
    }
}
```

(9) 双击"删除"按钮,进入该按钮的单击事件,编写程序如代码 6-39 所示。

代码 6-39 "删除"按钮的单击事件。

```
private void btnDel_Click(object sender,EventArgs e)
{
    if (lvFloorInfo.SelectedItems.Count==0)
    {
        MessageBox.Show("请选择所要删除的记录!","操作提示",MessageBoxButtons.
        OK,MessageBoxIcon.Asterisk);
        return;
    }
    DialogResult result=MessageBox.Show("您确定要删除该条记录?","操作提示",
    MessageBoxButtons.OKCancel,MessageBoxIcon.Question);
    if (result==DialogResult.OK)
    {
        string sql=String.Format("delete from DB_BuildInfo where buildId={0}",
        Convert.ToInt32(lblBuildId.Text));
        try
        {
            SqlCommand command=new SqlCommand(sql,DBHelper.connection);
            DBHelper.connection.Open();
            int count=command.ExecuteNonQuery();
            if (count==1)
            {
                MessageBox.Show("删除记录成功!","操作提示",MessageBoxButtons.
                OK,MessageBoxIcon.Asterisk);
            }
            else
            {
                MessageBox.Show("删除记录失败!","操作提示",MessageBoxButtons.
                OK,MessageBoxIcon.Asterisk);
            }
        }
        catch (Exception ex)
        {
            MessageBox.Show(ex.Message);
        }
        finally
        {
            DBHelper.connection.Close();
            if (dCboBuildArea.Text=="")
            {
                lvFloorInfo.Items.Clear();
                //初始化窗体
                BuildInfo_Load(sender,e);
            }
            else
```

```
                {
                    FormRefresh();
                }
            }
        }
    }
```

6.2.6 设计客房信息管理界面 DormInfo.cs

“客房信息管理”的设计界面如图 6-26 所示。客房信息管理界面的功能是对客房信息进行查询、修改、录入、更新和删除操作。客房信息包括编号、地理区域、客房楼号、客房号、床位数和备注。

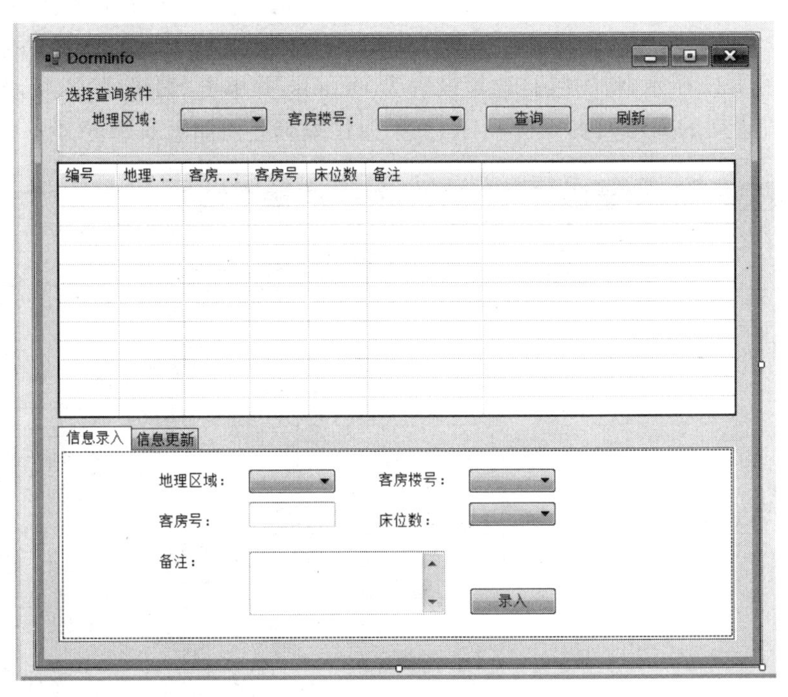

图 6-26 “客房信息管理”的设计界面

1. 设计界面

“客房信息管理”的界面由 3 部分组成，分别是查询部分、信息显示部分和信息录入及更新部分。查询部分由 1 个 GroupBox 控件布局，信息显示部分由 1 个 Panel 控件布局，信息录入和更新部分由 1 个 tabControl 控件布局。

(1) “选择查询条件”部分的设计步骤为：首先添加 1 个 GroupBox 控件，然后依次添加 2 个 Label 控件、2 个 ComboBox 控件、2 个 Button 控件，这些控件的属性设置如表 6-10 所示。

表 6-10　控件属性的设置

控件类型	控 件 名	属 性 名	属 性 值
GroupBox	GroupBox1	Text	选择查询条件
Label	Label1	Text	地理区域
	Label2	Text	客房楼号
ComboBox	dCboBuildArea	DroDownStyle	DropDownList
	dCboBuildNo	DroDownStyle	DropDownList
Button	btnQuery	Text	查询
	btnRefresh	Text	刷新

(2)“显示客房信息”部分的设计步骤为：首先添加1个Panel控件，用于布局ListView控件的显示效果。再添加1个ListView控件，单击ListView控件右上角的智能标签，如图6-27所示，将“视图”选项设置为Details，并单击“编辑列”选项，对ListView进行编辑，设置列的属性如表6-11所示，列的属性编辑界面如图6-28所示。

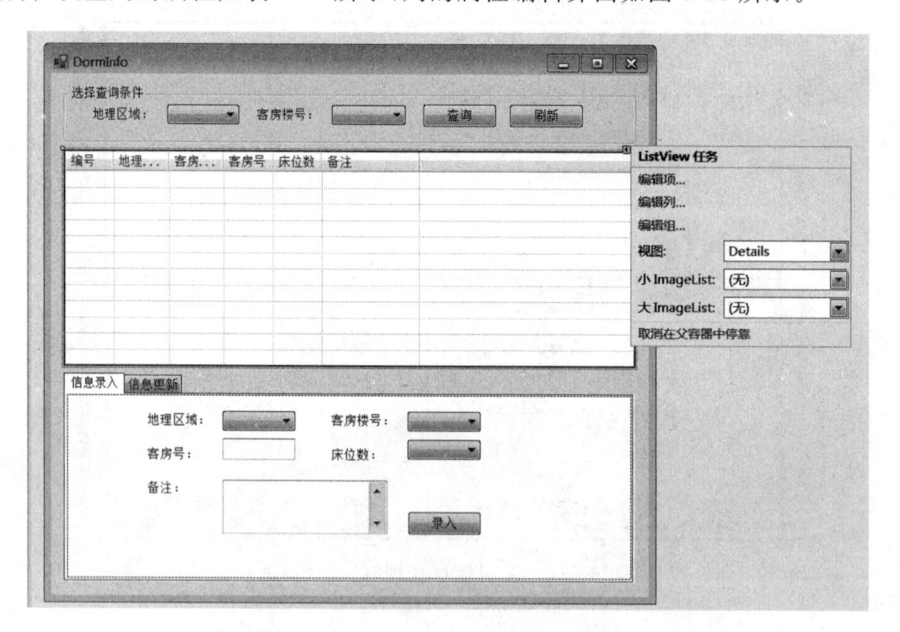

图 6-27　ListView智能标签设置界面

表 6-11　ListView列的属性设置

列　名	属性名	属性值	列　名	属性名	属性值
dormId	Text	编号	dormNo	Text	客房号
buildArea	Text	地理区域	bedNum	Text	床位数
buildNo	Text	客房楼号	dormElse	Text	备注

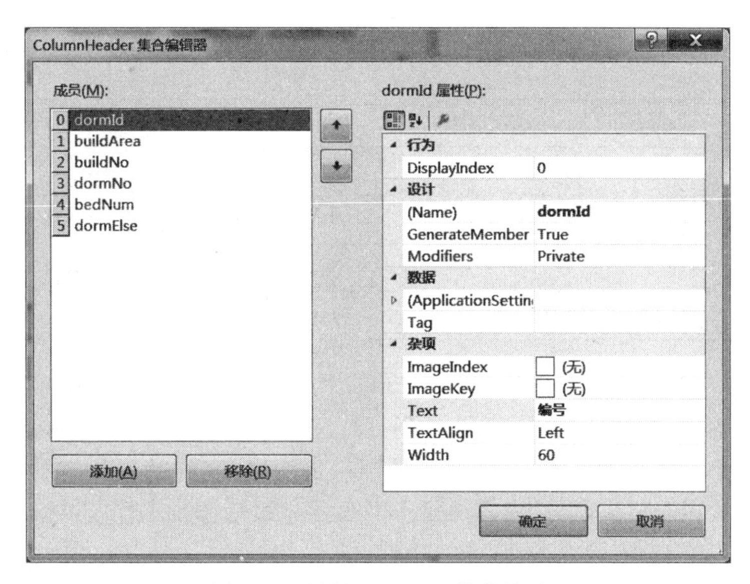

图 6-28　编辑 ListView 控件的列

(3)“录入和更新客房信息”部分的设计步骤为：首先添加 1 个 tabControl 控件，用于布局“录入”和“更新”功能。编辑 tabControl 控件的选项卡，分别添加“信息录入”和“信息更新”选项卡，如图 6-29 所示。

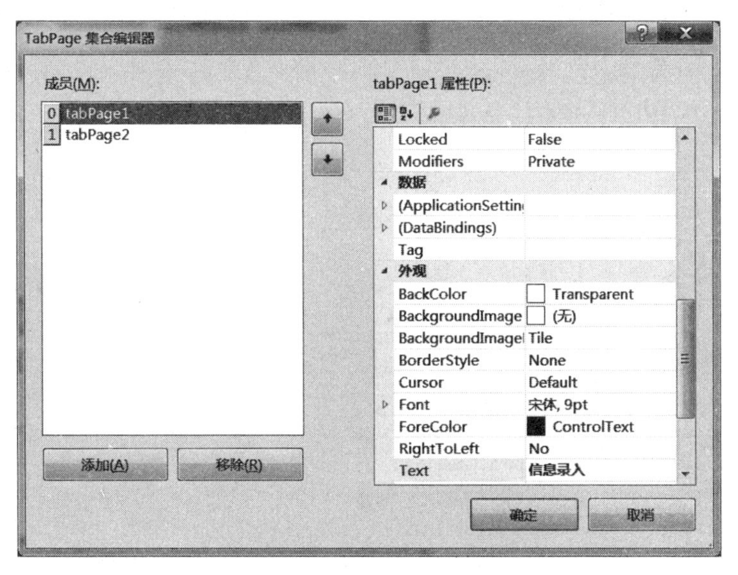

图 6-29　编辑 tabControl 控件的选项卡

在“信息录入”界面中，首先添加 5 个 Label 标签，分别用于显示“地理区域”、“客房楼号”、“客房号”、“床位数”和“备注”。然后依次添加 3 个 ComboBox 控件，分别用于“地理区域”、“客房楼号”和“床位数”内容的显示。再添加 2 个 TextBox 控件，分别用于“客房号”和“备注”内容的显示。最后添加 1 个 Button 按钮，用作“录入”按钮。控件的属性设置如表 6-12 所示。

表 6-12　控件属性的设置

控件类型	控件名	属性名	属性值
ComboBox	cboBuildArea(地理区域)	DropDownStyle	DropDownList
	cboBuildNo(客房楼号)	DropDownStyle	DropDownList
	cboBedNum(床位数)	DropDownStyle	DropDownList
		Items	4 6 8 12(用换行分开)
TextBox	txtDormElse(备注)	MultiLine	True

在“信息更新”界面中，首先添加 6 个 Label 控件，分别用于显示“编号”、“地理区域”、“客房楼号”、“客房号”、“床位数”和“备注”标签。然后添加 5 个 TextBox 控件，分别用于“编号”、“地理区域”、“客房楼号”、“客房号”和“备注”内容的录入及显示。再添加 1 个 ComboBox 控件，用于“床位数”内容的录入及显示。最后添加 2 个 Button 按钮，分别用作“更新”和“删除”按钮。

2. 编写代码

(1) 首先编写窗体的 Form_Load 事件 DormInfo_Load，如代码 6-40 所示。

代码 6-40　窗体的 Form_Load 事件 DormInfo_Load。

```
private void DormInfo_Load(object sender,EventArgs e)
{
    cboBuildNo.Enabled=false;
    dCboBuildNo.Enabled=false;
    //初始化各个控件
    cboBuildArea.Items.Clear();
    dCboBuildArea.Items.Clear();
    txtDormNo.Clear();
    cboBedNum.SelectedIndex=-1;
    txtDormElse.Clear();
    string sql="select * from DB_DormInfo";
    try
    {
        SqlCommand command=new SqlCommand(sql,DBHelper.connection);
        DBHelper.connection.Open();
        dataReader=command.ExecuteReader();
        while (dataReader.Read())
        {
            ListViewItem lviDormInfo=new ListViewItem();
            lviDormInfo.SubItems.Clear();
            lviDormInfo.SubItems[0].Text=dataReader["dormId"].ToString();
            lviDormInfo.SubItems.Add(dataReader["buildArea"].ToString());
            lviDormInfo.SubItems.Add(dataReader["buildNo"].ToString());
            lviDormInfo.SubItems.Add(dataReader["dormNo"].ToString());
            lviDormInfo.SubItems.Add(dataReader["bedNum"].ToString());
            lviDormInfo.SubItems.Add(dataReader["dormElse"].ToString());
```

```
            lvDormInfo.Items.Add(lviDormInfo);
        }
        dataReader.Close();
        sql="select distinct buildArea from DB_BuildInfo";
        command.CommandText=sql;
        dataReader=command.ExecuteReader();
        while (dataReader.Read())
        {
            cboBuildArea.Items.Add(dataReader["buildArea"].ToString());
            dCboBuildArea.Items.Add(dataReader["buildArea"].ToString());
        }
    dataReader.Close();
    }
    catch (Exception ex)
    {
        MessageBox.Show(ex.Message);
    }
    finally
    {
        DBHelper.connection.Close();
    }
}
```

(2) 双击“查询”按钮，进入该按钮的单击事件，编写程序如代码6-41所示。

代码6-41 “查询”按钮的单击事件。

```
private void btnQuery_Click(object sender,EventArgs e)
{
    if (IsSearchConditions())
    {
        lvDormInfo.Items.Clear();
        string sql=String.Format("select * from DB_DormInfo where buildArea='{0}'
        and buildNo={1}",dCboBuildArea.Text,Convert.ToInt32(dCboBuildNo.Text));
        //测试数据库连接
        try
        {
            SqlCommand command=new SqlCommand(sql,DBHelper.connection);
            //打开数据库连接
            DBHelper.connection.Open();
            dataReader=command.ExecuteReader();
            while (dataReader.Read())
            {
                ListViewItem lviDormInfo=new ListViewItem();
                lviDormInfo.SubItems.Clear();
                lviDormInfo.SubItems[0].Text=dataReader["dormId"].ToString();
                lviDormInfo.SubItems.Add(dataReader["buildArea"].ToString());
                lviDormInfo.SubItems.Add(dataReader["buildNo"].ToString());
                lviDormInfo.SubItems.Add(dataReader["dormNo"].ToString());
                lviDormInfo.SubItems.Add(dataReader["bedNum"].ToString());
                lviDormInfo.SubItems.Add(dataReader["dormElse"].ToString());
```

```
                lvDormInfo.Items.Add(lviDormInfo);
            }
        dataReader.Close();
        }
        catch (Exception ex)
        {
            MessageBox.Show(ex.Message);
        }
        finally
        {
            DBHelper.connection.Close();
        }
    }
}
```

(3) 在代码6-41中,调用了用于判断查询条件是否合法的方法IsSearchConditions(),编写该方法的程序如代码6-42所示。

代码6-42 IsSearchConditions()方法。

```
//验证是否是有效查询条件
private bool IsSearchConditions()
{
    if (dCboBuildArea.Text=="")
    {
        MessageBox.Show("请选择查询的地理区域!","操作提示",MessageBoxButtons.
        OK,MessageBoxIcon.Asterisk);
        return false;
    }
    else if (dCboBuildNo.Text=="")
    {
        MessageBox.Show("请选择查询的客房楼号!","操作提示",MessageBoxButtons.
        OK,MessageBoxIcon.Asterisk);
        return false;
    }
    return true;
}
```

(4) 编写显示"地理区域"的ComboBox控件的SelectedIndexChanged事件,如代码6-43所示。

代码6-43 "地理区域"的ComboBox控件的SelectedIndexChanged事件。

```
private void dCboBuildArea_SelectedIndexChanged(object sender,EventArgs e)
{
    dCboBuildNo.Items.Clear();
    string sql=String.Format("select buildNo from DB_BuildInfo where buildArea
    ='{0}'order by buildNo",dCboBuildArea.Text);
    try
    {
        SqlCommand command=new SqlCommand(sql,DBHelper.connection);
```

```
        DBHelper.connection.Open();
        dataReader=command.ExecuteReader();
        while (dataReader.Read())
        {
            dCboBuildNo.Items.Add(dataReader["buildNo"].ToString());
        }
        dataReader.Close();
        dCboBuildNo.Enabled=true;
    }
    catch (Exception ex)
    {
        MessageBox.Show(ex.Message);
    }
    finally
    {
        DBHelper.connection.Close();
    }
}
```

(5) 双击“刷新”按钮，进入该按钮的单击事件，编写程序如代码 6-44 所示。

代码 6-44　“刷新”按钮的单击事件。

```
private void btnRefresh_Click(object sender,EventArgs e)
{
    lvDormInfo.Items.Clear();
    //初始化窗体
    DormInfo_Load(sender,e);
}
```

(6) 编写 ListView 控件的 ItemSelectionChanged 事件，如代码 6-45 所示。

代码 6-45　ListView 控件的 ItemSelectionChanged 事件。

```
private void lvDormInfo_ItemSelectionChanged(object sender,
ListViewItemSelectionChangedEventArgs e)
{
    if (e.IsSelected)
    {
        uLblDormId.Text=e.Item.SubItems[0].Text;
        uLblBuildArea.Text=e.Item.SubItems[1].Text;
        uLblBuildNo.Text=e.Item.SubItems[2].Text;
        uLblDormNo.Text=e.Item.SubItems[3].Text;
        uCboBedNum.Text=e.Item.SubItems[4].Text;
        dTxtDormElse.Text=e.Item.SubItems[5].Text;
    }
}
```

(7) 在“信息录入”选项卡中，双击“录入”按钮，进入该按钮的单击事件，编写程序如代码 6-46 所示。

代码 6-46　“录入”按钮的单击事件。

```
private void btnEnter_Click(object sender,EventArgs e)
{
    bool isValidata=false;
    string message="";
    if (IsValidataInput())
    {
        isValidata= IsValidata (cboBuildArea.Text, Convert.ToInt32 (cboBuildNo.
        Text),Convert.ToInt32(txtDormNo.Text),ref message);
        if (isValidata)
        {
            string sql= String.Format (@"insert into DB_DormInfo (buildArea,
            buildNo,dormNo,bedNum,dormElse) values('{0}',{1},{2},{3},'{4}')",
            cboBuildArea.Text, Convert.ToInt32 (cboBuildNo.Text), Convert.
            ToInt32(txtDormNo.Text.Trim()),
            Convert.ToInt32(cboBedNum.Text),txtDormElse.Text.Trim());
            try
            {
                SqlCommand command=new SqlCommand(sql,DBHelper.connection);
                DBHelper.connection.Open();
                int result=command.ExecuteNonQuery();
                if (result==1)
                {
                    MessageBox.Show("录入信息成功!","操作提示",MessageBoxButtons.
                    OK,MessageBoxIcon.Asterisk);
                }
                else
                {
                    MessageBox.Show("录入信息失败!","操作提示",MessageBoxButtons.
                    OK,MessageBoxIcon.Asterisk);
                }
            }
            catch (Exception ex)
            {
                MessageBox.Show(ex.Message);
            }
            finally
            {
                DBHelper.connection.Close();
                if (dCboBuildArea.Text==cboBuildArea.Text)
                {
                    FormRefresh();
                }
                else
                {
                    btnRefresh.PerformClick();
                }
                txtDormNo.Clear();
                txtDormElse.Clear();
            }
```

```
        }
        else
        {
            MessageBox. Show (message," 操 作 提 示 ", MessageBoxButtons. OK,
            MessageBoxIcon.Asterisk);
        }
    }
}
```

(8) 双击“信息更新”选项卡中的“更新”按钮，进入该按钮的单击事件，如代码6-47所示。

代码6-47　“更新”按钮的单击事件。

```
private void btnUpdate_Click(object sender,EventArgs e)
{
    if (lvDormInfo.SelectedItems.Count==0)
    {
        MessageBox.Show("请选择要更新的数据记录!","操作提示",MessageBoxButtons.
        OK,MessageBoxIcon.Asterisk);
        return;
    }
    else if (uCboBedNum.Text=="")
    {
        MessageBox.Show("请确定该客房号的床位数!","操作提示",MessageBoxButtons.
        OK,MessageBoxIcon.Asterisk);
        return;
    }
    DialogResult result=MessageBox.Show("您确定要更新该条数据记录吗?","操作提
    示",MessageBoxButtons.OKCancel,MessageBoxIcon.Asterisk);
    if (result==DialogResult.OK)
    {
        string sql=String.Format(@"update DB_DormInfo set bedNum={0},dormElse
        =' {1} ' where dormId = {2}", Convert. ToInt32 ( uCboBedNum. Text ),
        dTxtDormElse.Text,Convert.ToInt32(uLblDormId.Text));
        try
        {
            SqlCommand command=new SqlCommand(sql,DBHelper.connection);
            DBHelper.connection.Open();
            int count=(int)command.ExecuteNonQuery();
            uLblDormId.Text="";
            uLblBuildArea.Text="";
            uLblBuildNo.Text="";
            uLblDormNo.Text="";
            uCboBedNum.SelectedIndex=-1;
            dTxtDormElse.Clear();
            if (count==1)
            {
                MessageBox.Show("更新记录成功!","操作提示",MessageBoxButtons.
                OK,MessageBoxIcon.Asterisk);
            }
            else
```

```
                {
                    MessageBox.Show ( "更新记录失败,请重新操作!","操作提示",
                    MessageBoxButtons.OK,MessageBoxIcon.Asterisk);
                }
            }
            catch (Exception ex)
            {
                MessageBox.Show(ex.Message);
            }
            finally
            {
                DBHelper.connection.Close();
                //刷新窗体
                if (dCboBuildArea.Text==cboBuildArea.Text)
                {
                    FormRefresh();
                }
                else
                {
                    btnRefresh.PerformClick();
                }
            }
        }
    }
```

(9) 双击"信息更新"选项卡中的"删除"按钮,进入该按钮的单击事件,编写程序如代码 6-48 所示。

代码 6-48 "删除"按钮的单击事件。

```
private void btnDel_Click(object sender,EventArgs e)
{
    if (lvDormInfo.SelectedItems.Count==0)
    {
        MessageBox.Show("请选择要删除的记录!","操作提示",MessageBoxButtons.OK,
        MessageBoxIcon.Asterisk);
        return;
    }
    else
    {
        DialogResult result=MessageBox.Show("您确定要删除该条记录吗?","操作提
        示",MessageBoxButtons.OKCancel,MessageBoxIcon.Question);
        if (result==DialogResult.OK)
        {
            string sql=String.Format("delete from DB_DormInfo where dormId=
            {0}",Convert.ToInt32(uLblDormId.Text));
            try
            {
                SqlCommand command=new SqlCommand(sql,DBHelper.connection);
                DBHelper.connection.Open();
```

```
                int count= (int)command.ExecuteNonQuery();
                uLblDormId.Text="";
                uLblBuildArea.Text="";
                uLblBuildNo.Text="";
                uLblDormNo.Text="";
                uCboBedNum.SelectedIndex=-1;
                dTxtDormElse.Clear();
                if (count==1)
                {
                    MessageBox. Show ( " 删 除 记 录 成 功!"," 操 作 提 示 ",
                    MessageBoxButtons.OK,MessageBoxIcon.Asterisk);
                }
                else
                {
                    MessageBox.Show("删除记录失败,请重新操作!","操作提示",
                    MessageBoxButtons.OK,MessageBoxIcon.Asterisk);
                }
            }
            catch (Exception ex)
            {
                MessageBox.Show(ex.Message);
            }
            finally
            {
                DBHelper.connection.Close();
                if (dCboBuildArea.Text !="")
                {
                    FormRefresh();
                }
                else
                {
                    btnRefresh.PerformClick();
                }
            }
        }
    }
}
```

（10）编写选项卡的 SelectedIndexChanged 事件 tabControl1_SelectedIndexChanged，如代码 6-49 所示。

代码 6-49　选项卡的 SelectedIndexChanged 事件。

```
private void tabControl1_SelectedIndexChanged(object sender,EventArgs e)
{
    uLblDormId.Text="";
    uLblBuildArea.Text="";
    uLblBuildNo.Text="";
    uLblDormNo.Text="";
    uCboBedNum.SelectedIndex=-1;
```

```
        dTxtDormElse.Clear();
    }
```

6.2.7 设计客户信息录入界面 StuInfoRegister.cs

客户基本信息录入的设计界面如图 6-30 所示。客户信息录入界面的功能是将客户信息录入数据库中,客户信息包括编号、姓名、性别、入住时间、联系方式、电话和备注。

图 6-30 "客户信息录入"界面

1. 设计界面

"客户信息录入"界面的设计步骤为:首先添加 1 个 GroupBox 控件,将该控件的 text 属性设置为"客户基本信息"。然后拖入 7 个 Label 控件,分别用于显示标签"编号"、"姓名"、"性别"、"入住时间"、"联系方式"、"电话"和"备注"。依次对应地拖入 4 个 TexBox 控件、1 个 ComboBox 控件、1 个 DateTimepicker(日期时间)控件和 1 个 ListBox 控件。最后拖入 2 个 Button 控件,作为"确定"和"关闭"按钮。

2. 编写代码

(1) 编写窗体的 Form_Load 事件 StuInfoRegister_Load,编写程序如代码 6-50 所示。

代码 6-50 窗体的 Form_Load 事件 StuInfoRegister_Load。

```
private void StuInfoRegister_Load(object sender,EventArgs e)
{
    cboStuPro.Enabled=false;
    try
    {
        dataReader=DBHelper.GetResult("select distinct subDepart from DB_
        SubInfo");
        while (dataReader.Read())
        {
            cboStuDepart.Items.Add(dataReader["subDepart"].ToString());
        }
        dataReader.Close();
    }
    finally
    {
        DBHelper.connection.Close();
    }
}
```

(2) 双击“确定”按钮，将客户信息写入数据库，编写程序如代码 6-51 所示。

代码 6-51　“确定”按钮的单击事件。

```
private void btnEnter_Click(object sender,EventArgs e)
{
    if (IsValidataInput())
    {
        string sql= String. Format (@" insert into DB _ StuInfo (stuNo, stuName,
        stuSex,stuTime,stuDepart,stuPro,stuElse) values('{0}','{1}','{2}','{3}
        ','{4}','{5}','{6}')",txtStuNo.Text.Trim(),txtStuName.Text.Trim(),
        cboStuSex. Text, dtpStuTime. Text, cboStuDepart. Text, cboStuPro. Text,
        txtStuElse.Text.Trim());
        try
        {
            int result=DBHelper.GetDsqlResult(sql);
            if (result==1)
            {
                MessageBox.Show("添加记录成功!","操作提示",MessageBoxButtons.
                OK,MessageBoxIcon.Asterisk);
            }
            else
            {
                MessageBox.Show("添加记录失败!","操作提示",MessageBoxButtons.
                OK,MessageBoxIcon.Asterisk);
            }
        }
        finally
        {
            DBHelper.connection.Close();
            txtStuNo.Clear();
            txtStuName.Clear();
            txtStuElse.Clear();
        }
    }
}
```

(3) 代码 6-51 中调用了方法 IsValidataInput()，该方法是判断用户输入的信息是否合法，编写 IsValidataInput()方法的程序如代码 6-52 所示。

代码 6-52　IsValidataInput()方法。

```
#region 判断是否是有效输入
private bool IsValidataInput()
{
    if (txtStuNo.Text.Trim()=="")
    {
        MessageBox.Show("请输入该顾客编号!","操作提示",MessageBoxButtons.OK,
        MessageBoxIcon.Information);
        txtStuNo.Focus();
```

```
        return false;
    }
    else if (txtStuName.Text.Trim()=="")
    {
        MessageBox.Show("请输入该顾客姓名!","操作提示",MessageBoxButtons.OK,
        MessageBoxIcon.Information);
        txtStuName.Focus();
        return false;
    }
    else if (cboStuSex.Text=="")
    {
        MessageBox.Show("请选择该顾客性别!","操作提示",MessageBoxButtons.OK,
        MessageBoxIcon.Information);
        cboStuSex.Focus();
        return false;
    }
    else if (lianxi.Text=="")
    {
        MessageBox.Show("请输入该顾客的联系方式!","操作提示",MessageBoxButtons.
        OK,MessageBoxIcon.Information);
        lianxi.Focus();
        return false;
    }
    else if (dianhua.Text=="")
    {
        MessageBox.Show("请输入该顾客的电话!","操作提示",MessageBoxButtons.OK,
        MessageBoxIcon.Information);
        dianhua.Focus();
        return false;
    }
    return true;
}
```

(4) 双击“关闭”按钮,进入该按钮的单击事件,编写程序如代码6-53所示。

代码6-53 “关闭”按钮的单击事件。

```
private void btnExit_Click(object sender,EventArgs e)
{
    this.Close();
}
```

6.2.8 设计入住信息管理界面 DormRegister.cs

“入住信息管理”的设计界面如图6-31所示。入住信息管理界面的功能是对客户住宿情况进行管理,包括对编号、姓名、性别、联系方式、电话、地理区域、客房楼号、客房号、剩余床位数等信息进行管理。

图 6-31 “入住信息管理”的设计界面

1. 设计界面

“入住信息管理”界面分为两部分：一部分是显示“入住信息”；另一部分是对“入住信息”进行添加。

(1) 显示入住信息部分的设计步骤为：首先拖入 1 个 ListView 控件，单击 ListView 控件右上角的智能标签，在“视图”选项中设置为 Details，如图 6-32 所示。然后单击“编辑列”选项，列的属性值如表 6-13 所示，编辑列的界面如图 6-33 所示。

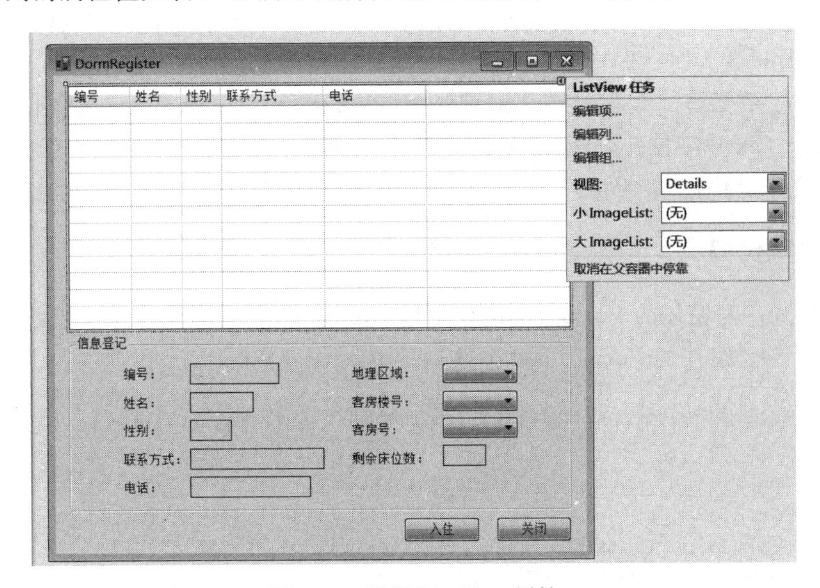

图 6-32 设置 ListView 属性

表 6-13 ListView 列的属性值

列 名	属性名	属性值	列 名	属性名	属性值
stuNo	Text	编号	stuDepart	Text	联系方式
stuName	Text	姓名	stuPro	Text	电话
stuSex	Text	性别			

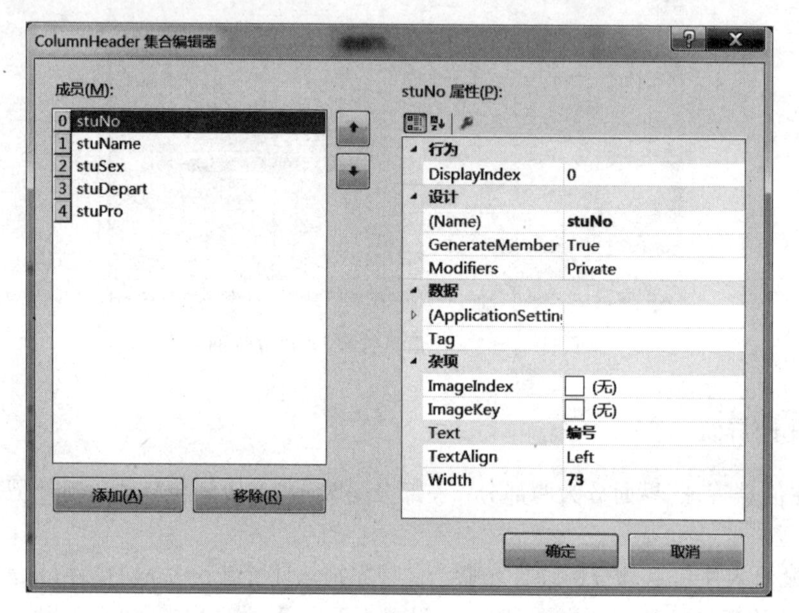

图 6-33 ListView 编辑列的界面

(2)“入住信息录入”部分的设计步骤为：首先拖入 1 个 GroupBox 控件，并将该控件的 Text 属性设置为“信息登记”。拖入 9 个 Label 控件，分别用于显示标签“编号”、“姓名”、“性别”、“联系方式”、“电话”、“地理区域”、“客房楼号”、“客房号”和“剩余床位数”。再拖入 6 个 TextBox 控件，分别用于显示标签“编号”、“姓名”、“性别”、“联系方式”、“电话”和“剩余床位数”。最后拖入 2 个 Button 控件，分别用作“入住”和“关闭”按钮。

2. 编写代码

(1) 首先编写窗体的 Form_Load 事件 DormRegister_Load，如代码 6-54 所示。

代码 6-54 窗体的 Form_Load 事件 DormRegister_Load。

```
private void DormRegister_Load(object sender,EventArgs e)
{
    FormState();
    lvDormRegister.Items.Clear();
    cboBuildArea.Items.Clear();
    //查询还未分配客房的客户基本信息
    string sql=@"select stuNo,stuName,stuSex,stuDepart,stuPro from DB_StuInfo
    where not exists (select * from DB_DormRegister where stuNo=DB_StuInfo.stuNo)";
```

```
    try
    {
        dataReader=DBHelper.GetResult(sql);
        while (dataReader.Read())
        {
            ListViewItem lviDormRegister=new ListViewItem();
            lviDormRegister.SubItems.Clear();
            lviDormRegister.SubItems[0].Text=dataReader["stuNo"].ToString();
            lviDormRegister.SubItems.Add(dataReader["stuName"].ToString());
            lviDormRegister.SubItems.Add(dataReader["stuSex"].ToString());
            lviDormRegister.SubItems.Add(dataReader["stuDepart"].ToString());
            lviDormRegister.SubItems.Add(dataReader["stuPro"].ToString());
            lvDormRegister.Items.Add(lviDormRegister);
        }
        dataReader.Close();
        DBHelper.connection.Close();
        dataReader= DBHelper. GetResult (" select distinct buildArea from DB_
        BuildInfo");
        while (dataReader.Read())
        {
            cboBuildArea.Items.Add(dataReader["buildArea"].ToString());
        }
        dataReader.Close();
    }
    finally
    {
        DBHelper.connection.Close();
    }
}
```

(2) 代码 6-54 中调用了方法 FormState()，该方法的作用是对窗体进行初始化，编写 FormState()方法，如代码 6-55 所示。

代码 6-55　FormState()方法。

```
//窗体控件初始化
private void FormState()
{
    cboBuildArea.SelectedIndex=-1;
    cboBuildArea.Enabled=false;
    cboDormNo.Enabled=false;
    cboBuildNo.Enabled=false;
    dLblStuNo.Text="";
    dLblStuName.Text="";
    dLblStuSex.Text="";
    dLblstuDepart.Text="";
    dLblStuPro.Text="";
    dLblBenNumLeft.Text="";
}
```

(3) 双击“入住”按钮，进入该按钮的单击事件，编写程序如代码 6-56 所示，这段代码的功能是将入住信息写入数据库中。

代码 6-56 “入住”按钮的单击事件。

```
private void btnEnter_Click(object sender,EventArgs e)
{
    if (lvDormRegister.SelectedItems.Count==0)
    {
        MessageBox.Show ("请选择要为其分配客房的客户信息!","操作提示",
        MessageBoxButtons.OK,MessageBoxIcon.Asterisk);
        return;
    }
    else
    {
        if (IsValidataInput())
        {
            DialogResult result=MessageBox.Show("您确定该客户要入住该客房吗?","
            操作提示",MessageBoxButtons.OKCancel,MessageBoxIcon.Question);
            if (result==DialogResult.OK)
            {
                string sql=String.Format(@"insert into DB_DormRegister(stuNo,
                buildArea,buildNo, dormNo) values ('{0}','{1}',{2},{3})",
                dLblStuNo.Text, cboBuildArea.Text, Convert.ToInt32 (cboBuildNo.
                Text),Convert.ToInt32(cboDormNo.Text));
                try
                {
                    int count=DBHelper.GetDsqlResult(sql);
                    if (count==1)
                    {
                        MessageBox.Show ("该客户信息登记成功!","操作提示",
                        MessageBoxButtons.OK,MessageBoxIcon.Asterisk);
                    }
                    else
                    {
                        MessageBox.Show("该客户信息登记失败,请重新操作!","操作提
                        示",MessageBoxButtons.OK,MessageBoxIcon.Asterisk);
                    }
                }
                catch (Exception ex)
                {
                    MessageBox.Show(ex.Message);
                }
                finally
                {
                    DBHelper.connection.Close();
                    DormRegister_Load(sender,e);
                }
            }
        }
    }
}
```

(4) 代码 6-56 中调用了 IsValidataInput()方法，该方法是判断输入的信息是否合法，编写 IsValidataInput()方法，如代码 6-57 所示。

代码 6-57 IsValidataInput()方法。

```
#region 判断是否是有效输入
private bool IsValidataInput()
{
    if (cboBuildArea.Text=="")
    {
        MessageBox.Show("请选择地理区域!","操作提示",MessageBoxButtons.OK,
        MessageBoxIcon.Asterisk);
        return false;
    }
    else if (cboBuildNo.Text=="")
    {
        MessageBox.Show("请选择客房楼号!","操作提示",MessageBoxButtons.OK,
        MessageBoxIcon.Asterisk);
        return false;
    }
    else if (cboDormNo.Text=="")
    {
        MessageBox.Show("请选择客房号!","操作提示",MessageBoxButtons.OK,
        MessageBoxIcon.Asterisk);
        return false;
    }
    return true;
}
#endregion
```

(5) 双击"关闭"按钮，进入该按钮的单击事件，编写程序如代码 6-58 所示。

代码 6-58 "关闭"按钮的单击事件。

```
private void btnClose_Click(object sender,EventArgs e)
{
    this.Close();
}
```

6.2.9 设计报修登记功能界面 RepairRecord.cs

"报修登记"功能的设计界面如图 6-34 所示。该界面的功能是输入报修信息，将报修信息提交到数据库。报修信息包括地理区域、客房楼号、客房号、登记时间、报修信息。

图 6-34 "报修登记"的设计界面

1. 设计界面

"报修信息登记"界面的设计步骤为：首先拖入1个GroupBox控件，将该控件的Text属性设置为"报修信息登记"。拖入5个Label控件，分别用于显示标签"地理区域"、"客房楼号"、"客房号"、"登记时间"和"报修信息"。然后拖入3个ComboBox控件，分别用于"地理区域"、"客房楼号"和"客房号"内容的显示。再拖入1个DateTimePicker控件，用于"登记时间"内容的显示。然后拖入1个TextBox控件，用于"报修信息"内容的显示，并将该TextBox控件的MultiLine属性设置为True。最后拖入2个Button控件，分别用作"登记"和"关闭"按钮。

2. 编写代码

(1) 首先编写窗体的Form_Load事件DormRepair_Load，如代码6-59所示。

代码6-59 窗体的Form_Load事件DormRepair_Load。

```
private void DormRepair_Load(object sender,EventArgs e)
{
    cboBuildNo.Enabled=false;
    cboDormNo.Enabled=false;
    cboBuildArea.Items.Clear();
    cboBuildArea.SelectedIndex=-1;
    txtDormJob.Text="";
    string query="select distinct buildArea from DB_BuildInfo";
    try
    {
        SqlCommand command=new SqlCommand(query,DBHelper.connection);
        DBHelper.connection.Open();
        dataReader=command.ExecuteReader();
        while (dataReader.Read())
        {
            cboBuildArea.Items.Add(dataReader["buildArea"].ToString());
        }
        dataReader.Close();
    }
    catch (Exception ex)
    {
        MessageBox.Show(ex.Message);
    }
    finally
    {
        DBHelper.connection.Close();
    }
}
```

(2) 编写显示"地理区域"的ComboBox控件的SelectedIndexChanged事件，当"地理区域"选项改变时，将触发该事件，如代码6-60所示。

代码6-60 "地理区域"的SelectedIndexChanged事件。

```
private void cboBuildArea_SelectedIndexChanged(object sender,EventArgs e)
{
    cboBuildNo.Items.Clear();
    string sql=String.Format("select buildNo from DB_BuildInfo where buildArea
    ='{0}'order by buildNo",cboBuildArea.Text);
    try
    {
        SqlCommand command=new SqlCommand(sql,DBHelper.connection);
        DBHelper.connection.Open();
        dataReader=command.ExecuteReader();
        while (dataReader.Read())
        {
            cboBuildNo.Items.Add(dataReader["buildNo"].ToString());
        }
        dataReader.Close();
        cboBuildNo.Enabled=true;
    }
    catch (Exception ex)
    {
        MessageBox.Show(ex.Message);
    }
    finally
    {
        DBHelper.connection.Close();
    }
}
```

(3) 编写显示"客房楼号"的 ComboBox 控件的 SelectedIndexChanged 事件,当"客房楼号"选项改变时,将触发该事件,如代码 6-61 所示。

代码 6-61 "客房楼号"的 SelectedIndexChanged 事件。

```
private void cboBuildNo_SelectedIndexChanged(object sender,EventArgs e)
{
    cboDormNo.Items.Clear();
    string sql=String.Format(@"select dormNo from DB_DormInfo where buildArea='{0}'
    and buildNo={1}",cboBuildArea.Text,Convert.ToInt32(cboBuildNo.Text));
    try
    {
        SqlCommand command=new SqlCommand(sql,DBHelper.connection);
        DBHelper.connection.Open();
        dataReader=command.ExecuteReader();
        while (dataReader.Read())
        {
            cboDormNo.Items.Add(dataReader["dormNo"].ToString());
        }
            dataReader.Close();
            cboDormNo.Enabled=true;
    }
    catch (Exception ex)
```

```
    {
        MessageBox.Show(ex.Message);
    }
    finally
    {
        DBHelper.connection.Close();
    }
}
```

(4) 双击“登记”按钮,进入该按钮的单击事件,编写程序如代码 6-62 所示。

代码 6-62 “登记”按钮的单击事件。

```
private void btnAdd_Click(object sender,EventArgs e)
{
    if (IsValidataInput())
    {
        string sql = String. Format (@" insert into DB _ DormRepair (buildArea,
        buildNo,dormNo,repairTime,dormJob) values('{0}',{1},{2},'{3}','{4}')",
        cboBuildArea. Text, Convert. ToInt32 (cboBuildNo. Text), Convert. ToInt32
        (cboDormNo.Text),dtpRepairTime.Text,txtDormJob.Text.Trim());
        try
        {
            SqlCommand command=new SqlCommand(sql,DBHelper.connection);
            DBHelper.connection.Open();
            int result=command.ExecuteNonQuery();
            if (result==1)
            {
                MessageBox.Show("添加记录成功!","操作提示",MessageBoxButtons.
                OK,MessageBoxIcon.Asterisk);
            }
            else
            {
                MessageBox.Show("添加记录失败!","操作提示",MessageBoxButtons.
                OK,MessageBoxIcon.Asterisk);
            }
        }
        catch (Exception ex)
        {
            MessageBox.Show(ex.Message);
        }
        finally
        {
            DBHelper.connection.Close();
            DormRepair_Load(sender,e);
        }
    }
}
```

(5) 代码 6-62 中调用了 IsValidataInput()方法,该方法的功能是判断用户输入的信息是否合法,编写该方法的程序如代码 6-63 所示。

代码 6-63 IsValidataInput()方法。

```
#region 判断是否是有效数据的录入
private bool IsValidataInput()
{
    if (cboBuildArea.Text=="")
    {
        MessageBox.Show("请选择地理区域!","操作提示",MessageBoxButtons.OK,
        MessageBoxIcon.Asterisk);
        return false;
    }
    else if (cboBuildNo.Text=="")
    {
        MessageBox.Show("请选择客房楼号!","操作提示",MessageBoxButtons.OK,
        MessageBoxIcon.Asterisk);
        return false;
    }
    else if (cboDormNo.Text=="")
    {
        MessageBox.Show("请选择客房号码!","操作提示",MessageBoxButtons.OK,
        MessageBoxIcon.Asterisk);
        return false;
    }
    else if (txtDormJob.Text.Trim()=="")
    {
        MessageBox.Show("请记录报修信息!","操作提示",MessageBoxButtons.OK,
        MessageBoxIcon.Asterisk);
        return false;
    }
    return true;
}
#endregion
```

(6) 双击“关闭”按钮,进入该按钮的单击事件,编写程序如代码 6-64 所示。

代码 6-64 “关闭”按钮的单击事件。

```
private void btnExit_Click(object sender,EventArgs e)
{
    this.Close();
}
```

6.2.10 设计维修反馈功能界面 RepairFeedback.cs

“维修反馈”功能的设计界面如图 6-35 所示。该界面的功能是查询报修信息,对报修信息添加维修反馈。报修信息反馈包括:报修流水号、地理区域、客房楼号、客房号、报修时间、报修事宜和维修情况反馈。

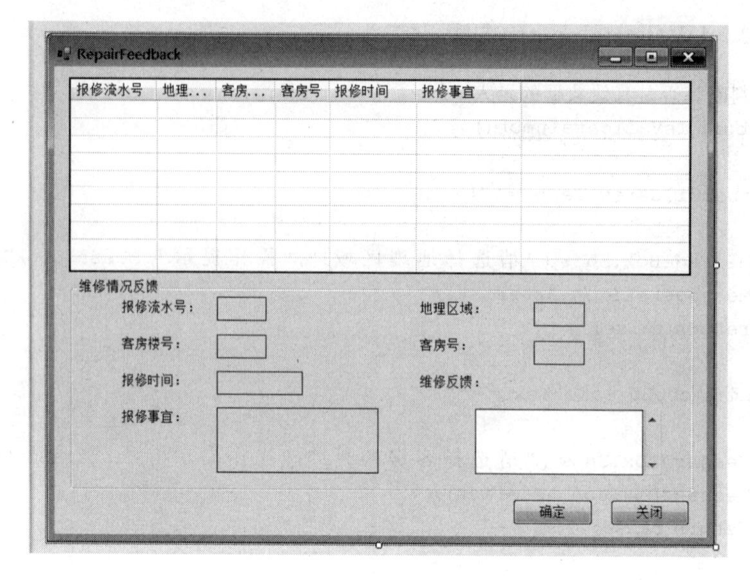

图 6-35 “维修反馈”功能的设计界面

1. 设计界面

维修情况反馈的界面分为两部分：一部分是显示报修信息；另一部分是对报修信息添加维修反馈。

(1) 显示报修信息部分的设计步骤为：首先拖入 1 个 Panel 控件。然后拖入 1 个 ListView 控件，单击该 ListView 控件右上角的智能标签，“视图”选项中选择 Details，如图 6-36 所示。然后单击“编辑列”选项，编辑 ListView 的列，如图 6-37 所示，列的属性值的设置如表 6-14 所示。

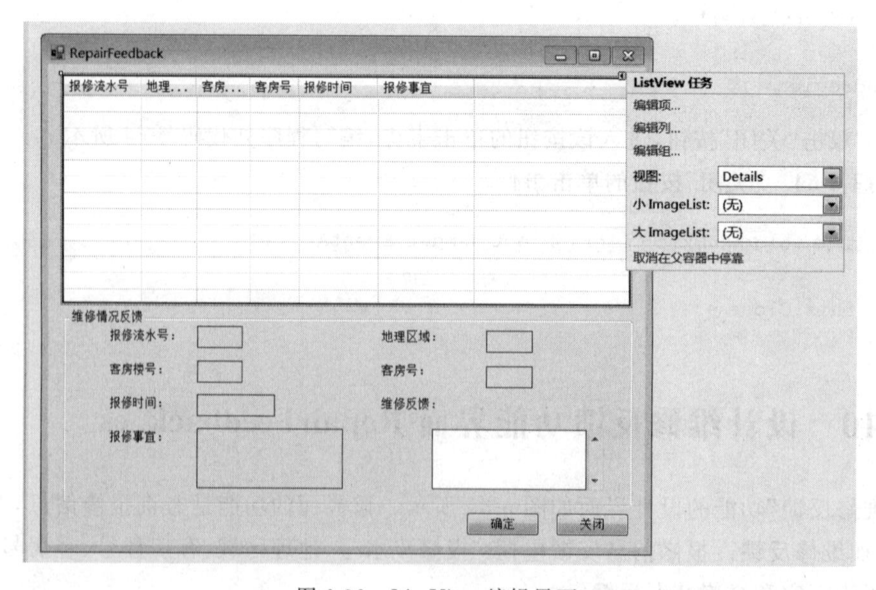

图 6-36 ListView 编辑界面

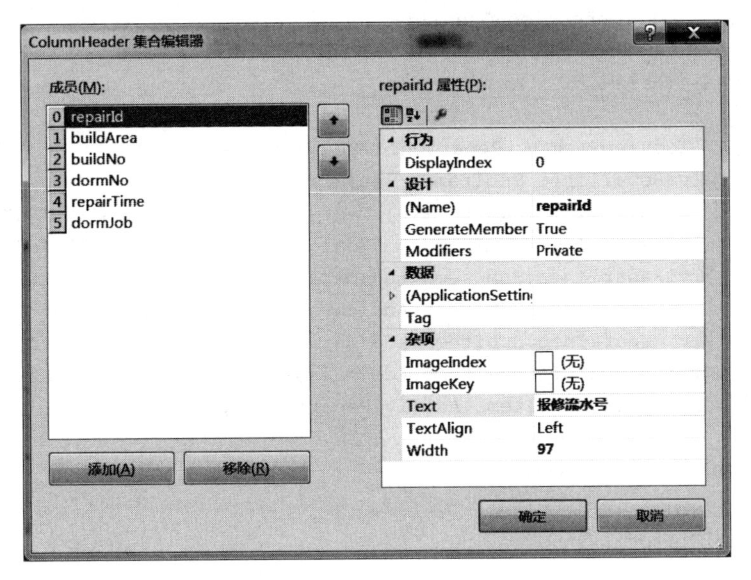

图 6-37 编辑 ListView 的列

表 6-14 ListView 列的属性值

列 名	属性名	属性值	列 名	属性名	属性值
repairId	Text	报修流水号	dormNo	Text	客房号
buildArea	Text	地理区域	repairTime	Text	报修时间
buildNo	Text	客房楼号	dormJob	Text	报修事宜

(2) 维修情况反馈部分的设计步骤为：首先拖入 1 个 GroupBox 控件，将该控件的 Text 属性设置为“维修情况反馈”。拖入 7 个 Label 控件，分别用于显示标签“报修流水号”、“客房楼号”、“报修时间”、“报修事宜”、“地理区域”、“客房号”和“维修反馈”。再拖入 6 个 Label 控件，分别用于显示对应的查询结果。再拖入 1 个 TextBox 控件，作为“维修反馈”的输入值。最后拖入 2 个 Button 控件，分别作为“确定”和“关闭”按钮。

2. 编写代码

(1) 首先编写窗体的 Form_Load 事件 RepairFeedback_Load，如代码 6-65 所示。

代码 6-65 窗体的 Form_Load 事件 RepairFeedback_Load。

```
private void RepairFeedback_Load(object sender,EventArgs e)
{
    lvRepairInfo.Items.Clear();
    string sql="select repairId,buildArea,buildNo,dormNo,CONVERT(varchar(10),
    repairTime,120) as repairTime,dormJob from DB_DormRepair where repairResult
    is null";
    try
    {
        SqlCommand command=new SqlCommand(sql,DBHelper.connection);
```

```
            DBHelper.connection.Open();
            dataReader=command.ExecuteReader();
            while (dataReader.Read())
            {
                ListViewItem lviRepariInfo=new ListViewItem();
                lviRepariInfo.SubItems.Clear();
                lviRepariInfo.SubItems[0].Text=dataReader["repairId"].ToString();
                lviRepariInfo.SubItems.Add(dataReader["buildArea"].ToString());
                lviRepariInfo.SubItems.Add(dataReader["buildNo"].ToString());
                lviRepariInfo.SubItems.Add(dataReader["dormNo"].ToString());
                lviRepariInfo.SubItems.Add(dataReader["repairTime"].ToString());
                lviRepariInfo.SubItems.Add(dataReader["dormJob"].ToString());
                lvRepairInfo.Items.Add(lviRepariInfo);
            }
            dataReader.Close();
        }
        catch (Exception ex)
        {
            MessageBox.Show(ex.Message);
        }
        finally
        {
            DBHelper.connection.Close();
        }
    }
```

(2) 编写 ListView 控件的 ItemSelectionChanged 事件，如代码 6-66 所示。该事件的功能是将选中的记录显示在下面的信息反馈区域的控件上。

代码 6-66 ListView 控件的 ItemSelectionChanged 事件。

```
private void lvRepairInfo_ItemSelectionChanged(object sender,
ListViewItemSelectionChangedEventArgs e)
{
    if (e.IsSelected)
    {
        lblRepairId.Text=e.Item.SubItems[0].Text;
        lblBuildArea.Text=e.Item.SubItems[1].Text;
        lblBuildNo.Text=e.Item.SubItems[2].Text;
        lblDormNo.Text=e.Item.SubItems[3].Text;
        lblRepairTime.Text=e.Item.SubItems[4].Text;
        lblDormJob.Text=e.Item.SubItems[5].Text;
    }
}
```

(3) 双击“确定”按钮，进入该按钮的单击事件，编写程序如代码 6-67 所示。这段代码的功能是将维修反馈信息写入数据库。

代码 6-67 “确定”按钮的单击事件。

```
private void btnEnter_Click(object sender,EventArgs e)
```

```
{
    if (lvRepairInfo.SelectedItems.Count==0)
    {
        MessageBox.Show("请选择要操作的记录信息!","操作提示",MessageBoxButtons.
        OK,MessageBoxIcon.Asterisk);
        return;
    }
    else if (txtDormJob.Text.Trim()=="")
    {
        MessageBox.Show("请确定维修反馈信息!","操作提示",MessageBoxButtons.OK,
        MessageBoxIcon.Asterisk);
        return;
    }
    DialogResult result=MessageBox.Show("您确定要更新该记录吗?","操作提示",
    MessageBoxButtons.OKCancel,MessageBoxIcon.Question);
    if (result==DialogResult.OK)
    {
        string sql=String.Format(@"update DB_DormRepair set repairResult='{0}'
        where repairId = {1}", txtDormJob. Text. Trim ( ), Convert. ToInt32
        (lblRepairId.Text));
        try
        {
            SqlCommand command=new SqlCommand(sql,DBHelper.connection);
            DBHelper.connection.Open();
            int count=command.ExecuteNonQuery();
            if (count==1)
            {
                MessageBox.Show("更新记录成功!","操作提示",MessageBoxButtons.
                OK,MessageBoxIcon.Asterisk);
            }
            else
            {
                MessageBox.Show("更新记录失败,请重新开始该操作!","操作提示",
                MessageBoxButtons.OK,MessageBoxIcon.Asterisk);
            }
        }
        catch (Exception ex)
        {
            MessageBox.Show(ex.Message);
        }
        finally
        {
            DBHelper.connection.Close();
            lblRepairId.Text="";
            lblBuildArea.Text="";
            lblBuildNo.Text="";
            lblDormNo.Text="";
```

```
            lblRepairTime.Text="";
            lblDormJob.Text="";
            txtDormJob.Clear();
            RepairFeedback_Load(sender,e);
        }
    }
}
```

(4) 双击"关闭"按钮,进入该按钮的单击事件,编写程序如代码 6-68 所示。

代码 6-68 "关闭"按钮的单击事件。

```
private void btnExit_Click(object sender,EventArgs e)
{
    this.Close();
}
```

6.2.11 设计违规登记功能界面 DormFouls.cs

"客房违规登记"功能的设计界面如图 6-38 所示。客房违规信息登记的功能是将违规信息写入数据库,违规信息包括地理区域、客房楼号、客房号、登记时间和违规信息。

图 6-38 "客房违规登记"功能的设计界面

1. 设计界面

客房违规信息记录的设计步骤为:首先拖入 1 个 GroupBox 控件,将该控件的 Text 属性设置为"客房违规记录"。拖入 5 个 Label 控件,分别用于显示"地理区域"、"客房楼号"、"客房号"、"登记时间"和"违规信息"。拖入 3 个 ComboBox 控件,用于"地理区域"、"客房楼号"和"客房号"选择内容。拖入 1 个 DateTimePicker 控件,用于"登记时间"。再拖入 1 个 TextBox 控件,用于显示"违规信息",并将该 TextBox 控件的 MultiLine 属性设置为 True。最后拖入 2 个 Button 控件,分别用作"记录"和"关闭"按钮。

2. 编写代码

(1) 首先编写窗体的 Form_Load 事件 DormFouls_Load,如代码 6-69 所示。

代码 6-69 窗体的 Form_Load 事件 DormFouls_Load。

```
private void DormFouls_Load(object sender,EventArgs e)
{
    cboBuildNo.Enabled=false;
```

```
    cboDormNo.Enabled=false;
    cboBuildArea.Items.Clear();
    cboBuildArea.SelectedIndex=-1;
    txtDormMsg.Text="";
    string query="select distinct buildArea from DB_BuildInfo";
    try
    {
        dataReader=DBHelper.GetResult(query);
        while (dataReader.Read())
        {
            cboBuildArea.Items.Add(dataReader["buildArea"].ToString());
        }
        dataReader.Close();
    }
    catch (Exception ex)
    {
        MessageBox.Show(ex.Message);
    }
    finally
    {
        DBHelper.connection.Close();
    }
}
```

(2) 编写“地理区域”ComboBox 控件的 SelectedIndexChanged 事件，如代码 6-70 所示。

代码 6-70　“地理区域”ComboBox 控件的 SelectedIndexChanged 事件。

```
private void cboBuildArea_SelectedIndexChanged(object sender,EventArgs e)
{
    cboBuildNo.Items.Clear();
    string sql=String.Format("select buildNo from DB_BuildInfo where buildArea
    ='{0}'order by buildNo",cboBuildArea.Text);
    try
    {
        dataReader=DBHelper.GetResult(sql);
        while (dataReader.Read())
        {
            cboBuildNo.Items.Add(dataReader["buildNo"].ToString());
        }
        dataReader.Close();
        cboBuildNo.Enabled=true;
    }
    catch (Exception ex)
    {
        MessageBox.Show(ex.Message);
    }
    finally
```

```
        {
            DBHelper.connection.Close();
        }
    }
```

(3) 编写“客房楼号”ComboBox 控件的 SelectedIndexChanged 事件，如代码 6-71 所示。

代码 6-71 “客房楼号”ComboBox 控件的 SelectedIndexChanged 事件。

```
private void cboBuildNo_SelectedIndexChanged(object sender, EventArgs e)
{
    cboDormNo.Items.Clear();
    string sql=String.Format(@"select dormNo from DB_DormInfo where buildArea=
    '{0}' and buildNo={1}", cboBuildArea.Text, Convert.ToInt32(cboBuildNo.Text));
    try
    {
        dataReader=DBHelper.GetResult(sql);
        while (dataReader.Read())
        {
            cboDormNo.Items.Add(dataReader["dormNo"].ToString());
        }
        dataReader.Close();
        cboDormNo.Enabled=true;
    }
    catch (Exception ex)
    {
        MessageBox.Show(ex.Message);
    }
    finally
    {
        DBHelper.connection.Close();
    }
}
```

(4) 双击“记录”按钮，进入该按钮的单击事件，如代码 6-72 所示。这段代码的功能是将违规信息写入数据库。

代码 6-72 “记录”按钮的单击事件。

```
private void btnAdd_Click(object sender, EventArgs e)
{
  if (IsValidataInput())
  {
    string sql= String.Format(@" insert into DB_DormDes (buildArea, buildNo,
    dormNo,foulsTime,dormMsg) values('{0}',{1},{2},'{3}','{4}')",cboBuildArea.
    Text, Convert.ToInt32(cboBuildNo.Text), Convert.ToInt32(cboDormNo.Text),
    dtpFoulsTime.Text, txtDormMsg.Text.Trim());
    try
    {
        int result=DBHelper.GetDsqlResult(sql);
```

```
            if (result==1)
            {
                MessageBox.Show("添加记录成功!", "操作提示", MessageBoxButtons.OK,
                MessageBoxIcon.Asterisk);
            }
            else
            {
                MessageBox.Show("添加记录失败!", "操作提示", MessageBoxButtons.OK,
                MessageBoxIcon.Asterisk);
            }
        }
        catch (Exception ex)
        {
            MessageBox.Show(ex.Message);
        }
        finally
        {
            DBHelper.connection.Close();
            DormFouls_Load(sender, e);
        }
    }
}
```

(5) 代码 6-72 中调用了 IsValidataInput()方法，该方法的作用是判断用户提交的信息是否合法。编写 IsValidataInput()方法，如代码 6-73 所示。

代码 6-73　IsValidataInput()方法。

```
#region 判断是否是有效数据的录入
private bool IsValidataInput()
{
    if (cboBuildArea.Text=="")
    {
        MessageBox.Show("请选择地理区域!", "操作提示", MessageBoxButtons.OK,
        MessageBoxIcon.Asterisk);
        return false;
    }
    else if (cboBuildNo.Text=="")
    {
        MessageBox.Show("请选择客房楼号!", "操作提示", MessageBoxButtons.OK,
        MessageBoxIcon.Asterisk);
        return false;
    }
    else if (cboDormNo.Text=="")
    {
        MessageBox.Show("请选择客房号码!", "操作提示", MessageBoxButtons.OK,
        MessageBoxIcon.Asterisk);
        return false;
    }
```

```
    else if (txtDormMsg.Text.Trim()=="")
    {
        MessageBox.Show("请记录违规信息!", "操作提示", MessageBoxButtons.OK,
        MessageBoxIcon.Asterisk);
        return false;
    }
    return true;
}
#endregion
```

(6) 双击"关闭"按钮,进入该按钮的单击事件,编写程序如代码6-74所示。

代码6-74 "关闭"按钮的单击事件。

```
private void btnExit_Click(object sender, EventArgs e)
{
    this.Close();
}
```

6.2.12 设计违规处理功能界面 FoulsFeedback.cs

"违规处理"功能的设计界面如图6-39所示。违规处理界面的功能是查询违规登记信息,对违规登记信息添加处理意见,并将违规信息和处理意见一并写入数据库。违规信息包括违规记录号、地理区域、客房楼号、客房号、记录时间、违规事项和处理意见等内容。

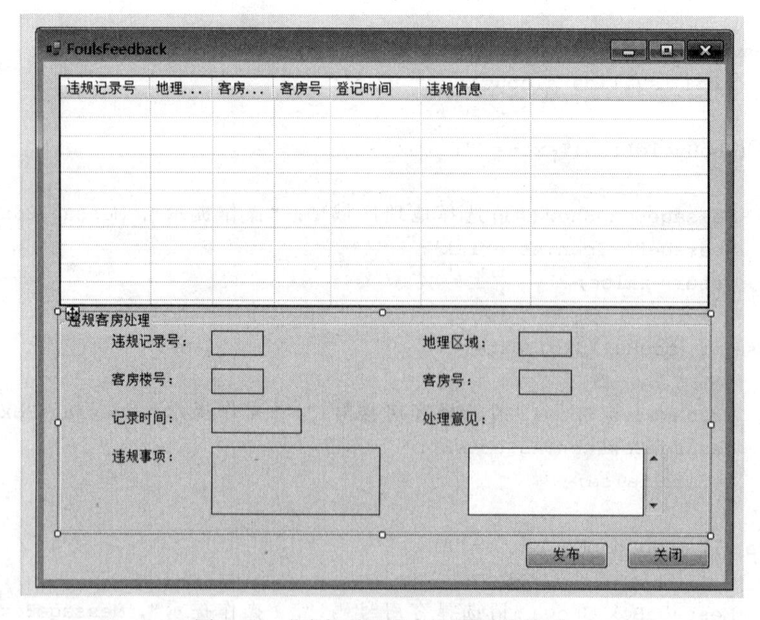

图6-39 "违规处理"功能的设计界面

1. 设计界面

违规处理功能界面分为两部分：一部分是显示违规信息；另一部分是为违规信息添加处理意见。

(1) 显示违规信息部分的设计步骤为：首先拖入1个Panel控件。然后拖入1个ListView控件。单击ListView控件右上角的智能标签，“视图”选项设置为Details，如图6-40所示。然后单击“编辑列”，编辑ListView的列，如图6-41所示，ListView列的属性值设置如表6-15所示。

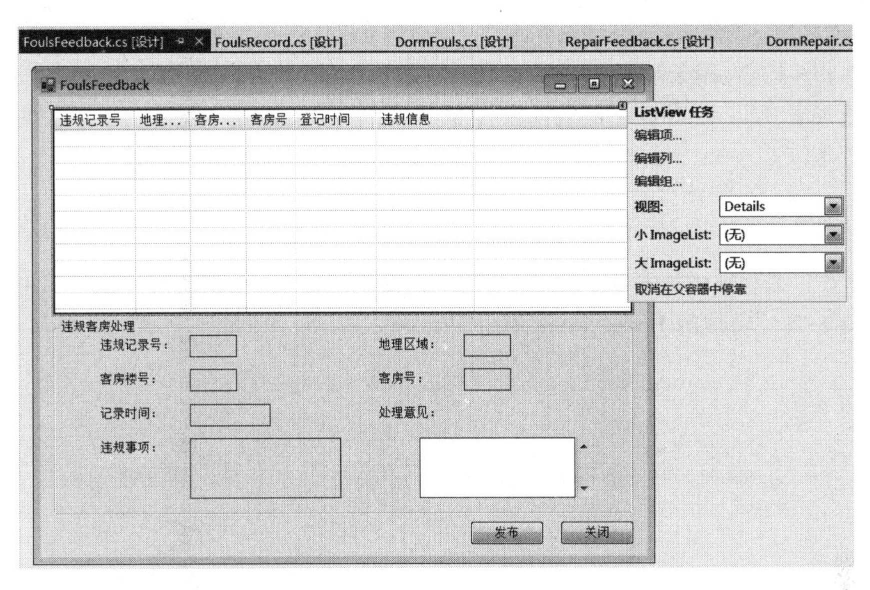

图6-40　ListView属性设置界面

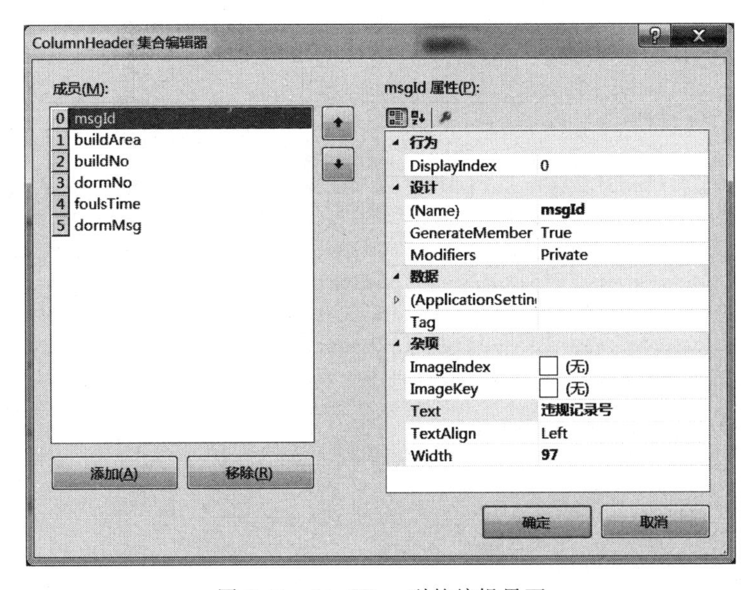

图6-41　ListView列的编辑界面

表 6-15　ListView 列的属性值

列　名	属性名	属性值	列　名	属性名	属性值
msgId	Text	违规记录号	dormNo	Text	客房号
buildArea	Text	地理区域	foulsTime	Text	登记时间
buildNo	Text	客房楼号	dormMsg	Text	违规信息

(2) 添加违规信息处理部分的设计步骤为：首先拖入 1 个 GroupBox 控件，并将 Text 属性设置为"违规客房处理"。拖入 7 个 Label 控件，分别用于显示标签"违规记录号"、"地理区域"、"客房楼号"、"客房号"、"记录时间"、"违规事项"和"处理意见"。然后拖入 6 个 Label 控件，用于显示"违规记录号"、"地理区域"、"客房楼号"、"客房号"、"记录时间"和"违规事项"字段内容。最后拖入 1 个 TextBox 控件，用于显示"处理意见"字段内容。最后拖入 2 个 Button 控件，作为"发布"和"关闭"按钮。

2. 编写代码

(1) 首先编写窗体的 Form_Load 事件 FoulsFeedback_Load，编写程序如代码 6-75 所示。

代码 6-75　窗体的 Form_Load 事件 FoulsFeedback_Load。

```
private void FoulsFeedback_Load(object sender, EventArgs e)
{
    lvFoulsInfo.Items.Clear();
    string sql = " select msgId, buildArea, buildNo, dormNo, CONVERT (varchar (10),
    foulsTime,120) as foulsTime,dormMsg from DB_DormDes where dormResult is null";
    try
    {
        SqlCommand command=new SqlCommand(sql, DBHelper.connection);
        DBHelper.connection.Open();
        dataReader=command.ExecuteReader();
        while (dataReader.Read())
        {
            ListViewItem lviRepariInfo=new ListViewItem();
            lviRepariInfo.SubItems.Clear();
            lviRepariInfo.SubItems[0].Text=dataReader["msgId"].ToString();
            lviRepariInfo.SubItems.Add(dataReader["buildArea"].ToString());
            lviRepariInfo.SubItems.Add(dataReader["buildNo"].ToString());
            lviRepariInfo.SubItems.Add(dataReader["dormNo"].ToString());
            lviRepariInfo.SubItems.Add(dataReader["foulsTime"].ToString());
            lviRepariInfo.SubItems.Add(dataReader["dormMsg"].ToString());
            lvFoulsInfo.Items.Add(lviRepariInfo);
        }
    dataReader.Close();
    }
    catch (Exception ex)
    {
        MessageBox.Show(ex.Message);
    }
```

```
    finally
    {
        DBHelper.connection.Close();
    }
}
```

(2) 编写 ListView 控件的 ItemSelectionChanged 事件 lvFoulsInfo_ItemSelectionChanged，如代码 6-76 所示。

代码 6-76 ListView 控件的 ItemSelectionChanged 事件。

```
private void lvFoulsInfo_ItemSelectionChanged(object sender,
ListViewItemSelectionChangedEventArgs e)
{
    if (e.IsSelected)
    {
        lblMsgId.Text=e.Item.SubItems[0].Text;
        lblBuildArea.Text=e.Item.SubItems[1].Text;
        lblBuildNo.Text=e.Item.SubItems[2].Text;
        lblDormNo.Text=e.Item.SubItems[3].Text;
        lblFoulsTime.Text=e.Item.SubItems[4].Text;
        lblDormMsg.Text=e.Item.SubItems[5].Text;
    }
}
```

(3) 双击"发布"按钮，进入该按钮的单击事件，编写程序如代码 6-77 所示。

代码 6-77 "发布"按钮的单击事件。

```
private void btnEnter_Click(object sender, EventArgs e)
{
    if (lvFoulsInfo.SelectedItems.Count==0)
    {
        MessageBox.Show("请选择要操作的记录信息!", "操作提示",
        MessageBoxButtons.OK, MessageBoxIcon.Asterisk);
        return;
    }
    else if (txtDormMsg.Text.Trim()=="")
    {
        MessageBox.Show("请确定维修反馈信息!", "操作提示", MessageBoxButtons.OK,
        MessageBoxIcon.Asterisk);
        return;
    }
    DialogResult result=MessageBox.Show("您确定要更新该记录吗?", "操作提示",
    MessageBoxButtons.OKCancel, MessageBoxIcon.Question);
    if (result==DialogResult.OK)
    {
        string sql=String.Format(@"update DB_DormDes set dormResult='{0}' where
        msgId={1}", txtDormMsg.Text.Trim(), Convert.ToInt32(lblMsgId.Text));
        try
        {
```

```
                SqlCommand command=new SqlCommand(sql, DBHelper.connection);
                DBHelper.connection.Open();
                int count=command.ExecuteNonQuery();
                if (count==1)
                {
                    MessageBox.Show("更新记录成功!", "操作提示", MessageBoxButtons.
                    OK, MessageBoxIcon.Asterisk);
                }
                else
                {
                    MessageBox.Show("更新记录失败,请重新开始该操作!", "操作提示",
                    MessageBoxButtons.OK, MessageBoxIcon.Asterisk);
                }
            }
            catch (Exception ex)
            {
                MessageBox.Show(ex.Message);
            }
            finally
            {
                DBHelper.connection.Close();
                lblMsgId.Text="";
                lblBuildArea.Text="";
                lblBuildNo.Text="";
                lblDormNo.Text="";
                lblFoulsTime.Text="";
                lblDormMsg.Text="";
                txtDormMsg.Clear();
                FoulsFeedback_Load(sender, e);
            }
        }
    }
```

(4) 双击"关闭"按钮,进入该按钮的单击事件,编写程序如代码 6-78 所示。

代码 6-78 "关闭"按钮的单击事件。

```
private void btnExit_Click(object sender, EventArgs e)
{
    this.Close();
}
```

6.2.13 设计查询客户信息功能界面 InfoSearch.cs

"查询客户信息"功能的设计界面如图 6-42 所示。该界面的功能是根据选择的查询条件,查询并显示学生的信息,包括"地理区域"、"客房楼号"、"客房号"、"编号"、"姓名"、"性别"、"入住时间"、"联系方式"、"电话"和"备注"。

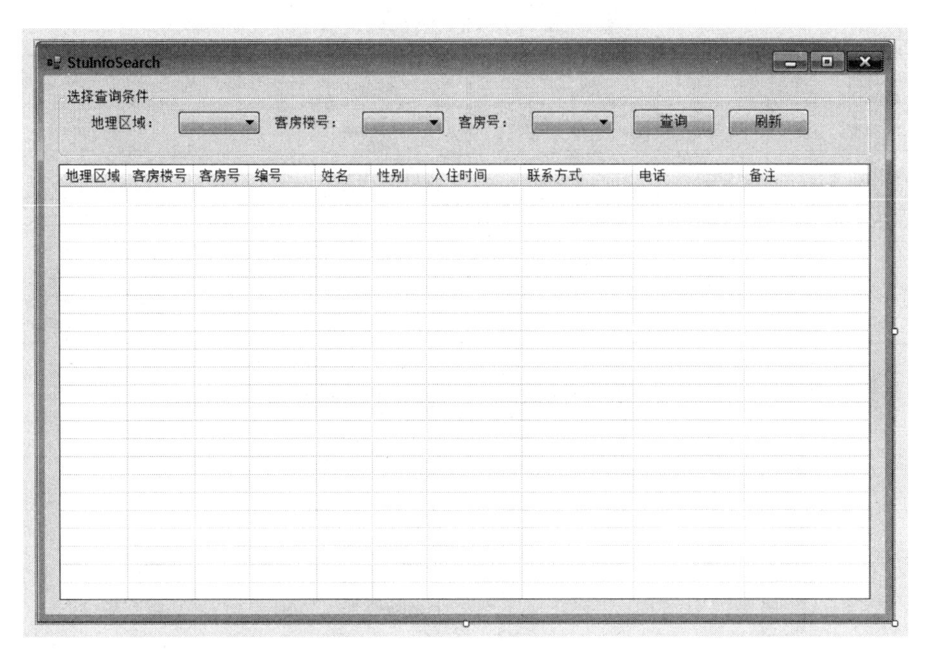

图 6-42　“查询客户信息”功能的设计界面

1. 设计界面

查询客户信息界面分为两部分：一部分是显示查询条件；另一部分是显示查询结果。

(1) 显示查询条件部分的设计步骤为：首先拖入 1 个 GroupBox 控件。然后拖入 3 个 Label 控件，分别用于“地理区域”、“客房楼号”和“客房号”标签的显示。再拖入 3 个 ComboBox 控件，分别用于“地理区域”、“客房楼号”和“客房号”字段内容的显示。最后拖入 2 个 Button 控件，分别用作“查询”和“刷新”按钮。

(2) 显示查询结果部分的设计步骤为：拖入 1 个 ListView 控件。然后单击该控件右上角的智能标签，将“视图”属性设置为 Details，如图 6-43 所示。然后单击“编辑列”，设置列的属性值如表 6-16 所示，列的设计界面如图 6-44 所示。

图 6-43　ListView 控件的设计界面

表 6-16 ListView 列的属性值

列　名	属性名	属性值	列　名	属性名	属性值
buildArea	Text	地理区域	stuSex	Text	性别
buildNo	Text	客房楼号	stuTime	Text	入住时间
dormNo	Text	客房号	stuDepart	Text	联系方式
stuNo	Text	编号	stuPro	Text	电话
stuName	Text	姓名	stuElse	Text	备注

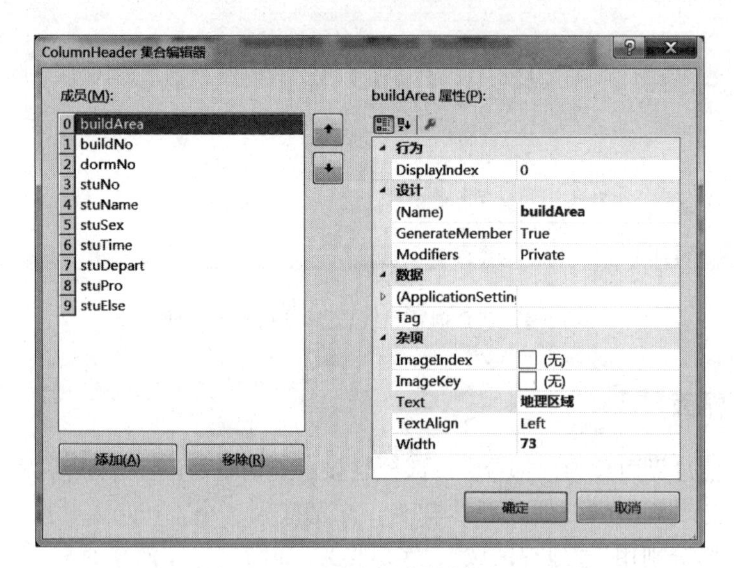

图 6-44 ListView 列的编辑界面

2. 编写代码

(1) 首先编写窗体的 Form_Load 事件 StuInfoSearch_Load,如代码 6-79 所示。

代码 6-79 窗体的 Form_Load 事件 StuInfoSearch_Load。

```
private void StuInfoSearch_Load(object sender, EventArgs e)
{
    FormState();
    dataReader=DBHelper.GetResult("select distinct buildArea from DB_BuildInfo");
    while (dataReader.Read())
    {
        dCboBuildArea.Items.Add(dataReader["buildArea"].ToString());
    }
    dataReader.Close();
    DBHelper.connection.Close();
}
```

(2) 以上这段代码中,调用了 FormState()方法,该方法用于初始化窗体。编写 FormState()方法,如代码 6-80 所示。

代码 6-80　FormState()方法。

```
#region ListView 初始化状态
private void FormState()
{
    dCboBuildNo.Enabled=false;
    dCboDormNo.Enabled=false;
    dCboBuildArea.SelectedIndex=-1;
    lvStuInfoSearch.Items.Clear();
    string sql=@"select b.buildArea,b.buildNo,b.dormNo,a.stuNo,a.stuName,a.
    stuSex,Convert(varchar(10),a.stuTime,120) as stuTime,a.stuDepart,a.stuPro,
    a.stuElse from DB_StuInfo a,DB_DormRegister b where a.stuNo=b.stuNo";
    dataReader=DBHelper.GetResult(sql);
    while (dataReader.Read())
    {
        ListViewItem lviStuInfoSearch=new ListViewItem();
        lviStuInfoSearch.SubItems.Clear();
        lviStuInfoSearch.SubItems[0].Text=dataReader[0].ToString();
        lviStuInfoSearch.SubItems.Add(dataReader[1].ToString());
        lviStuInfoSearch.SubItems.Add(dataReader[2].ToString());
        lviStuInfoSearch.SubItems.Add(dataReader[3].ToString());
        lviStuInfoSearch.SubItems.Add(dataReader[4].ToString());
        lviStuInfoSearch.SubItems.Add(dataReader[5].ToString());
        lviStuInfoSearch.SubItems.Add(dataReader[6].ToString());
        lviStuInfoSearch.SubItems.Add(dataReader[7].ToString());
        lviStuInfoSearch.SubItems.Add(dataReader[8].ToString());
        lviStuInfoSearch.SubItems.Add(dataReader[9].ToString());
        lvStuInfoSearch.Items.Add(lviStuInfoSearch);
    }
    dataReader.Close();
    DBHelper.connection.Close();
}
#endregion
```

(3) 编写地理区域 ComboBox 控件的 SelectedIndexChanged 事件，如代码 6-81 所示。

代码 6-81　地理区域 ComboBox 控件的 SelectedIndexChanged 事件。

```
private void dCboBuildArea_SelectedIndexChanged(object sender, EventArgs e)
{
    dCboBuildNo.Items.Clear();
    if (dCboBuildArea.Text !="")
    {
        dCboBuildNo.Enabled=true;
        dataReader=DBHelper.GetResult ("select buildNo from DB_BuildInfo where
        buildArea='"+dCboBuildArea.Text+"'order by buildNo");
        while (dataReader.Read())
        {
            dCboBuildNo.Items.Add(dataReader["buildNo"].ToString());
        }
        dataReader.Close();
```

```
            DBHelper.connection.Close();
        }
    }
```

(4) 编写客房楼号 ComboBox 控件的 SelectedIndexChanged 事件,如代码 6-82 所示。

代码 6-82 客房楼号 ComboBox 控件的 SelectedIndexChanged 事件。

```
private void dCboBuildNo_SelectedIndexChanged(object sender, EventArgs e)
{
    dCboDormNo.Items.Clear();
    if (dCboBuildNo.Text !="")
    {
        dCboDormNo.Enabled=true;
        dataReader= DBHelper.GetResult ("select dormNo from DB_DormInfo where
        buildArea='"+dCboBuildArea.Text+"'and buildNo='"+dCboBuildNo.Text+
       "' order by dormNo");
        while (dataReader.Read())
        {
            dCboDormNo.Items.Add(dataReader["dormNo"].ToString());
        }
        dataReader.Close();
        DBHelper.connection.Close();
    }
}
```

(5) 双击"查询"按钮,进入该按钮的单击事件,编写程序如代码 6-83 所示。

代码 6-83 "查询"按钮的单击事件。

```
private void btnQuery_Click(object sender, EventArgs e)
{
    if (VaildataInput())
    {
        string sql=String.Format(@"select b.buildArea,b.buildNo,b.dormNo,a.stuNo,
        a.stuName, a.stuSex, Convert (varchar (10), a.stuTime, 120) as stuTime, a.
        stuDepart,a.stuPro,a.stuElse from DB_StuInfo a,DB_DormRegister b where a.
        stuNo=b.stuNo and b.buildArea='{0}' and b.buildNo={1} and b.dormNo={2}",
        dCboBuildArea.Text, dCboBuildNo.Text, dCboDormNo.Text);
        dataReader=DBHelper.GetResult(sql);
        lvStuInfoSearch.Items.Clear();
        while (dataReader.Read())
        {
            ListViewItem lviStuInfoSearch=new ListViewItem();
            lviStuInfoSearch.SubItems.Clear();
            lviStuInfoSearch.SubItems[0].Text=dataReader[0].ToString();
            lviStuInfoSearch.SubItems.Add(dataReader[1].ToString());
            lviStuInfoSearch.SubItems.Add(dataReader[2].ToString());
            lviStuInfoSearch.SubItems.Add(dataReader[3].ToString());
            lviStuInfoSearch.SubItems.Add(dataReader[4].ToString());
            lviStuInfoSearch.SubItems.Add(dataReader[5].ToString());
            lviStuInfoSearch.SubItems.Add(dataReader[6].ToString());
```

```
                lviStuInfoSearch.SubItems.Add(dataReader[7].ToString());
                lviStuInfoSearch.SubItems.Add(dataReader[8].ToString());
                lviStuInfoSearch.SubItems.Add(dataReader[9].ToString());
                lvStuInfoSearch.Items.Add(lviStuInfoSearch);
            }
            dataReader.Close();
            DBHelper.connection.Close();
        }
    }
```

(6) 代码 6-83 中调用了 VaildataInput()方法，用于判断用户选择的查询条件是否合法。编写 VaildataInput()方法，如代码 6-84 所示。

代码 6-84 VaildataInput()方法。

```
#region 有效查询条件
private bool VaildataInput()
{
    if (dCboBuildArea.Text=="")
    {
        MessageBox.Show("请选择查询的地理区域!", "操作提示", MessageBoxButtons.
        OK, MessageBoxIcon.Asterisk);
        return false;
    }
    else if (dCboBuildNo.Text=="")
    {
        MessageBox.Show("请选择查询的客房楼号!", "操作提示", MessageBoxButtons.
        OK, MessageBoxIcon.Asterisk);
        return false;
    }
    else if (dCboDormNo.Text=="")
    {
        MessageBox.Show("请选择查询的客房号!", "操作提示", MessageBoxButtons.OK,
        MessageBoxIcon.Asterisk);
        return false;
    }
    return true;
}
#endregion
```

(7) 双击“刷新”按钮，进入该按钮的单击事件，编写程序如代码 6-85 所示。

代码 6-85 “刷新”按钮的单击事件。

```
private void btnRefresh_Click(object sender, EventArgs e)
{
    FormState();
}
```

任务6.3　系统的运行与测试

在酒店客房管理系统设计制作完成之后，需要对系统进行试运行及测试。软件测试就是利用测试工具按照测试方案和流程对产品进行功能和性能测试，甚至根据需要编写不同的测试工具，设计和维护测试系统，对测试方案可能出现的问题进行分析和评估。执行测试用例后，需要跟踪故障，以确保开发的产品适合需求。

本任务做的测试，仅仅是对系统的运行及功能进行简单的测试。

6.3.1　系统登录模块的运行与测试

在Visual Studio 2012编程环境中，选择“调试”→“启动调试”菜单命令，使程序运行起来。首先看到的界面是系统的登录界面，如图6-45所示。

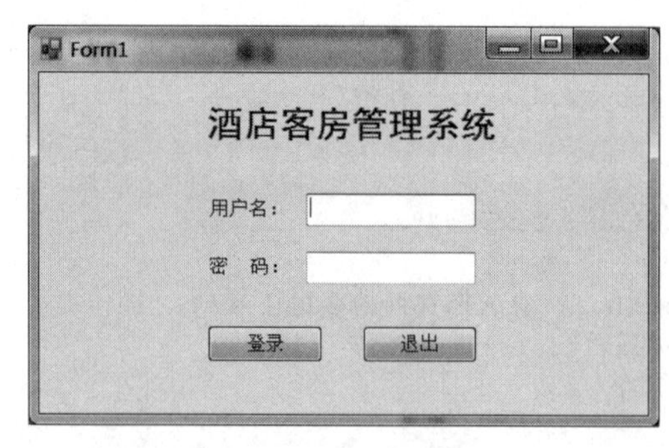

图6-45　“系统登录”界面

在“登录”界面中输入正确的用户和密码，单击“登录”按钮，将进入系统的管理主界面，如图6-46所示。

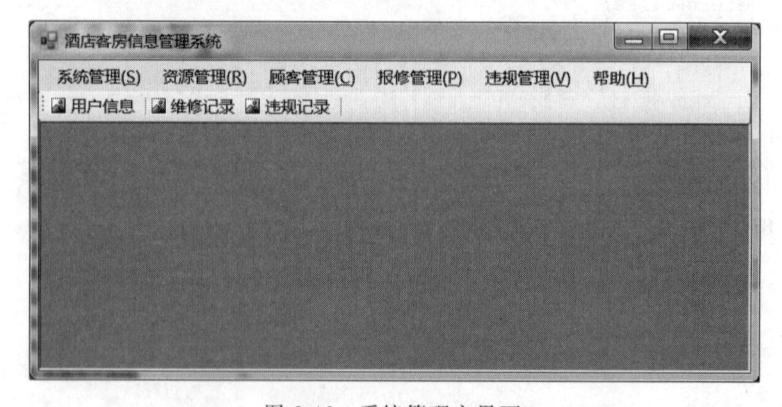

图6-46　系统管理主界面

如果输入错误的“用户名”或者“密码”，系统将会提示“该用户名或密码不存在！”，如

图 6-47 所示。

图 6-47 提示用户名或密码错误

图 6-48 “管理员注册”界面

6.3.2 系统管理员管理模块的运行与测试

在系统管理主界面中选择“系统管理”→“管理员注册”菜单命令，会出现如图 6-48 所示的“管理员注册”界面。

在此界面中输入“账号”、“密码”及“确认密码”，然后单击“确定”按钮，即可注册一个管理员账号，如图 6-49 所示。

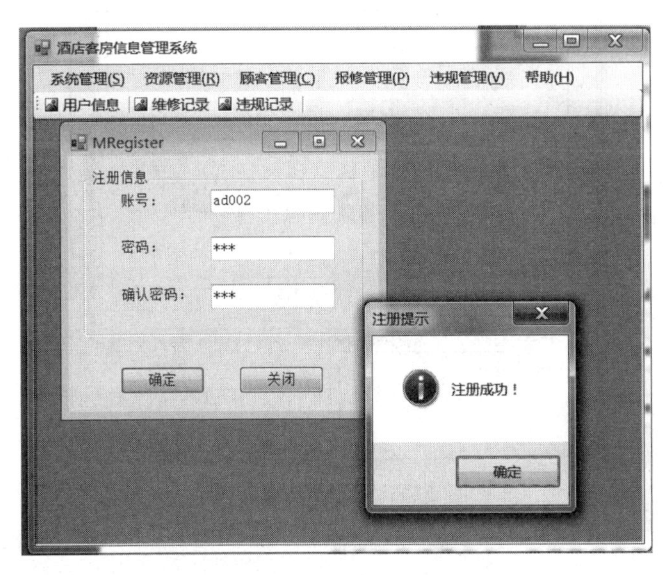

图 6-49 管理员注册成功提示

在“系统管理”菜单中选择“管理员更新”命令，则会出现“管理员更新”界面，如图 6-50 所示。

图 6-50 “管理员更新”界面

在此界面中,选择其中一个用户,然后更新其密码,单击“更新”按钮,将会出现提示更新的界面,如图 6-51 所示。

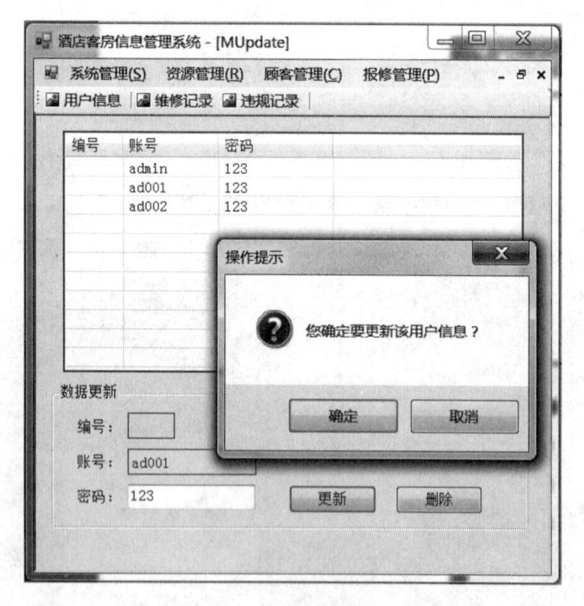

图 6-51 管理员更新提示

6.3.3 系统资源管理模块的运行与测试

在系统管理主界面中,选择“资源管理”→“楼号管理”菜单命令,会打开如图 6-52 所示的“楼号管理”界面。

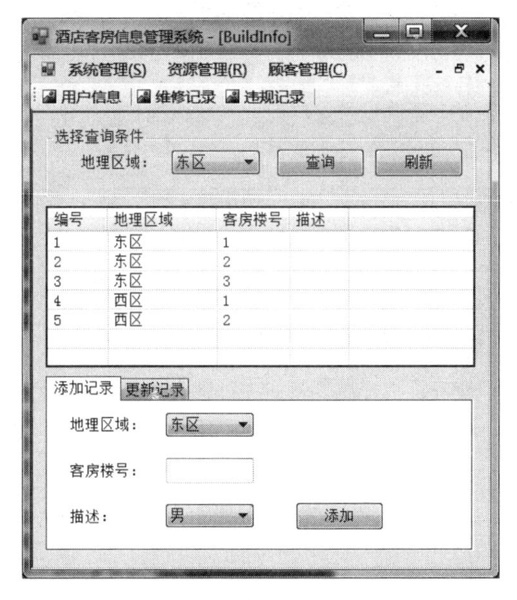

图 6-52　“楼号管理”界面

在该界面中，可以对楼号进行管理，包括添加记录、更新记录、删除记录等。对其中的楼号进行更新的效果如图 6-53 所示。

图 6-53　“楼号更新记录”界面

在系统管理主界面中，选择“资源管理”→“客房管理”菜单命令，会打开“客房管理”界面，如图 6-54 所示。

在该界面中，可以对客房信息进行管理，包括录入新的客房信息，并对原有的客房信息进行更新和删除操作。

图 6-54 “客房管理”界面

6.3.4 顾客管理模块的运行与测试

在系统管理主界面中,选择“顾客管理”→“信息登记”菜单命令,会打开“客户信息登记”界面,如图 6-55 所示。

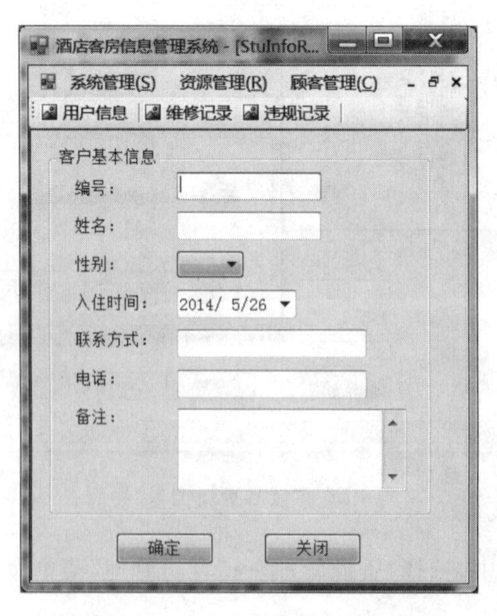

图 6-55 “客户信息登记”界面

在该界面中填写客户信息,然后单击“确定”按钮,将会把客户信息录入系统数据库中。在系统管理主界面中，选择“顾客管理”→“入住登记”菜单命令，会打开“入住登记”界面，如图 6-56 所示。

图 6-56　“入住登记”界面

在该界面中，选择地理区域、客房楼号和客房号，会显示剩余床位数，然后单击“入住”按钮，将会安排客户入住房间。

6.3.5　报修管理模块的运行与测试

在系统管理主界面中，选择“报修管理”→“报修登记”菜单命令，会打开“报修登记”界面，如图 6-57 所示。

在该界面中选择房间号、登记时间和报修信息，可以将报修信息写入系统数据库。在系统管理主界面中，选择“报修管理”→“维修反馈”菜单命令，会打开“维修反馈”界面，如图 6-58 所示。

在该界面中，选择报修情况，然后再对应的位置输入维修反馈信息，单击“确定”按钮，将会处理报修情况，同时，该信息将不再出现在报修信息里。

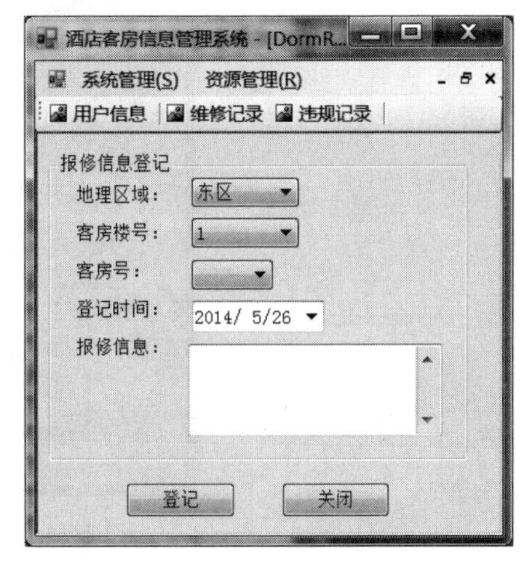

图 6-57　“报修登记”界面

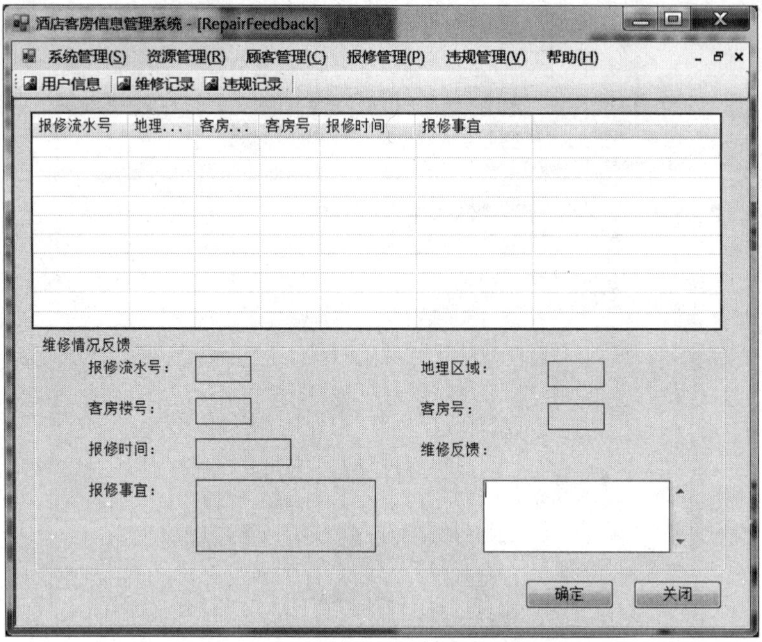

图 6-58 “维修反馈”界面

6.3.6 违规管理模块的运行与测试

在系统管理主界面中,选择“违规管理”→“违规登记”菜单命令,如图 6-59 所示。在该界面中,选择客房号,然后输入违规信息,单击“记录”按钮,即可将违规信息写入系统数据库。

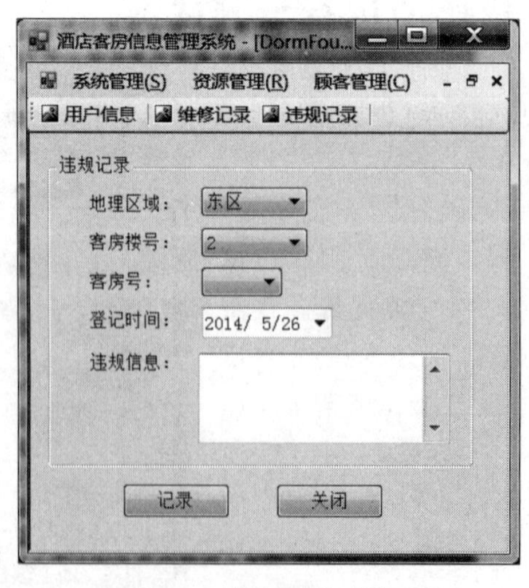

图 6-59 “违规登记”界面

在系统管理主界面中选择"违规管理"→"处理意见"菜单命令，会打开"处理违规信息"界面，如图 6-60 所示。

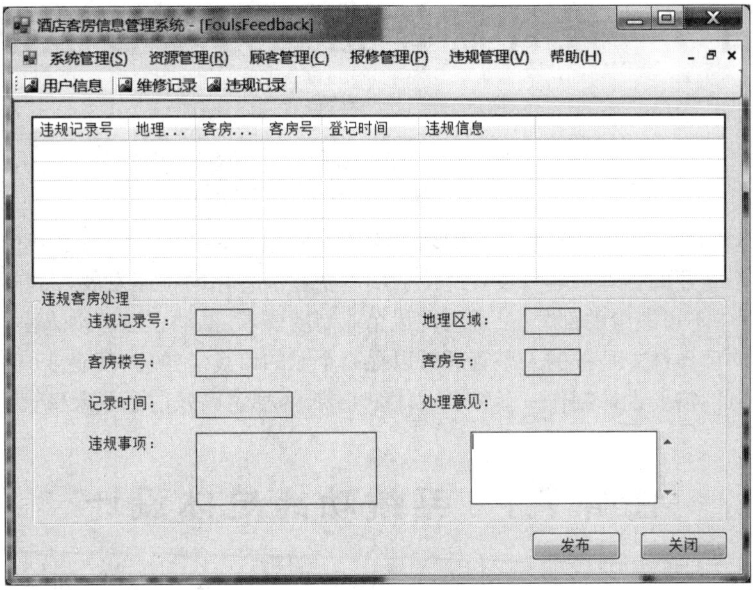

图 6-60 "处理违规信息"的界面

项 目 小 结

本项目设计制作了一套酒店客房管理系统，从数据库的设计到系统功能设计，再到各功能模块的设计，详细地展示了完整系统的设计流程。通过各功能模块的详细设计，展示了控件的属性、事件和方法的使用方法，在细节上展示了控件的使用方法。在各功能的代码设计上，展示了 C# 语言各种用法，控件的应用，重点介绍了 C# 操作控件、读写数据库的各种方法。读者可以根据本项目举一反三。在设计类似项目时，参考本项目的设计思路和部分功能的界面及代码。

项 目 拓 展

本项目设计制作的是酒店客房管理系统，读者可以根据项目特点，模仿设计制作一个学生成绩管理系统，从数据库设计、整体功能设计再到详细设计，练习软件的开发流程。

项目7 设计制作企业人事管理系统

企业人事管理是企业管理的一项重要内容，它负责整个企业的日常人事安排、人员的人事管理等，在整个企业的管理中具有重要地位。随着企业信息化的迅速发展，人事管理系统已经成为企业管理中不可缺少的部分，是适应现代企业制度要求、推动企业劳动人事管理走向科学化、规范化的必要条件。高效的人事管理可以提高企业的市场竞争力，使企业具有更强的凝聚力和活力。因此，需要设计制作一套符合现代企业要求，稳定高效的企业人事管理系统。

任务7.1 系统功能总体设计

随着信息时代的到来以及办公自动化的全面发展，企业人事管理工作的需求也不断提高。传统的手工作业效率较低，操作也较复杂，已不能满足企业发展的要求。人事管理系统打破了传统手工操作的模式，动态地实现了职工信息管理、人事变动、职工考勤信息管理和部门机构管理等功能。

本项目通过设计制作一套企业人事管理系统，让读者掌握C#开发完整项目的工作流程。本项目还介绍了C#代码分层的设计理念，并重点介绍了C#进行数据库系统开发的技术。

7.1.1 系统功能结构设计

本系统的功能模块有以下几个：基础信息管理（包括基本数据管理和员工提示信息管理）、人事管理（包括人事档案浏览、人事资料查询和人事资料统计）、备忘记录管理（包括日常记事管理和通讯录管理）、系统管理（包括用户设置管理）、数据库管理（包括备份还原数据库和清空数据库）。企业人事管理系统的功能结构如图7-1所示。

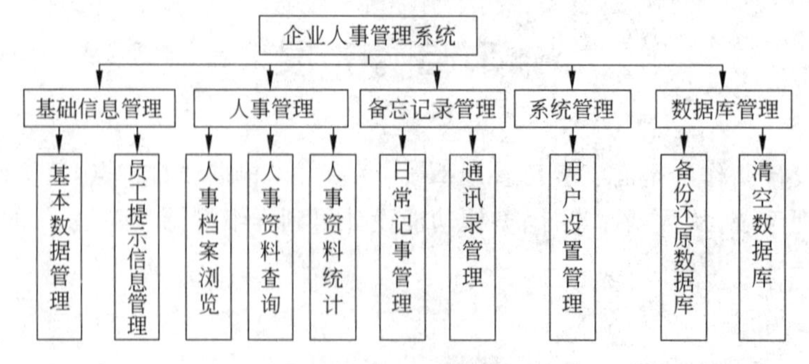

图7-1 企业人事管理系统的功能结构

该项目包含的功能界面具体如下。

(1) 添加通讯录界面 F_Address. cs。

(2) 基础数据管理界面 F_Basic. cs。

(3) 提醒日期管理界面 F_ClewSet. cs。

(4) 通讯录管理界面 F_AddressList. cs。

(5) 清空数据表界面 F_ClearData. cs。

(6) 人事资料查询界面 F_Find. cs。

(7) 数据库管理界面 F_HaveBack. cs。

(8) 人事档案管理主界面 F_ManFile. cs。

(9) 人事资料统计界面 F_Stat. cs。

(10) 用户管理界面 F_User. cs。

(11) 添加用户界面 F_UserAdd. cs。

(12) 用户权限管理界面 F_UserPope. cs。

(13) 记事信息管理界面 F_WordPad. cs。

(14) 登录界面 F_Login. cs。

(15) 系统管理主界面 F_Main. cs。

本项目的工程文件列表如图 7-2 所示。

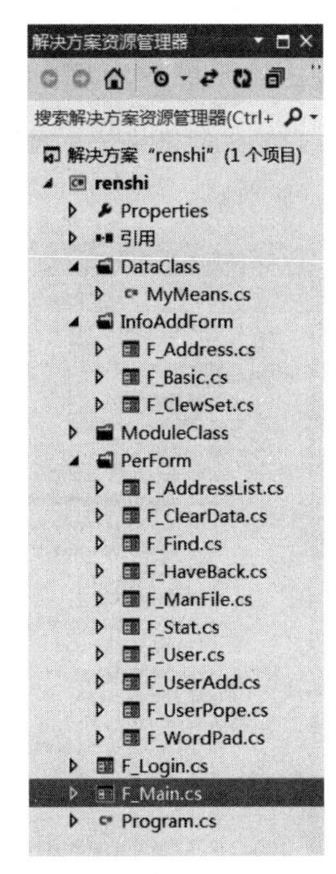

图 7-2 项目工程文件列表

7.1.2 系统的数据库设计

1. 数据库设计

本系统采用 SQL Server 2008 作为后台数据库,数据库名为 renshi。本数据库包含的数据表如图 7-3 所示,数据表说明如表 7-1 所示。

表 7-1 数据表说明

序号	数据表名	说明	序号	数据表名	说明
1	tb_AddressBook	通讯录信息	13	tb_Laborage	工资类别
2	tb_Branch	部门信息	14	tb_Login	用户信息
3	tb_Business	职务信息	15	tb_PopeModel	权限类别
4	tb_City	省市数据	16	tb_RANDP	奖惩记录
5	tb_Clew	提醒日期	17	tb_RPKind	奖惩类别
6	tb_DayWordPad	记事信息	18	tb_Stuffbusic	职工信息
7	tb_Duthcall	职称信息	19	tb_TrainNote	培训信息
8	tb_EmployeeGenre	职工类别	20	tb_UserPope	用户权限
9	tb_Family	家庭关系	21	tb_Visage	政治面貌
10	tb_Folk	民族类别	22	tb_WordPad	记事类别
11	tb_Individual	个人简历	23	tb_WordResume	工作简历
12	tb_Kultur	学历信息			

2. 数据表设计

(1) "通讯录信息表"tb_AddressBook 的字段如表 7-2 所示，该数据表的设计界面如图 7-4 所示。

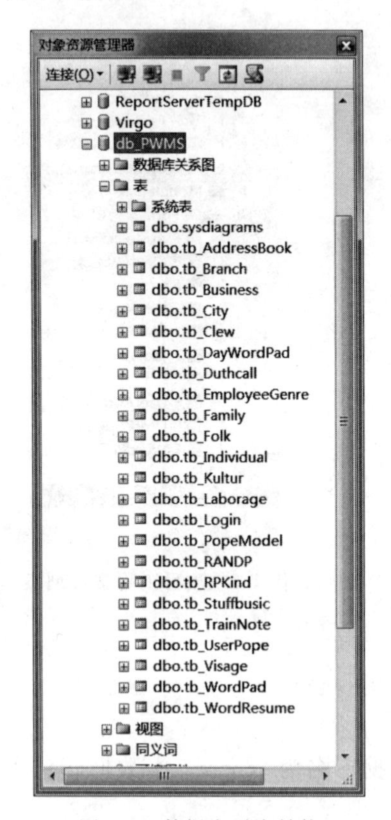

图 7-3 数据表列表结构

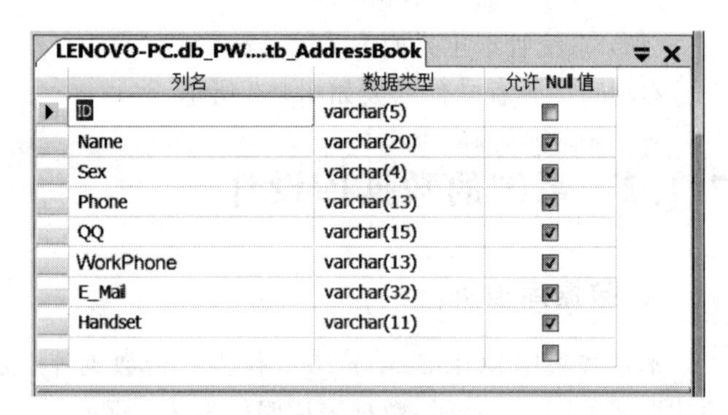
LENOVO-PC.db_PW....tb_AddressBook

列名	数据类型	允许 Null 值
ID	varchar(5)	☐
Name	varchar(20)	☑
Sex	varchar(4)	☑
Phone	varchar(13)	☑
QQ	varchar(15)	☑
WorkPhone	varchar(13)	☑
E_Mail	varchar(32)	☑
Handset	varchar(11)	☑
		☐

图 7-4 "通讯录信息表"tb_AddressBook 的设计界面

表 7-2 "通讯录信息表"tb_AddressBook 的字段

字段名	数据类型	说 明	字段名	数据类型	说 明
ID	varchar(5)	编号	QQ	varchar(15)	QQ 号码
Name	varchar(20)	姓名	WorkPhone	varchar(13)	工作电话
Sex	varchar(4)	性别	E_Mail	varchar(32)	电子邮箱
Phone	varchar(13)	电话	Handset	varchar(11)	手机

(2) "部门信息数据表"tb_Branch 的字段如表 7-3 所示，该数据表的设计界面如图 7-5 所示。

表 7-3 "部门信息数据表"tb_Branch 的字段

字段名	数据类型	说 明
ID	int	编号
BranchName	varchar(20)	部门

LENOVO-PC.db_PWMS - dbo.tb_Branch

列名	数据类型	允许 Null 值
ID	int	☐
BranchName	varchar(20)	☑
		☐

图 7-5 "部门信息数据表"tb_Branch 的设计界面

(3)“职务信息数据表”tb_Business 的字段如表 7-4 所示,该数据表的设计界面如图 7-6 所示。

表 7-4　“职务信息数据表”tb_Business 的字段

字段名	数据类型	说　明
ID	int	编号
BusinessName	varchar(20)	职务

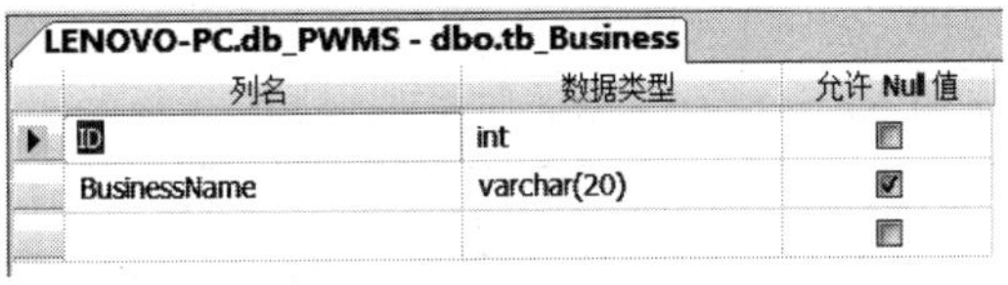

LENOVO-PC.db_PWMS - dbo.tb_Business

列名	数据类型	允许 Null 值
ID	int	
BusinessName	varchar(20)	

图 7-6　“职务信数据表”tb_Branch 的设计界面

(4)“省市数据表”tb_City 的字段如表 7-5 所示,该数据表的设计界面如图 7-7 所示。

表 7-5　“省市数据表”tb_City 的字段

字段名	数据类型	说　明
ID	int	编号
BeAware	varchar(30)	省
City	varchar(30)	城市

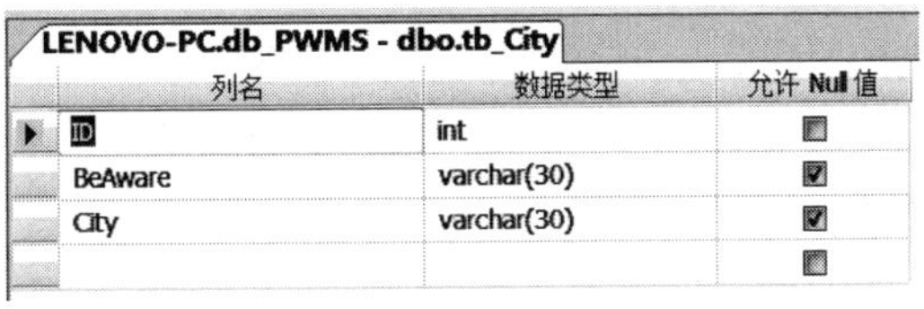

LENOVO-PC.db_PWMS - dbo.tb_City

列名	数据类型	允许 Null 值
ID	int	
BeAware	varchar(30)	
City	varchar(30)	

图 7-7　“省市数据表”tb_City 的设计界面

(5)“提醒日期数据表”tb_Clew 的字段如表 7-6 所示,该数据表的设计界面如图 7-8 所示。

表 7-6　“提醒日期数据表”tb_Clew 的字段

字段名	数据类型	说　明
ID	int	编号
Fate	int	日期
Kind	int	类型
Unlock	int	是否锁定

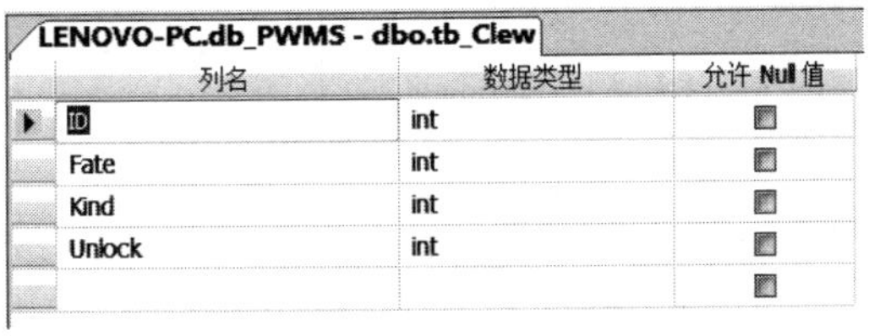

LENOVO-PC.db_PWMS - dbo.tb_Clew

列名	数据类型	允许 Null 值
ID	int	
Fate	int	
Kind	int	
Unlock	int	

图 7-8　“提醒日期数据表”tb_Clew 的设计界面

(6)“记事信息数据表”tb_DayWordPad 的字段如表 7-7 所示,该数据表的设计界面如图 7-9 所示。

表 7-7　“记事信息数据表”tb_DayWordPad 的字段

字段名	数据类型	说　明
ID	varchar(5)	编号
BlotterDate	datetime	记事日期
BlotterSort	varchar(20)	记事类型
Motif	varchar(20)	主题
Wordpa	text	内容

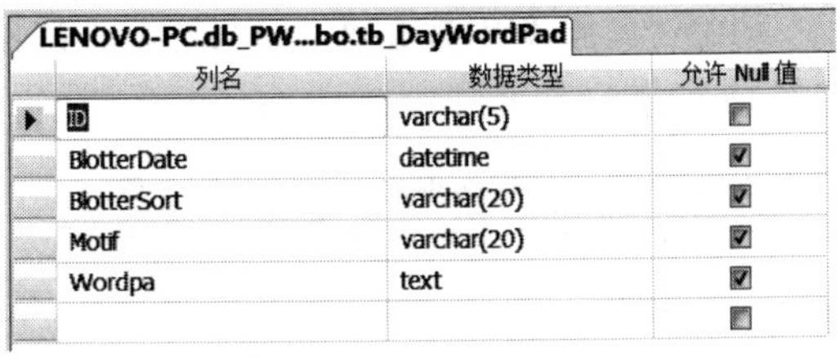

LENOVO-PC.db_PW...bo.tb_DayWordPad

列名	数据类型	允许 Null 值
ID	varchar(5)	
BlotterDate	datetime	
BlotterSort	varchar(20)	
Motif	varchar(20)	
Wordpa	text	

图 7-9　“记事信息数据表”tb_DayWordPad 的设计界面

(7)“职称信息数据表”tb_Duthcall 的字段如表 7-8 所示,该数据表的设计界面如图 7-10 所示。

表 7-8 “职称信息数据表”tb_Duthcall 的字段

字段名	数据类型	说 明
ID	int	编号
DuthcallName	varchar(20)	职称类别

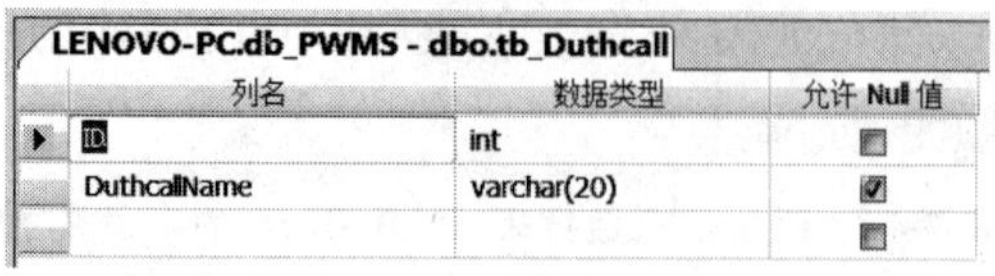

LENOVO-PC.db_PWMS - dbo.tb_Duthcall

列名	数据类型	允许 Null 值
ID	int	☐
DuthcalName	varchar(20)	☑
		☐

图 7-10 “职称信息数据表”tb_Duthcall 的设计界面

(8) “职工类别数据表”tb_EmployeeGenre 的字段如表 7-9 所示，该数据表的设计界面如图 7-11 所示。

表 7-9 “职工类别数据表”tb_EmployeeGenre 的字段

字段名	数据类型	说 明
ID	int	编号
EmployeeName	varchar(20)	员工类别

LENOVO-PC.db_PW...b_EmployeeGenre

列名	数据类型	允许 Null 值
ID	int	☐
EmployeeName	varchar(20)	☑
		☐

图 7-11 “职工类别数据表”tb_EmployeeGenre 的设计界面

(9) “家庭关系数据表”tb_Family 的字段如表 7-10 所示，该数据表的设计界面如图 7-12 所示。

表 7-10 “家庭关系数据表”tb_Family 的字段

字段名	数据类型	说 明
ID	varchar(5)	编号
Sut_ID	varchar(5)	编号
LeaguerName	varchar(20)	姓名
Nexus	varchar(10)	关系
BirthDate	datetime	出生日期
WordUnit	varchar(24)	工作单位
Business	varchar(10)	职务
Visage	varchar(10)	政治面貌
phone	varchar(14)	电话

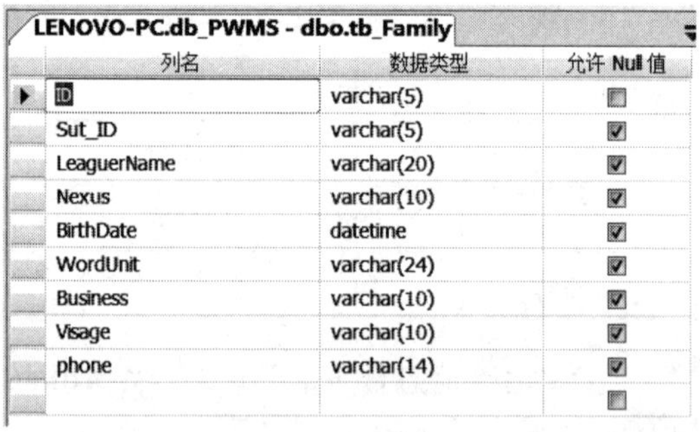

LENOVO-PC.db_PWMS - dbo.tb_Family

列名	数据类型	允许 Null 值
ID	varchar(5)	☐
Sut_ID	varchar(5)	☑
LeaguerName	varchar(20)	☑
Nexus	varchar(10)	☑
BirthDate	datetime	☑
WordUnit	varchar(24)	☑
Business	varchar(10)	☑
Visage	varchar(10)	☑
phone	varchar(14)	☑
		☐

图 7-12 “家庭关系数据表”tb_Family 的设计界面

(10) “民族类别数据表”tb_Folk 的字段如表 7-11 所示，该数据表的设计界面如图 7-13 所示。

表 7-11 “民族类别数据表”tb_Folk 的字段

字段名	数据类型	说 明
ID	int	编号
FolkName	varchar(30)	民族类别

LENOVO-PC.db_PWMS - dbo.tb_Folk

列名	数据类型	允许 Null 值
ID	int	☐
FolkName	varchar(30)	☑
		☐

图 7-13 “民族类别数据表”tb_Folk 的设计界面

(11) “个人简历数据表”tb_Individual 的字段如表 7-12 所示，该数据表的设计界面如图 7-14 所示。

表 7-12　“个人简历数据表”tb_Individual 的字段

字段名	数据类型	说　明
ID	varchar(5)	编号
Memo	text	简历内容

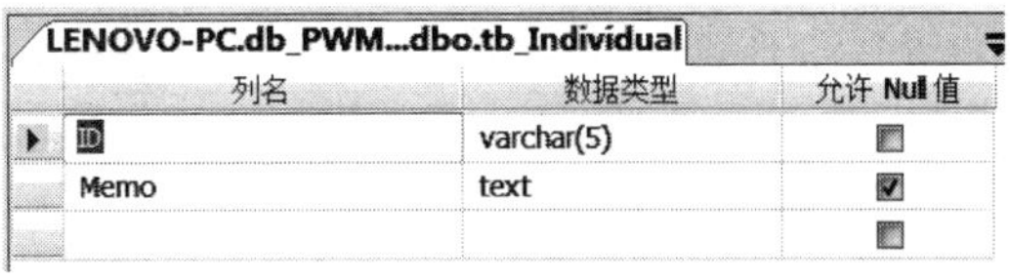

图 7-14　“个人简历数据表”tb_Individual 的设计界面

(12) “学历信息数据表”tb_Kultur 的字段如表 7-13 所示，该数据表的设计界面如图 7-15 所示。

表 7-13　“学历信息数据表”tb_Kultur 的字段

字段名	数据类型	说　明
ID	int	编号
KulturName	varchar(20)	学历

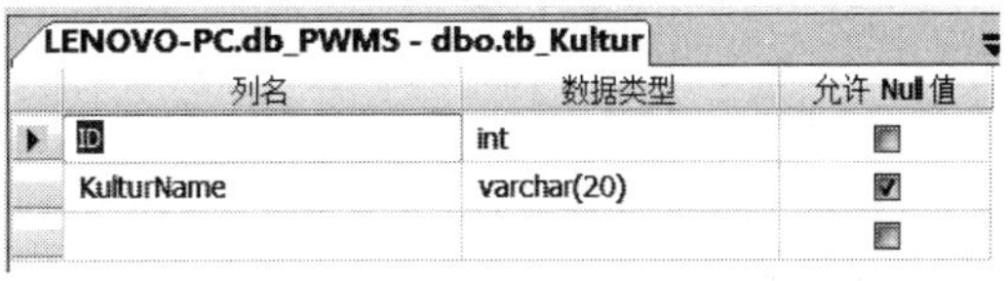

图 7-15　“学历信息数据表”tb_Kultur 的设计界面

(13) “工资类别数据表”tb_Laborage 的字段如表 7-14 所示，该数据表的设计界面如图 7-16 所示。

表 7-14　“工资类别数据表”tb_Laborage 的字段

字段名	数据类型	说　明
ID	int	编号
LaborageName	varchar(50)	工资类别

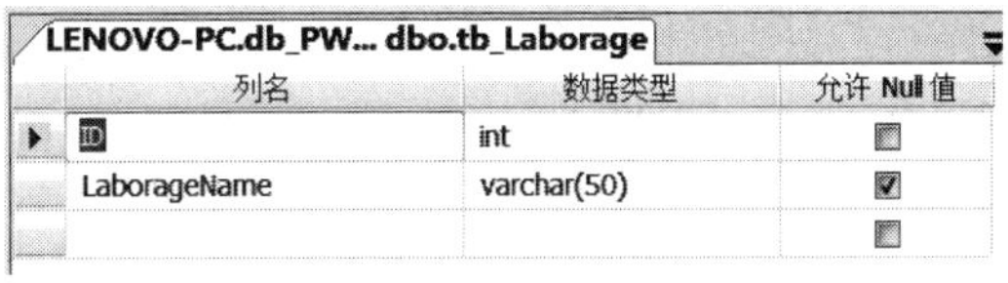

图 7-16　“工资类别数据表”tb_Laborage 的设计界面

(14) “用户信息数据表”tb_Login 的字段如表 7-15 所示，该数据表的设计界面如图 7-17 所示。

表 7-15　“用户信息数据表”tb_Login 的字段

字段名	数据类型	说　明
ID	varchar(5)	编号
Name	varchar(20)	用户名
Pass	varchar(20)	密码

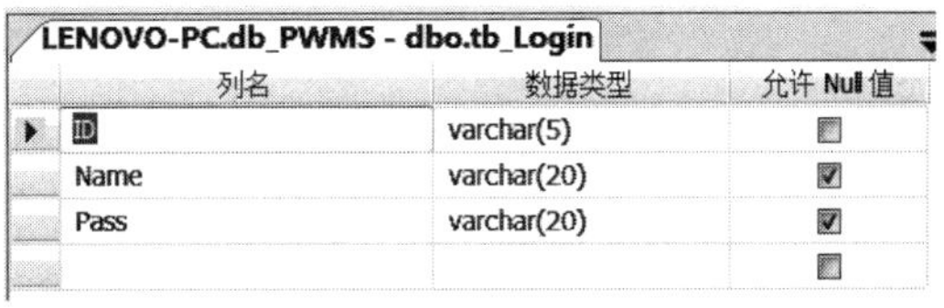

图 7-17　“用户信息数据表”tb_Login 的设计界面

(15) “权限类别数据表”tb_PopeModel 的字段如表 7-16 所示，该数据表的设计界面如图 7-18 所示。

表 7-16　“权限类别数据表”tb_PopeModel 的字段

字段名	数据类型	说　明
ID	int	编号
PopeName	varchar(50)	权限类别

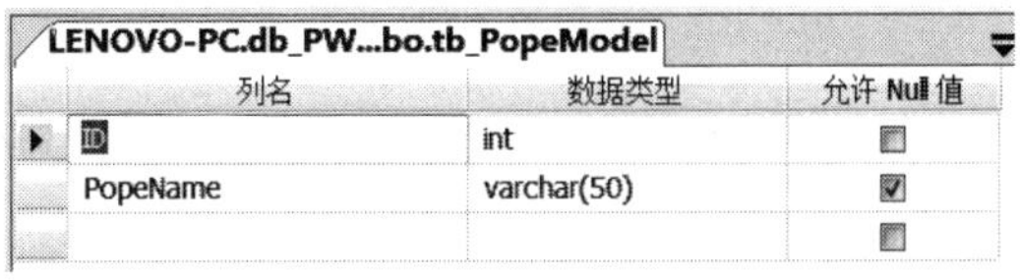

图 7-18　“权限类别数据表”tb_PopeModel 的设计界面

(16) “奖惩记录数据表”tb_RANDP 的字段如表 7-17 所示，该数据表的设计界面如图 7-19 所示。

表 7-17 “奖惩记录数据表”tb_RANDP 的字段

字段名	数据类型	说　明
ID	varchar(5)	编号
Sut_ID	varchar(5)	编号
RPKind	varchar(20)	奖惩种类
RPDate	datetime	日期
SealMan	varchar(10)	批准人
QuashDate	datetime	撤销日期
QuashWhys	varchar(50)	撤销原因

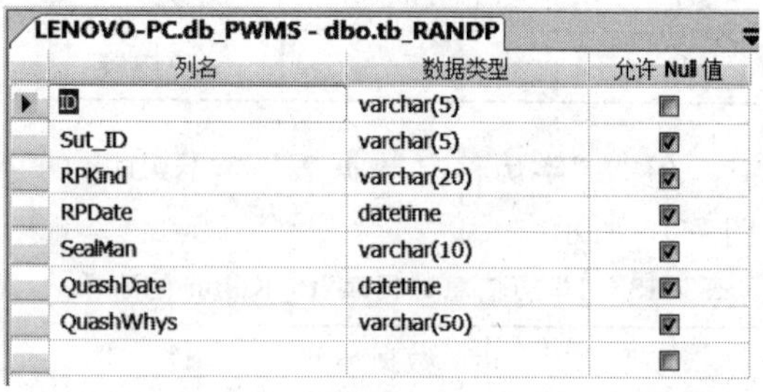

LENOVO-PC.db_PWMS - dbo.tb_RANDP

列名	数据类型	允许 Null 值
ID	varchar(5)	
Sut_ID	varchar(5)	✓
RPKind	varchar(20)	✓
RPDate	datetime	✓
SealMan	varchar(10)	✓
QuashDate	datetime	✓
QuashWhys	varchar(50)	✓

图 7-19 “奖惩记录数据表”tb_RANDP 的设计界面

(17)“奖惩类别数据表”tb_RPKind 的字段如表 7-18 所示，该数据表的设计界面如图 7-20 所示。

表 7-18 “奖惩类别数据表”tb_RPKind 的字段

字段名	数据类型	说　明
ID	int	编号
RPKind	varchar(20)	奖惩类别

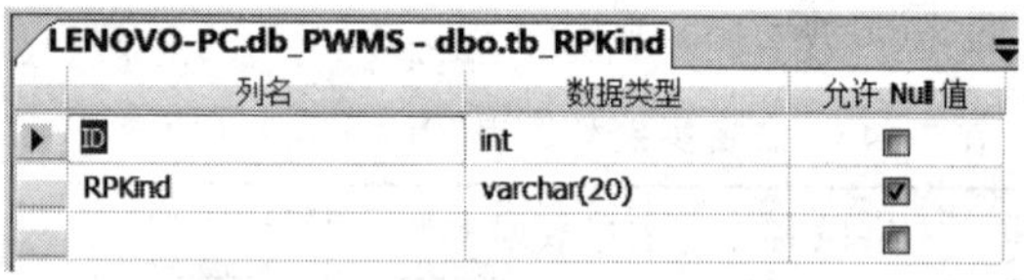

LENOVO-PC.db_PWMS - dbo.tb_RPKind

列名	数据类型	允许 Null 值
ID	int	
RPKind	varchar(20)	✓

图 7-20 “奖惩类别数据表”tb_RPKind 的设计界面

(18)“职工信息数据表”tb_Stuffbusic 的字段如表 7-19 所示，该数据表的设计界面如图 7-21 所示。

表 7-19 “职工信息数据表”tb_Stuffbusic 的字段

字段名	数据类型	说　明	字段名	数据类型	说　明
ID	varchar(5)	编号	Business	varchar(10)	职务
StuffName	varchar(20)	姓名	Laborage	varchar(10)	工资
Folk	varchar(20)	民族	Branch	varchar(14)	部门类别
Birthday	datetime	出生年月	Duthcall	varchar(14)	职工类别
Age	int	年龄	Phone	varchar(14)	电话
Kultur	varchar(14)	学历	Handset	varchar(11)	手机
Marriage	varchar(4)	婚姻	School	varchar(24)	毕业学校
Sex	varchar(4)	性别	Speciality	varchar(20)	专业
Visage	varchar(14)	政治面貌	GraduateDate	datetime	毕业时间
IDCard	varchar(20)	身份证号	Address	varchar(50)	地址
workdate	datetime	工作时间	Photo	image	照片
WorkLength	int	工龄	BeAware	varchar(30)	省
Employee	varchar(20)	工作类别	City	varchar(30)	市

续表

字段名	数据类型	说　明	字段名	数据类型	说　明
M_Pay	float	工资	Pact_E	datetime	合同结束时间
Bank	varchar(20)	银行账号	Pact_Y	float	合同年限
Pact_B	datetime	合同开始时间			

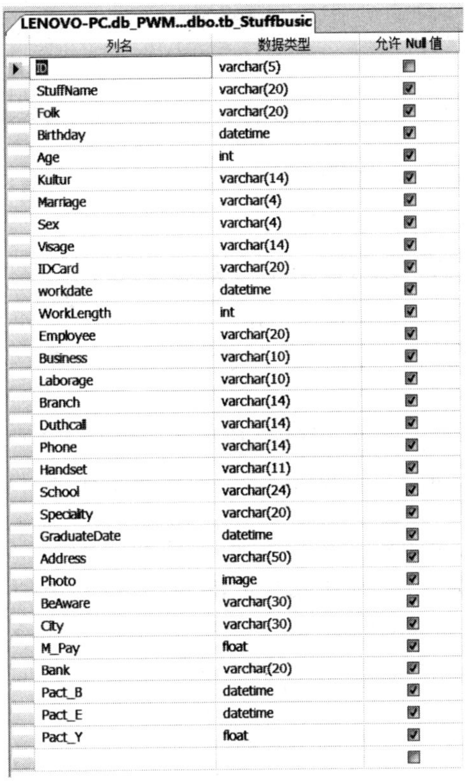

LENOVO-PC.db_PWM...dbo.tb_Stuffbusic

列名	数据类型	允许 Null 值
ID	varchar(5)	☐
StuffName	varchar(20)	☑
Folk	varchar(20)	☑
Birthday	datetime	☑
Age	int	☑
Kultur	varchar(14)	☑
Marriage	varchar(4)	☑
Sex	varchar(4)	☑
Visage	varchar(14)	☑
IDCard	varchar(20)	☑
workdate	datetime	☑
WorkLength	int	☑
Employee	varchar(20)	☑
Business	varchar(10)	☑
Laborage	varchar(10)	☑
Branch	varchar(14)	☑
Duthcall	varchar(14)	☑
Phone	varchar(14)	☑
Handset	varchar(11)	☑
School	varchar(24)	☑
Speciality	varchar(20)	☑
GraduateDate	datetime	☑
Address	varchar(50)	☑
Photo	image	☑
BeAware	varchar(30)	☑
City	varchar(30)	☑
M_Pay	float	☑
Bank	varchar(20)	☑
Pact_B	datetime	☑
Pact_E	datetime	☑
Pact_Y	float	☑

图 7-21　“职工信息数据表”tb_Stuffbusic 的设计界面

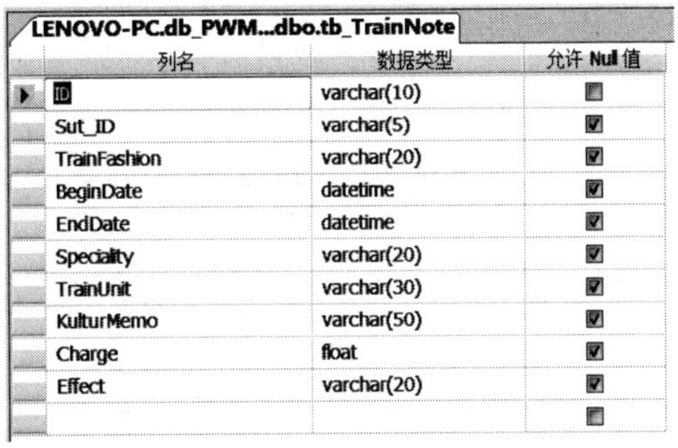

LENOVO-PC.db_PWM...dbo.tb_TrainNote

列名	数据类型	允许 Null 值
ID	varchar(10)	☐
Sut_ID	varchar(5)	☑
TrainFashion	varchar(20)	☑
BeginDate	datetime	☑
EndDate	datetime	☑
Speciality	varchar(20)	☑
TrainUnit	varchar(30)	☑
KulturMemo	varchar(50)	☑
Charge	float	☑
Effect	varchar(20)	☑

图 7-22　“培训信息数据表”tb_TrainNote 的设计界面

(19)“培训信息数据表”tb_TrainNote 的字段如表 7-20 所示，该数据表的设计界面如图 7-22 所示。

表 7-20　“培训信息数据表”tb_TrainNote 的字段

字段名	数据类型	说　明	字段名	数据类型	说　明
ID	varchar(10)	编号	Speciality	varchar(20)	专业
Sut_ID	varchar(5)	编号	TrainUnit	varchar(30)	培训部门
TrainFashion	varchar(20)	培训名称	KulturMemo	varchar(50)	培训内容
BeginDate	datetime	开始日期	Charge	float	费用
EndDate	datetime	结束日期	Effect	varchar(20)	效果

(20)“用户权限数据表”tb_UserPope 的字段如表 7-21 所示，该数据表的设计界面如图 7-23 所示。

表 7-21 “用户权限数据表”tb_UserPope 的字段

字段名	数据类型	说　明
AutoID	int	编号
ID	varchar(5)	编号
PopeName	varchar(50)	姓名
Pope	int	权限

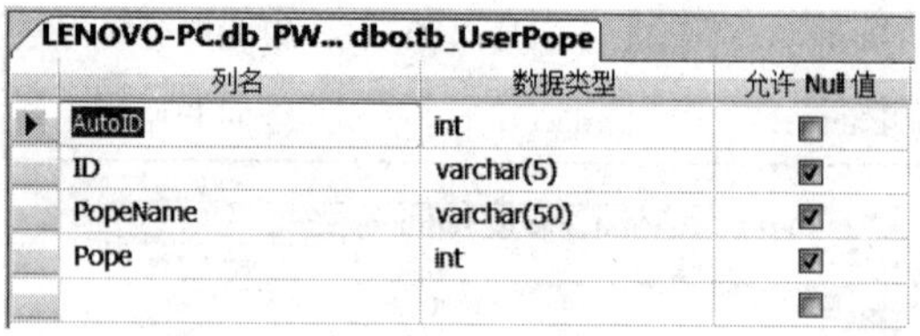

图 7-23 “用户权限数据表”tb_UserPope 的设计界面

(21)“政治面貌数据表”tb_Visage 的字段如表 7-22 所示，该数据表的设计界面如图 7-24 所示。

表 7-22 “政治面貌数据表”tb_Visage 的字段

字段名	数据类型	说　明
ID	int	编号
VisageName	varchar(20)	政治面貌

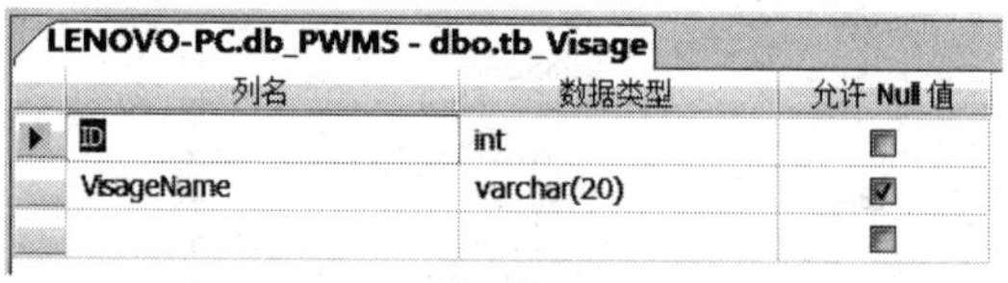

图 7-24 “政治面貌数据表”tb_Visage 的设计界面

(22)“记事类别数据表”tb_WordPad 的字段如表 7-23 所示，该数据表的设计界面如图 7-25 所示。

表 7-23 “记事类别数据表”tb_WordPad 的字段

字段名	数据类型	说　明
ID	int	编号
WORDPAD	varchar(20)	记事类别

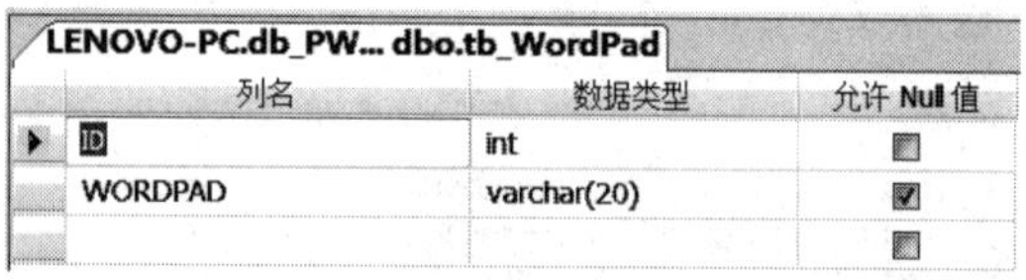

图 7-25 “记事类别数据表”tb_WordPad 的设计界面

(23)“工作简历数据表”tb_WordResume 的字段如表 7-24 所示，该数据表的设计界面如图 7-26 所示。

表 7-24 “工作简历数据表”tb_WordResume 的字段

字段名	数据类型	说　明
ID	varchar(5)	编号
Sut_ID	varchar(5)	编号
BeginDate	datetime	开始日期
EndDate	datetime	结束日期
WordUnit	varchar(24)	工作单位
Branch	varchar(14)	工作部门
Business	varchar(14)	职务

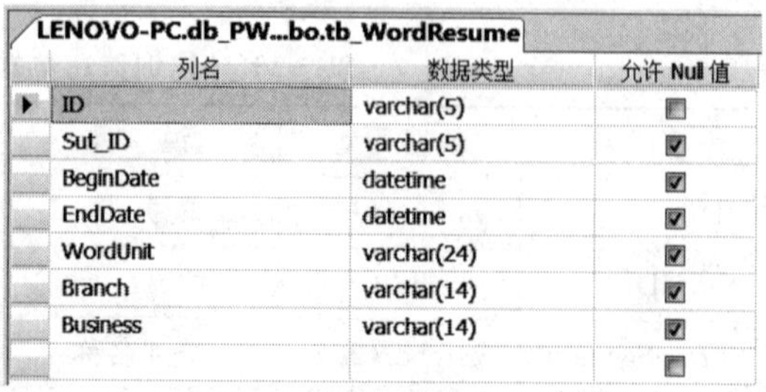

图 7-26 “工作简历数据表”tb_WordResume 的设计界面

任务 7.2　企业人事管理系统详细设计

7.2.1　系统公共类设计

C＃三层架构是指“客户端、服务器”架构，在此架构中用户接口、商业逻辑、数据保存以及数据访问被设计为独立的模块。主要有三个层面：第一层(表现层、GUI 层)，第二层(商业对象、商业逻辑层)，第三层(数据访问层)。这些层可以单独开发、单独测试。在快速开发中重用商业逻辑组件，在系统中实现添加、更新、删除、查找客户数据的组件。

代码分层的优点：系统比较容易迁移。商业逻辑层与数据访问层是分离的，修改数据访问层不会影响到商业逻辑层。系统如果从用 SQL Server 存储数据迁移到用 Oracle 存储数据，并不需要修改商业逻辑层组件和 GUI 组件。

系统容易修改。假如在商业层有一个较小的修改，则不需要在用户的机器上重装整个系统。我们只需要更新商业逻辑组件就可以了。

应用程序开发人员可以并行、独立地开发单独的层。

在设计具体的功能界面之前，首先需要对系统的公共类进行设计。本系统中设计了一个数据库访问类，类名是 MyMeans. cs，用于对数据库进行查询、修改、删除和修改操作，系统中所有的数据库操作，均调用该类的方法来实现。因此，公共数据操作类的设计，增强了代码的重用性。该类的程序如代码 7-1 所示。

代码 7-1　公共数据操作类 MyMeans. cs。

```
class MyMeans
{
    #region  全局变量
    public static string Login_ID="";
    //定义全局变量,记录当前登录的用户编号
    public static string Login_Name="";
    //定义全局变量,记录当前登录的用户名
    public static string Mean_SQL="", Mean_Table="", Mean_Field="";
    //定义全局变量,记录"基础信息"各窗体中的表名及 SQL 语句
    public static SqlConnection My_con;
    //定义一个 SqlConnection 类型的公共变量 My_con,用于判断数据库是否连接成功
    public static string M_str_sqlcon="Data Source=.;Initial Catalog=renshi;
    Integrated Security=SSPI";
    public static int Login_n=0;            //用户登录与重新登录的标识
    public static string AllSql="Select * from tb_Stuffbusic";
    //存储职工基本信息表中的 SQL 语句
    //public static int res=0;
    #endregion
    #region  建立数据库连接
    //<summary>
```

```
        //建立数据库连接
        //</summary>
        //<returns>返回 SqlConnection 对象</returns>
    public static SqlConnection getcon()
    {
        My_con=new SqlConnection(M_str_sqlcon);
        //用 SqlConnection 对象与指定的数据库相连接
        My_con.Open();                              //打开数据库连接
        return My_con;                              //返回 SqlConnection 对象的信息
    }
    #endregion
    #region  测试数据库是否附加成功
    //<summary>
    //测试数据库是否附加成功
    //</summary>
    public void con_open()
    {
        getcon();
        //con_close();
    }
    #endregion
    #region  关闭与数据库的连接
    //<summary>
    //关闭与数据库的连接
    //</summary>
    public void con_close()
    {
        if (My_con.State==ConnectionState.Open)     //判断是否已经打开与数据库的连接
        {
            My_con.Close();                         //关闭数据库的连接
            My_con.Dispose();                       //释放 My_con 变量的所有空间
        }
    }
    #endregion
    #region  读取指定表中的信息
    //<summary>
    //读取指定表中的信息
    //</summary>
    //<param name="SQLstr">SQL 语句</param>
    //<returns>返回 bool 型</returns>
    public SqlDataReader getcom(string SQLstr)
    {
        getcon();                                   //打开与数据库的连接
        SqlCommand My_com=My_con.CreateCommand();
        //创建一个 SqlCommand 对象,用于执行 SQL 语句
        My_com.CommandText=SQLstr;                  //获取指定的 SQL 语句
        SqlDataReader My_read=My_com.ExecuteReader();
```

```
        //执行 SQL 语句,生成一个 SqlDataReader 对象
        return My_read;
    }
    #endregion
    #region 执行 SqlCommand 命令
    //<summary>
    //执行 SqlCommand 命令
    //</summary>
    //<param name="M_str_sqlstr">SQL 语句</param>
    public void getsqlcom(string SQLstr)
    {
        getcon();                              //打开与数据库的连接
        SqlCommand SQLcom=new SqlCommand(SQLstr, My_con);
        //创建一个 SqlCommand 对象,用于执行 SQL 语句
        SQLcom.ExecuteNonQuery();              //执行 SQL 语句
        SQLcom.Dispose();                      //释放所有空间
        con_close();                           //调用 con_close()方法,关闭与数据库的连接
    }
    #endregion
    #region  创建一个 DataSet 对象
    //<summary>
    //创建一个 DataSet 对象
    //</summary>
    //<param name="M_str_sqlstr">SQL 语句</param>
    //<param name="M_str_table">表名</param>
    //<returns>返回 DataSet 对象</returns>
    public DataSet getDataSet(string SQLstr, string tableName)
    {
        getcon();                              //打开与数据库的连接
        SqlDataAdapter SQLda=new SqlDataAdapter(SQLstr, My_con);
        //创建一个 SqlDataAdapter 对象,并获取指定数据表的信息
        DataSet My_DataSet=new DataSet();      //创建 DataSet 对象
        SQLda.Fill(My_DataSet, tableName);
        //通过 SqlDataAdapter 对象的 Fill()方法,将数据表信息添加到 DataSet 对象中
        con_close();                           //关闭与数据库的连接
        return My_DataSet;                     //返回 DataSet 对象的信息
        //WritePrivateProfileString(string section, string key, string val, string
        filePath);
    }
    #endregion
    }
```

在设计了公共数据访问类之后,设计一个公共方法类,其他窗体界面常用的方法写在这个类中。其他窗体需要时会调用该类的方法,该类的程序如代码 7-2 所示(由于代码过长,这里只展示部分代码)。

代码 7-2　公共方法类 MyModule. cs。

```
class MyModule
{
    #region  公共变量
    DataClass.MyMeans MyDataClass=new renshi.DataClass.MyMeans();
    //声明 MyMeans 类的一个对象,以调用其方法
    public static string ADDs="";                  //用来存储添加或修改的 SQL 语句
    public static string FindValue="";             //存储查询条件
    public static string Address_ID="";            //存储通讯录添加修改时的 ID 编号
    public static string User_ID="";               //存储用户的 ID 编号
    public static string User_Name="";             //存储用户名
    #endregion
    #region  窗体的调用
    //<summary>
    //窗体的调用
    //</summary>
    //<param name="FrmName">调用窗体的 Text 属性值</param>
    //<param name="n">标识</param>
public void Show_Form(string FrmName, int n)
{
    if (n==1)
    {
        if (FrmName=="人事档案浏览")               //判断当前要打开的窗体
        {
            PerForm.F_ManFile FrmManFile=new renshi.PerForm.F_ManFile();
            FrmManFile.Text="人事档案浏览";       //设置窗体名称
            FrmManFile.ShowDialog();              //显示窗体
            FrmManFile.Dispose();
        }
        if (FrmName=="人事资料查询")
        {
            PerForm.F_Find FrmFind=new renshi.PerForm.F_Find();
            FrmFind.Text="人事资料查询";
            FrmFind.ShowDialog();
            FrmFind.Dispose();
        }
        if (FrmName=="人事资料统计")
        {
            PerForm.F_Stat FrmStat=new renshi.PerForm.F_Stat();
            FrmStat.Text="人事资料统计";
            FrmStat.ShowDialog();
            FrmStat.Dispose();
        }
        if (FrmName=="员工生日提示")
        {
            InfoAddForm.F_ClewSet FrmClewSet=new renshi.InfoAddForm.F_ClewSet();
            FrmClewSet.Text="员工生日提示";       //设置窗体名称
            FrmClewSet.Tag=1;
```

```
        //设置窗体的 Tag 属性,用于在打开窗体时判断窗体的显示类型
        FrmClewSet.ShowDialog();              //显示窗体
        FrmClewSet.Dispose();
    }
    if (FrmName=="员工合同提示")
    {
        InfoAddForm.F_ClewSet FrmClewSet=
        new renshi.InfoAddForm.F_ClewSet();
        FrmClewSet.Text="员工合同提示";
        FrmClewSet.Tag=2;
        FrmClewSet.ShowDialog();
        FrmClewSet.Dispose();
    }
    if (FrmName=="日常记事")
    {
        PerForm.F_WordPad FrmWordPad=new renshi.PerForm.F_WordPad();
        FrmWordPad.Text="日常记事";
        FrmWordPad.ShowDialog();
        FrmWordPad.Dispose();
    }
    if (FrmName=="通讯录")
    {
        PerForm.F_AddressList FrmAddressList=
        new renshi.PerForm.F_AddressList();
        FrmAddressList.Text="通讯录";
        FrmAddressList.ShowDialog();
        FrmAddressList.Dispose();
    }
    if (FrmName=="备份/还原数据库")
    {
        PerForm.F_HaveBack FrmHaveBack=new renshi.PerForm.F_HaveBack();
        FrmHaveBack.Text="备份/还原数据库";
        FrmHaveBack.ShowDialog();
        FrmHaveBack.Dispose();
    }
    if (FrmName=="清空数据库")
    {
        PerForm.F_ClearData FrmClearData=new renshi.PerForm.F_ClearData();
        FrmClearData.Text="清空数据库";
        FrmClearData.ShowDialog();
        FrmClearData.Dispose();
    }
    if (FrmName=="重新登录")
    {
        F_Login FrmLogin=new F_Login();
        FrmLogin.Tag=2;
```

```
            FrmLogin.ShowDialog();
            FrmLogin.Dispose();
        }
        if (FrmName=="用户设置")
        {
            PerForm.F_User FrmUser=new renshi.PerForm.F_User();
            FrmUser.Text="用户设置";
            FrmUser.ShowDialog();
            FrmUser.Dispose();
        }
        if (FrmName=="计算器")
        {
            System.Diagnostics.Process.Start("calc.exe");
        }
        if (FrmName=="记事本")
        {
            System.Diagnostics.Process.Start("notepad.exe");
        }
    }
    if (n==2)
    {
        String FrmStr="";                                    //记录窗体名称
        if (FrmName=="民族类别设置")                         //判断要打开的窗体
        {
            DataClass.MyMeans.Mean_SQL="select * from tb_Folk";     //SQL 语句
            DataClass.MyMeans.Mean_Table="tb_Folk";                 //表名
            DataClass.MyMeans.Mean_Field="FolkName";
            //添加、修改数据的字段名
            FrmStr=FrmName;
        }
        if (FrmName=="职工类别设置")
        {
            DataClass.MyMeans.Mean_SQL="select * from tb_EmployeeGenre";
            DataClass.MyMeans.Mean_Table="tb_EmployeeGenre";
            DataClass.MyMeans.Mean_Field="EmployeeName";
            FrmStr=FrmName;
        }
        if (FrmName=="文化程度设置")
        {
            DataClass.MyMeans.Mean_SQL="select * from tb_Kultur";
            DataClass.MyMeans.Mean_Table="tb_Kultur";
            DataClass.MyMeans.Mean_Field="KulturName";
            FrmStr=FrmName;
        }
        if (FrmName=="政治面貌设置")
        {
```

```
        DataClass.MyMeans.Mean_SQL="select * from tb_Visage";
        DataClass.MyMeans.Mean_Table="tb_Visage";
        DataClass.MyMeans.Mean_Field="VisageName";
        FrmStr=FrmName;
    }
    if (FrmName=="部门类别设置")
    {
        DataClass.MyMeans.Mean_SQL="select * from tb_Branch";
        DataClass.MyMeans.Mean_Table="tb_Branch";
        DataClass.MyMeans.Mean_Field="BranchName";
        FrmStr=FrmName;
    }
    if (FrmName=="工资类别设置")
    {
        DataClass.MyMeans.Mean_SQL="select * from tb_Laborage";
        DataClass.MyMeans.Mean_Table="tb_Laborage";
        DataClass.MyMeans.Mean_Field="LaborageName";
        FrmStr=FrmName;
    }
    if (FrmName=="职务类别设置")
    {
        DataClass.MyMeans.Mean_SQL="select * from tb_Business";
        DataClass.MyMeans.Mean_Table="tb_Business";
        DataClass.MyMeans.Mean_Field="BusinessName";
        FrmStr=FrmName;
    }
    if (FrmName=="职称类别设置")
    {
        DataClass.MyMeans.Mean_SQL="select * from tb_Duthcall";
        DataClass.MyMeans.Mean_Table="tb_Duthcall";
        DataClass.MyMeans.Mean_Field="DuthcallName";
        FrmStr=FrmName;
    }
    if (FrmName=="奖惩类别设置")
    {
        DataClass.MyMeans.Mean_SQL="select * from tb_RPKind";
        DataClass.MyMeans.Mean_Table="tb_RPKind";
        DataClass.MyMeans.Mean_Field="RPKind";
        FrmStr=FrmName;
    }
    if (FrmName=="记事本类别设置")
    {
        DataClass.MyMeans.Mean_SQL="select * from tb_WordPad";
        DataClass.MyMeans.Mean_Table="tb_WordPad";
        DataClass.MyMeans.Mean_Field="WordPad";
        FrmStr=FrmName;
```

```
            }
            InfoAddForm.F_Basic FrmBasic=new renshi.InfoAddForm.F_Basic();
            FrmBasic.Text=FrmStr;                           //设置窗体名称
            FrmBasic.ShowDialog();                          //显示调用的窗体
            FrmBasic.Dispose();
        }
    }
    #endregion
    #region  将StatusStrip控件中的信息添加到treeView控件中
    //<summary>
    //读取菜单中的信息
    //</summary>
    //<param name="treeV">TreeView控件</param>
    //<param name="MenuS">MenuStrip控件</param>
    public void GetMenu(TreeView treeV, MenuStrip MenuS)
    {
        for (int i=0; i<MenuS.Items.Count; i++)    //遍历MenuStrip组件中的一级菜单项
        {
            //将一级菜单项的名称添加到TreeView组件的根节点中,并设置当前节点的子节点
            newNode1
            TreeNode newNode1=treeV.Nodes.Add(MenuS.Items[i].Text);
            //将当前菜单项的所有相关信息存入ToolStripDropDownItem对象中
            ToolStripDropDownItem newmenu= (ToolStripDropDownItem)MenuS.Items[i];
            //判断当前菜单项中是否有二级菜单项
            if (newmenu.HasDropDownItems && newmenu.DropDownItems.Count>0)
            for (int j=0; j<newmenu.DropDownItems.Count; j++)        //遍历二级菜单项
            {
                //将二级菜单名称添加到TreeView组件的子节点newNode1中,并设置当前节点
                的子节点newNode2
                TreeNode newNode2=newNode1.Nodes.Add(newmenu.DropDownItems[j].Text);
                //将当前菜单项的所有相关信息存入ToolStripDropDownItem对象中
                ToolStripDropDownItem newmenu2=
                (ToolStripDropDownItem)newmenu.DropDownItems[j];
                //判断二级菜单项中是否有三级菜单项
                if (newmenu2.HasDropDownItems && newmenu2.DropDownItems.Count>0)
                for (int p=0; p<newmenu2.DropDownItems.Count; p++)  //遍历三级菜单项
                //将三级菜单名称添加到TreeView组件的子节点newNode2中
                newNode2.Nodes.Add(newmenu2.DropDownItems[p].Text);
            }
        }
    }
    #endregion
    #region  自动编号
    //<summary>
    //在添加信息时自动计算编号
    //</summary>
```

```
//<param name="TableName">表名</param>
//<param name="ID">字段名</param>
//<returns>返回 String 对象</returns>
public String GetAutocoding(string TableName, string ID)
{
    //查找指定表中 ID 号为最大的记录
    SqlDataReader MyDR= MyDataClass.getcom ("select max ("+ ID+") NID from "+
   TableName);
    int Num=0;
    if (MyDR.HasRows)                                   //当查找到记录时
    {
        MyDR.Read();                                    //读取当前记录
        if (MyDR[0].ToString()=="")
        return "0001";
        Num=Convert.ToInt32(MyDR[0].ToString());
        //将当前找到的最大编号转换成整数
        ++Num;                                          //最大编号加 1
        string s=string.Format("{0:0000}", Num);        //将整数值转换成指定格式的字符串
        return s;                                       //返回自动生成的编号
    }
    else
    {
        return "0001";                                  //当数据表没有记录时,返回 0001
    }
}
#endregion
#region  向 comboBox 控件传递数据表中的数据
//<summary>
//动态向 comboBox 控件的下拉列表添加数据
//</summary>
//<param name="cobox">comboBox 控件</param>
//<param name="TableName">数据表名称</param>
public void CoPassData(ComboBox cobox, string TableName)
{
    cobox.Items.Clear();
    DataClass.MyMeans MyDataClsaa=new renshi.DataClass.MyMeans();
    SqlDataReader MyDR=MyDataClsaa.getcom("select * from "+TableName);
    if (MyDR.HasRows)
    {
        while (MyDR.Read())
        {
            if (MyDR[1].ToString() !="" && MyDR[1].ToString() !=null)
                cobox.Items.Add(MyDR[1].ToString());
        }
    }
}
```

```
#endregion
#region  向 comboBox 控件传递各省市的名称
//<summary>
//动态向 comboBox 控件的下拉列表添加省名
//</summary>
//<param name="cobox">comboBox 控件</param>
//<param name="SQLstr">SQL 语句</param>
//<param name="n">字段位数</param>
public void CityInfo(ComboBox cobox, string SQLstr, int n)
{
    cobox.Items.Clear();
    DataClass.MyMeans MyDataClsaa=new renshi.DataClass.MyMeans();
    SqlDataReader MyDR=MyDataClsaa.getcom(SQLstr);
    if (MyDR.HasRows)
    {
        while (MyDR.Read())
        {
            if (MyDR[n].ToString() !="" && MyDR[n].ToString() !=null)
                cobox.Items.Add(MyDR[n].ToString());
        }
    }
}
#endregion
#region  将日期转换成指定的格式
//<summary>
//将日期转换成 yyyy-mm-dd 格式
//</summary>
//<param name="NDate">日期</param>
//<returns>返回 String 对象</returns>
public string Date_Format(string NDate)
{
    string sm, sd;
    int y, m, d;
    try
    {
        y=Convert.ToDateTime(NDate).Year;
        m=Convert.ToDateTime(NDate).Month;
        d=Convert.ToDateTime(NDate).Day;
    }
    catch
    {
        return "";
    }
    if (y==1900)
        return "";
    if (m<10)
        sm="0"+Convert.ToString(m);
    else
        sm=Convert.ToString(m);
    if (d<10)
        sd="0"+Convert.ToString(d);
```

```
    else
        sd=Convert.ToString(d);
    return Convert.ToString(y)+"-"+sm+"-"+sd;
}
#endregion
#region  将时间转换成指定的格式
//<summary>
//将时间转换成 yyyy-mm-dd 格式
//</summary>
//<param name="NDate">日期</param>
//<returns>返回 String 对象</returns>
public string Time_Format(string NDate)
{
    string sh, sm, se;
    int hh, mm, ss;
    try
    {
        hh=Convert.ToDateTime(NDate).Hour;
        mm=Convert.ToDateTime(NDate).Minute;
        ss=Convert.ToDateTime(NDate).Second;
    }
    catch
    {
        return "";
    }
    sh=Convert.ToString(hh);
    if (sh.Length<2)
        sh="0"+sh;
        sm=Convert.ToString(mm);
    if (sm.Length<2)
        sm="0"+sm;
        se=Convert.ToString(ss);
    if (se.Length<2)
        se="0"+se;
    return sh+sm+se;
}
#endregion
#region  设置 MaskedTextBox 控件的格式
//<summary>
//将 MaskedTextBox 控件的格式设为 yyyy-mm-dd
//</summary>
//<param name="NDate">日期</param>
//<param name="ID">数据表名称</param>
//<returns>返回 String 对象</returns>
public void MaskedTextBox_Format(MaskedTextBox MTBox)
{
    MTBox.Mask="0000-00-00";
```

```
    MTBox.ValidatingType=typeof(System.DateTime);
}
#endregion
}
```

7.2.2 设计制作用户登录界面 F_Login.cs

企业人事管理系统的管理员登录界面如图 7-27 所示。

图 7-27 管理员登录界面

1. 设计界面

企业人事管理系统的登录界面的设计步骤为：首先拖入 3 个 Label 控件，分别用于显示标签“企业人事管理系统”、“用户名”和“密码”。然后拖入 2 个 TextBox 控件，分别用于“用户名”和“密码”内容的输入。最后拖入 2 个 Button 控件，分别用作“登录”和“取消”按钮。设置“密码”选项 TextBox 控件的 PasswordChar 属性为“*”。

2. 编写代码

(1) 首先定义一个数据操作类的实例，如代码 7-3 所示。

代码 7-3 数据操作类定义实例。

```
DataClass.MyMeans MyClass=new renshi.DataClass.MyMeans();
```

(2) 双击“登录”按钮，进入该按钮的单击事件，编写程序如代码 7-4 所示。

代码 7-4 “登录”按钮的单击事件。

```
private void butLogin_Click(object sender, EventArgs e)
{
    if (textName.Text !="" & textPass.Text !="")
    {
        SqlDataReader temDR=MyClass.getcom("select * from tb_Login where Name=
        '"+textName.Text.Trim()+"' and Pass='"+textPass.Text.Trim()+"'");
        bool ifcom=temDR.Read();
        if (ifcom)
```

```
        {
            DataClass.MyMeans.Login_Name=textName.Text.Trim();
            DataClass.MyMeans.Login_ID=temDR.GetString(0);
            DataClass.MyMeans.My_con.Close();
            DataClass.MyMeans.My_con.Dispose();
            DataClass.MyMeans.Login_n=(int)(this.Tag);
            this.Close();
        }
        else
        {
            MessageBox.Show("用户名或密码错误!", "提示", MessageBoxButtons.OK,
            MessageBoxIcon.Information);
            textName.Text="";
            textPass.Text="";
        }
    MyClass.con_close();
    }
    else
    MessageBox.Show("请将登录信息填写完整!", "提示", MessageBoxButtons.OK,
    MessageBoxIcon.Information);
}
```

7.2.3　设计制作系统管理主界面 F_Main.cs

管理员在登录界面输入正确的"用户名"和"密码"，会进入管理主界面。管理主界面可以使用系统的所有功能。系统管理主界面的设计如图 7-28 所示。

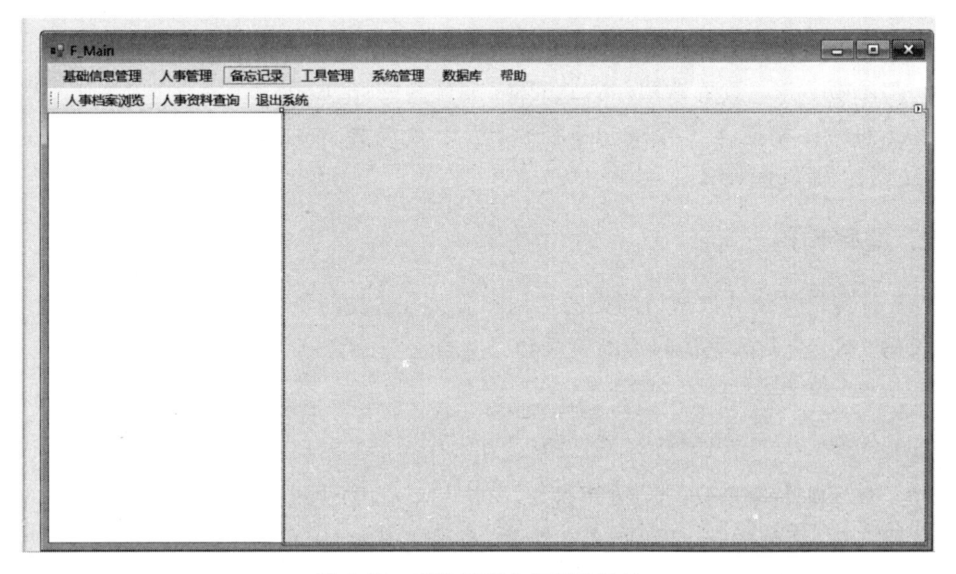

图 7-28　系统管理主界面的设计

1. 设计界面

系统管理主界面的设计步骤为：首先拖入1个menuStrip控件，用于管理主界面的菜单目录，编辑该控件并添加三级菜单项如表7-25所示。

表7-25　管理主界面的菜单项设置

一级菜单	二级菜单	三级菜单	一级菜单	二级菜单	三级菜单
基础信息管理	数据基础	民族类别设置	人事管理	人事档案浏览	无
		职工类别设置		人事资料查询	无
		文化程度设置		人事资料统计	无
		政治面貌设置	备忘记录	日常记事	无
		部门类别设置		通讯录	无
		工资类别设置	工具管理	计算器	无
		职务类别设置		记事本	无
		职称类别设置	系统管理	用户设置	无
		奖惩类别设置	数据库	备份/还原数据库	无
		记事本类别设置		清空数据库	无
	员工提示信息	员工生日提示			
		员工合同提示			

再拖入1个toolStrip控件，用于设置工具栏。在该控件上添加“人事档案浏览”、“人事资料查询”和“退出系统”3个按钮。

在界面的左侧拖入1个treeView控件，用于显示管理目录，该treeView控件的显示内容与菜单项一致。设置该控件的Anchor属性为Top、Left。

在界面的右侧拖入1个Panel控件，用于布局界面的右侧区域。设置该控件的Anchor属性为Top、Left。

2. 编写代码

(1) 首先定义公共数据访问类的实例和公共方法类的实例，如代码7-5所示。

代码7-5　公共数据访问类的实例和公共方法类的实例。

```
DataClass.MyMeans MyClass=new renshi.DataClass.MyMeans();
ModuleClass.MyModule MyMenu=new renshi.ModuleClass.MyModule();
```

(2) 编写窗体的Form_Load事件F_Main_Load，如代码7-6所示。

代码7-6　窗体的Form_Load事件F_Main_Load。

```
private void F_Main_Load(object sender, EventArgs e)
{
```

```
    F_Login FrmLogin=new F_Login();             //声时登录窗体,进行调用
    FrmLogin.Tag=1;                   //将登录窗体的 Tag 属性设为 1,表示调用的是登录窗体
    FrmLogin.ShowDialog();
    FrmLogin.Dispose();
    //当调用的是登录窗体时
    if (DataClass.MyMeans.Login_n==1)
    {
        Preen_Main();                           //自定义方法,通过权限对窗体进行初始化
        MyMenu.PactDay(1);
        //MyModule 类中的自定义方法,用于查找指定时间内过生日的职工
        MyMenu.PactDay(2);
        //MyModule 类中的自定义方法,用于查找合同到期的职工
    }
    DataClass.MyMeans.Login_n=3;            //将公共变量设为 3,便于控制登录窗体的关闭
}
```

(3) 在代码 7-6 中调用了 Preen_Main()方法,用于对窗体进行初始化,编写该方法的程序,如代码 7-7 所示。

代码 7-7　Preen_Main()方法。

```
#region  通过权限对主窗体进行初始化
//<summary>
//对主窗体初始化
//</summary>
private void Preen_Main()
{
    treeView1.Nodes.Clear();
    MyMenu.GetMenu(treeView1, menuStrip1);
    //调用公共类 MyModule 下的 GetMenu()方法,将 menuStrip1 控件的子菜单添加到
    treeView1 控件中
    MyMenu.MainMenuF(menuStrip1);        //将菜单栏中的各子菜单项设为不可用状态
    MyMenu.MainPope(menuStrip1, DataClass.MyMeans.Login_Name);
    //根据权限设置相应子菜单的可用状态
    MessageBox.Show("sss");
}
#endregion
```

(4) 编写 TreeView 控件的 NodeMouseClick 事件,如代码 7-8 所示。

代码 7-8　TreeView 控件的 NodeMouseClick 事件。

```
private void treeView1_NodeMouseClick(object sender, TreeNodeMouseClickEventArgs e)
{
    if (e.Node.Text.Trim()=="系统退出")          //如果当前节点的文本为"系统退出"
    {
        Application.Exit();                    //关闭整个工程
    }
    MyMenu.TreeMenuF(menuStrip1, e);
    //用 MyModule 公共类中的 TreeMenuF()方法调用各窗体
}
```

(5) 编写菜单项的单击事件,其中"基础信息管理"→"数据基础"下的三级菜单项如图7-29所示。编写菜单项"民族类别设置"的事件如代码7-9所示,编写菜单项"职工类别设置"的事件如代码7-10所示,编写菜单项"文化程度设置"的事件如代码7-11所示,编写菜单项"政治面貌设置"的事件如代码7-12所示,编写菜单项"部门类别设置"的事件如代码7-13所示,编写菜单项"工资类别设置"的事件如代码7-14所示,编写菜单项"职务类别设置"的事件如代码7-15所示,编写菜单项"职称类别设置"的事件如代码7-16所示,编写菜单项"奖惩类别设置"的事件如代码7-17所示,编写菜单项"记事本类别设置"的事件如代码7-18所示。

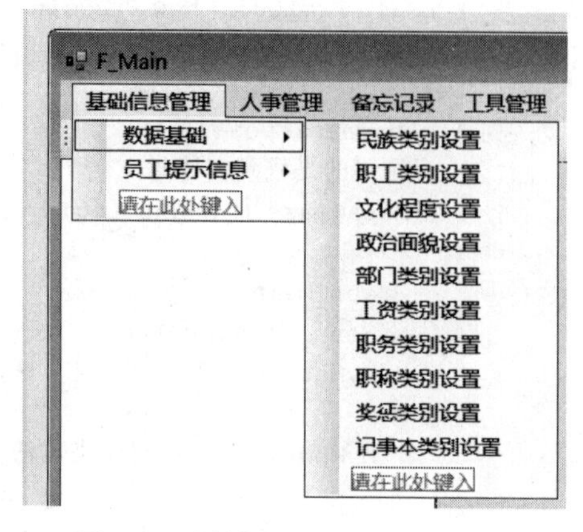

图7-29 "数据基础"下的三级菜单

代码7-9 菜单项"民族类别设置"的事件。

```
public void Tool_Folk_Click(object sender, EventArgs e)
{
    MyMenu.Show_Form(sender.ToString().Trim(), 2);
}
```

代码7-10 菜单项"职工类别设置"的事件。

```
public void Tool_Folk_Click(object sender, EventArgs e)
{
    MyMenu.Show_Form(sender.ToString().Trim(), 2);
}
```

代码7-11 菜单项"文化程度设置"的事件。

```
public void Tool_Folk_Click(object sender, EventArgs e)
{
    MyMenu.Show_Form(sender.ToString().Trim(), 2);
}
```

代码7-12 菜单项"政治面貌设置"的事件。

```
private void Tool_Visage_Click(object sender, EventArgs e)
{
    MyMenu.Show_Form(sender.ToString().Trim(), 2);
}
```

代码7-13 菜单项"部门类别设置"的事件。

```
public void Tool_Folk_Click(object sender, EventArgs e)
```

```
{
    MyMenu.Show_Form(sender.ToString().Trim(), 2);
}
```

代码 7-14　菜单项“工资类别设置”的事件。

```
public void Tool_Folk_Click(object sender, EventArgs e)
{
    MyMenu.Show_Form(sender.ToString().Trim(), 2);
}
```

代码 7-15　菜单项“职务类别设置”的事件。

```
public void Tool_Folk_Click(object sender, EventArgs e)
{
    MyMenu.Show_Form(sender.ToString().Trim(), 2);
}
```

代码 7-16　菜单项“职称类别设置”的事件。

```
public void Tool_Folk_Click(object sender, EventArgs e)
{
    MyMenu.Show_Form(sender.ToString().Trim(), 2);
}
```

代码 7-17　菜单项“奖惩类别设置”的事件。

```
public void Tool_Folk_Click(object sender, EventArgs e)
{
    MyMenu.Show_Form(sender.ToString().Trim(), 2);
}
```

代码 7-18　菜单项“记事本类别设置”的事件。

```
public void Tool_Folk_Click(object sender, EventArgs e)
{
    MyMenu.Show_Form(sender.ToString().Trim(),2);
}
```

编写“基础信息管理”→“员工提示信息”下菜单项的事件，该菜单项的三级菜单的设计界面如图 7-30 所示。编写菜单项“员工生日提示”的事件，如代码 7-19 所示，编写菜单项“员工合同提示”的事件，如代码 7-20 所示。

代码 7-19　菜单项“员工生日提示”的事件。

```
private void Tool_ClewBirthday_Click(object sender,EventArgs e)
{
    MyMenu.Show_Form(sender.ToString().Trim(),1);
}
```

代码 7-20 菜单项"员工合同提示"的事件。

```
private void Tool_ClewBargain_Click(object sender,EventArgs e)
{
    MyMenu.Show_Form(sender.ToString().Trim(),1);
}
```

编写"人事管理"菜单项的事件，该菜单的二级菜单的设计界面如图 7-31 所示。编写菜单项"人事档案浏览"的事件，如代码 7-21 所示。编写菜单项"人事资料查询"的事件，如代码 7-22 所示。编写菜单项"人事资料统计"的事件，如代码 7-23 所示。

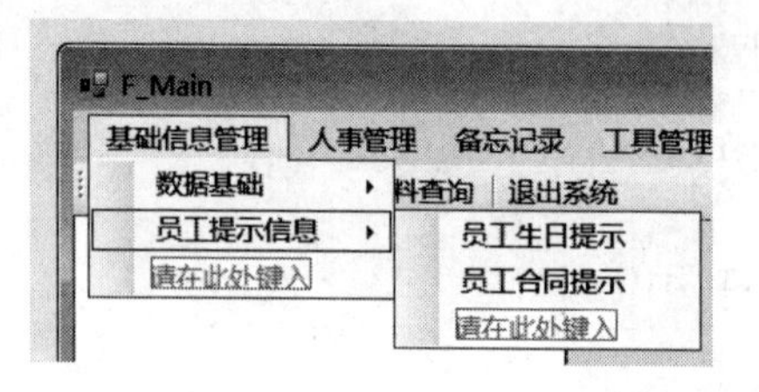

图 7-30 "员工提示信息"菜单项的设计界面

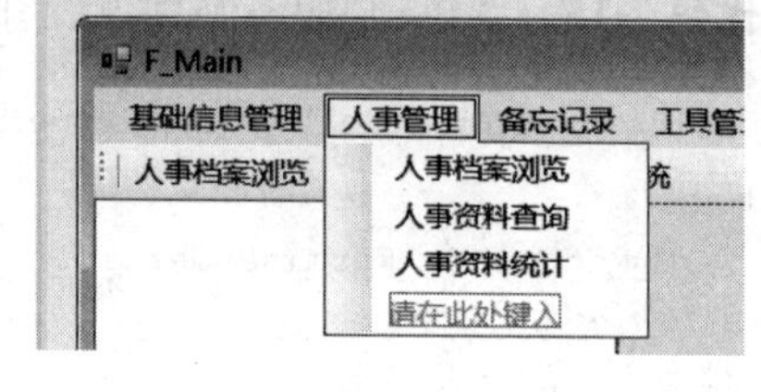

图 7-31 "人事管理"菜单项的设计界面

代码 7-21 菜单项"人事档案浏览"的事件。

```
private void Tool_Stuffbusic_Click(object sender,EventArgs e)
{
    MyMenu.Show_Form(sender.ToString().Trim(),1);
    //用 MyModule 公共类中的 Show_Form()方法调用各窗体
}
```

代码 7-22 菜单项"人事资料查询"的事件。

```
private void Tool_Stufind_Click(object sender,EventArgs e)
{
    MyMenu.Show_Form(sender.ToString().Trim(),1);
}
```

代码 7-23 菜单项"人事资料统计"的事件。

```
private void Tool_Stusum_Click(object sender,EventArgs e)
{
    MyMenu.Show_Form(sender.ToString().Trim(),1);
}
```

编写"备忘记录"菜单项的事件，该菜单项的二级菜单如图 7-32 所示。编写菜单项"日常记事"的事件，如代码 7-24 所示。编写菜单项"通讯录"的事件，如代码 7-25 所示。

代码 7-24 菜单项"日常记事"的事件。

```
private void Tool_DayWordPad_Click(object sender,EventArgs e)
{
    MyMenu.Show_Form(sender.ToString().Trim(),1);
}
```

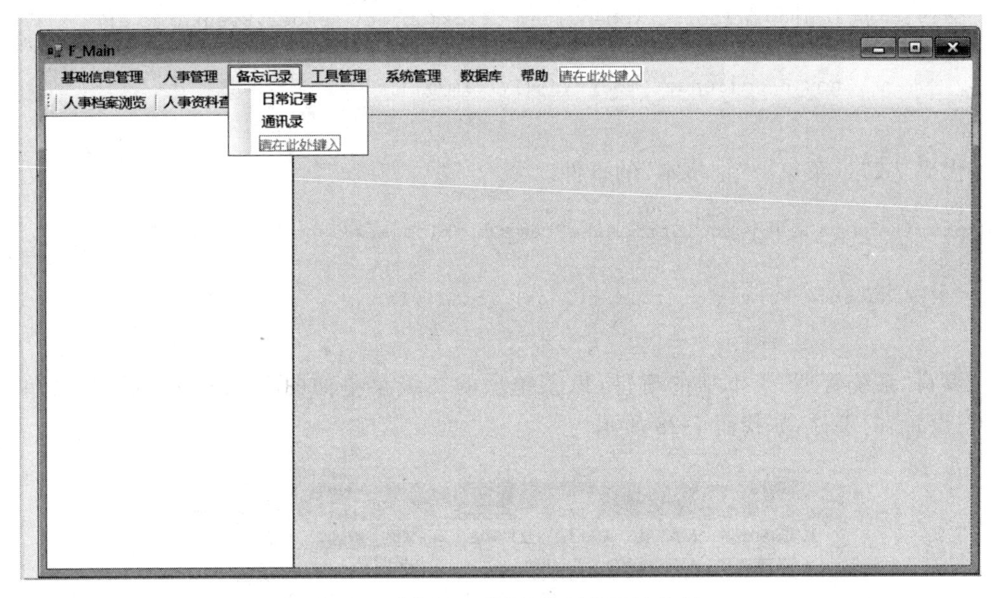

图 7-32　“备忘记录”菜单项的设计界面

代码 7-25　菜单项“通讯录”的事件。

```
private void 通讯录 ToolStripMenuItem_Click(object sender,EventArgs e)
{
    MyMenu.Show_Form(sender.ToString().Trim(),1);
}
```

编写“工具管理”菜单项的事件，该菜单的二级菜单项如图 7-33 所示。编写菜单项“计算器”的事件，如代码 7-26 所示。编写菜单项“记事本”的事件，如代码 7-27 所示。

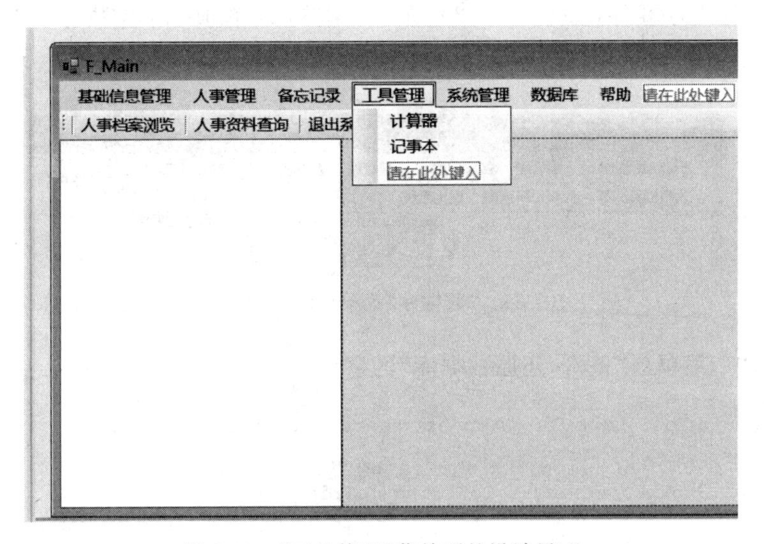

图 7-33　“工具管理”菜单项的设计界面

代码 7-26　菜单项“计算器”的事件。

```
private void 计算器ToolStripMenuItem_Click(object sender,EventArgs e)
{
  MyMenu.Show_Form(sender.ToString().Trim(),1);
}
```

代码 7-27 菜单项"记事本"的事件。

```
private void 记事本ToolStripMenuItem_Click(object sender,EventArgs e)
{
  MyMenu.Show_Form(sender.ToString().Trim(),1);
}
```

编写"系统管理"菜单项的事件,该菜单项的二级菜单如图 7-34 所示。编写菜单项"用户设置"的事件,如代码 7-28 所示。

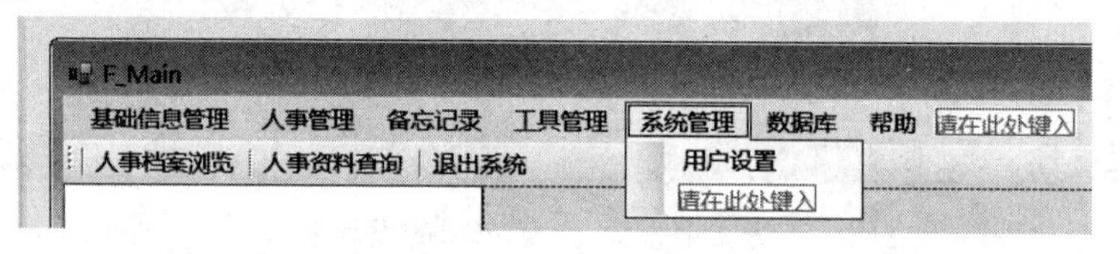

图 7-34 "系统管理"菜单项的设计界面

代码 7-28 菜单项"用户设置"的事件。

```
private void 用户设置ToolStripMenuItem_Click(object sender,EventArgs e)
{
    MyMenu.Show_Form(sender.ToString().Trim(),1);
}
```

编写"数据库"菜单项的事件,该菜单项的二级菜单如图 7-35 所示。编写菜单项"备份/还原数据库"的事件,如代码 7-29 所示。编写菜单项"清空数据库"的事件,如代码 7-30 所示。

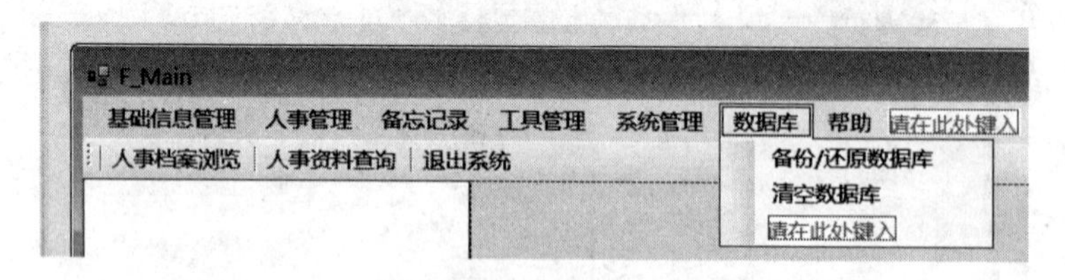

图 7-35 "数据库"菜单项的设计界面

代码 7-29 菜单项"备份/还原数据库"的事件。

```
private void Tool_Back_Click(object sender,EventArgs e)
{
    MyMenu.Show_Form(sender.ToString().Trim(),1);
}
```

代码 7-30 菜单项"清空数据库"的事件。

```
private void Tool_Clear_Click(object sender,EventArgs e)
{
    MyMenu.Show_Form(sender.ToString().Trim(),1);
}
```

(6) 编写工具按钮 toolStrip 控件的事件。"工具按钮"的设计界面如图 7-36 所示。在该控件上添加三项按钮,分别是"人事档案浏览"、"人事资料查询"和"退出系统"。编写"人事档案浏览"按钮的事件,如代码 7-31 所示。编写"人事资料查询"按钮的事件,如代码 7-32 所示。编写"退出系统"按钮的事件,如代码 7-33 所示。

图 7-36 "工具按钮"的设计界面

代码 7-31 "人事档案浏览"按钮的事件。

```
private void Button_Stuffbusic_Click(object sender,EventArgs e)
{
    if (Tool_Stuffbusic.Enabled==true)
        Tool_Stuffbusic_Click(sender,e);
    else
        MessageBox.Show("当前用户无权限调用"+"\""+((ToolStripButton)sender).Text+
        "\""+"窗体");
}
```

代码 7-32 "人事资料查询"按钮的事件。

```
private void Button_Stufind_Click(object sender,EventArgs e)
{
    if (Tool_Stufind.Enabled==true)
        Tool_Stufind_Click(sender,e);
    else
        MessageBox.Show("当前用户无权限调用"+"\""+((ToolStripButton)sender).Text
        +"\""+"窗体");
}
```

代码 7-33 "退出系统"按钮的事件。

```
private void Button_Close_Click(object sender,EventArgs e)
{
  this.Close();
}
```

7.2.4 设计制作基础数据设置界面 F_Basic.cs

"数据基础"菜单的设计界面如图 7-37 所示。"数据基础"菜单的三级菜单单击之后,所打开的是同一个窗体。该窗体的功能是对不同的数据表进行管理,如添加、修改、删除等操作,该窗体的设计界面如图 7-38 所示。

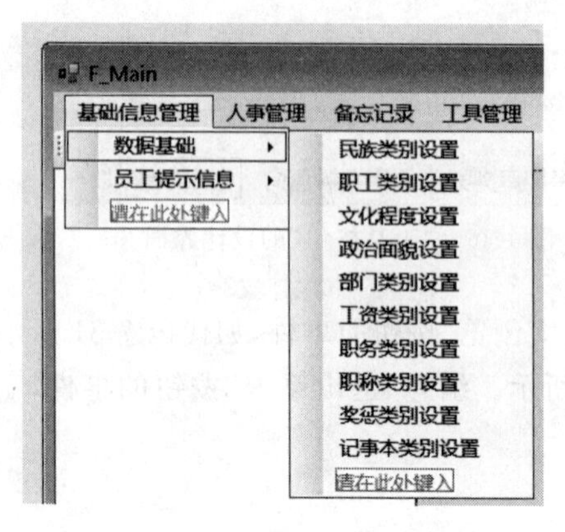

图7-37 “数据基础”菜单的设计界面

图7-38 “数据基础”管理窗体的设计界面

1. 设计界面

基础数据管理窗体的设计步骤为：首先拖入3个GroupBox控件，分别用于“基本信息”、“相关操作”和“输入添加\修改的信息”三部分信息的布局用。然后在“基本信息”部分拖入1个ListBox控件，用于显示“基本信息”的内容。在“相关操作”部分拖入5个Button控件，分别作为“添加”、“修改”、“删除”、“取消”和“退出”按钮。在“输入添加\修改的信息”部分拖入1个TextBox控件，用于接收输入的信息。

2. 编写代码

(1) 首先定义该窗体的公共变量，如代码7-34所示。

代码7-34 窗体的公共变量。

```
DataClass.MyMeans MyDClass=new renshi.DataClass.MyMeans();
public static string reField="";                          //记录要修改的字段
public static int indvar=-1;
```

(2) 编写窗体的Form_Load事件F_Basic_Load，如代码7-35所示。

代码7-35 窗体的Form_Load事件F_Basic_Load。

```
private void F_Basic_Load(object sender,EventArgs e)
{
    listBox1.Items.Clear();
    DataSet My_Set=MyDClass.getDataSet(DataClass.MyMeans.Mean_SQL,DataClass.
    MyMeans.Mean_Table);
    if (My_Set.Tables[0].Rows.Count>0)
    for (int i=0; i<My_Set.Tables[0].Rows.Count; i++)
    {
        listBox1.Items.Add(My_Set.Tables[0].Rows[i][1].ToString());
    }
}
```

(3) 双击“添加”按钮,进入该按钮的单击事件,编写程序如代码 7-36 所示。

代码 7-36　“添加”按钮的单击事件。

```
private void button1_Click(object sender,EventArgs e)
{
    bool t=false;
    string temField="";
    if (textBox1.Text !="")
    {
        temField=textBox1.Text.Trim();
        SqlDataReader temDR = MyDClass. getcom ( " select * from " + DataClass.
        MyMeans.Mean_Table.Trim()+" where "+DataClass.MyMeans.Mean_Field.Trim
        ()+"='"+temField+"'");
        t=temDR.Read();
        if (t==false)
        {
            MyDClass.getsqlcom("insert into "+DataClass.MyMeans.Mean_Table.
            Trim()+"("+DataClass.MyMeans.Mean_Field.Trim()+") values("+"'"+
           temField+"'"+")");
            listBox1.Items.Add(textBox1.Text.Trim());
            textBox1.Text="";
        }
    }
}
```

(4) 双击“修改”按钮,进入该按钮的单击事件,编写程序如代码 7-37 所示。

代码 7-37　“修改”按钮的单击事件。

```
private void button2_Click(object sender,EventArgs e)
{
    bool t=false;
    string temField="";
    if (textBox1.Text !="")
    {
        temField=textBox1.Text.Trim();
        SqlDataReader temDR = MyDClass. getcom ( " select * from " + DataClass.
        MyMeans.Mean_Table.Trim()+" where "+DataClass.MyMeans.Mean_Field.Trim
        ()+"='"+reField+"'");
        t=temDR.Read();
        if (t==true)
        {
            temField=temDR[0].ToString();
            MyDClass.getsqlcom("update "+DataClass.MyMeans.Mean_Table.Trim()+
            "set"+DataClass.MyMeans.Mean_Field.Trim()+"='"+textBox1.Text.Trim()
            +"'where ID='"+temField+"'");
            if (indvar>=0)
            listBox1.Items[indvar]=(textBox1.Text.Trim());
            textBox1.Text="";
        }
```

```
        }
        button4_Click(sender,e);
    }
```

(5) 双击"删除"按钮,进入该按钮的单击事件,编写程序如代码 7-38 所示。

代码 7-38 "删除"按钮的单击事件。

```
private void button3_Click(object sender,EventArgs e)
{
    if (reField !="" & indvar>=0)
    {
        MyDClass.getsqlcom("delete from "+DataClass.MyMeans.Mean_Table.Trim()
        +"where"+DataClass.MyMeans.Mean_Field.Trim()+"='"+reField+"'");
        listBox1.Items.Remove(listBox1.Items[listBox1.SelectedIndex]);
        listBox1.SelectedIndex=-1;
    }
    button4_Click(sender,e);
}
```

(6) 双击"取消"按钮,进入该按钮的单击事件,编写程序如代码 7-39 所示。

代码 7-39 "取消"按钮的单击事件。

```
private void button4_Click(object sender,EventArgs e)
{
    button2.Enabled=false;
    button3.Enabled=false;
}
```

(7) 双击"退出"按钮,进入该按钮的单击事件,编写程序如代码 7-40 所示。

代码 7-40 "退出"按钮的单击事件。

```
private void button5_Click(object sender,EventArgs e)
{
    this.Close();
}
```

(8) 编写 listBox 控件的 SelectedValueChanged 事件 listBox1_SelectedValueChanged,如代码 7-41 所示。

代码 7-41 listBox 控件的 SelectedValueChanged 事件。

```
private void listBox1_SelectedValueChanged(object sender,EventArgs e)
{
    if (listBox1.SelectedIndex>=0)
    {
        reField=listBox1.SelectedItem.ToString();
        indvar=listBox1.SelectedIndex;
        button2.Enabled=true;
        button3.Enabled=true;
    }
}
```

7.2.5　设计制作设置提示日期界面 F_ClewSet.cs

“设置提示日期”界面是对员工生日和员工合同进行日期提示，该功能的设计界面如图 7-39 所示。

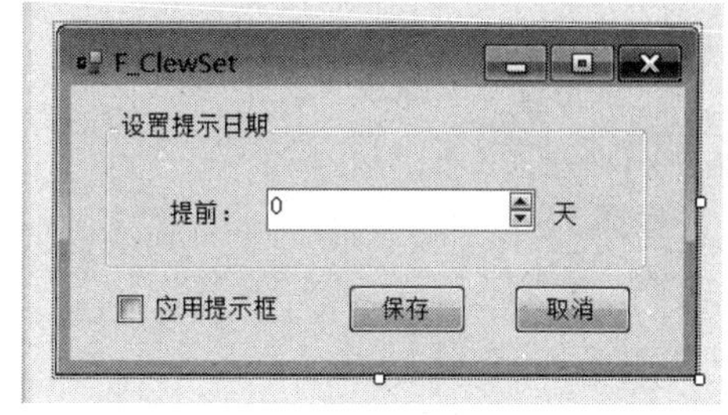

图 7-39　“设置提示日期”的设计界面

1. 设计界面

“设置提示日期”界面的设计步骤为：首先拖入 1 个 GroupBox 控件，设置该控件的 Text 属性为“设置提示日期”。然后拖入 1 个 Label 控件，用于显示“提前”标签。再拖入 1 个 numericUpDown 控件，用于微调数字。再拖入 1 个 CheckBox 控件，用于确认是否应用提示框，最后拖入 2 个 Button 控件，用作“保存”和“取消”按钮。

2. 编写代码

(1) 首先定义该窗体的公共变量，如代码 7-42 所示。

代码 7-42　定义该窗体的公共变量。

```
DataClass.MyMeans MyDataClass=new renshi.DataClass.MyMeans();
```

(2) 编写窗体的 Form_Load 事件 F_ClewSet_Load，如代码 7-43 所示。

代码 7-43　窗体的 Form_Load 事件 F_ClewSet_Load。

```
private void F_ClewSet_Load(object sender,EventArgs e)
{
    SqlDataReader SQLDR=MyDataClass.getcom("Select * from tb_Clew where Kind="
    +this.Tag);
    if (SQLDR.Read())
    {
        if ((int)SQLDR[3]==0)
        checkBox1.Checked=false;
        else
        checkBox1.Checked=true;
        numericUpDown1.Value=(int)SQLDR[1];
    }
}
```

(3) 双击“保存”按钮，进入该按钮的单击事件，编写程序如代码 7-44 所示。

代码 7-44　“保存”按钮的单击事件。

```
private void button1_Click(object sender,EventArgs e)
{
    int Un=0;
    if (checkBox1.Checked==true)
```

```
        Un=1;
    else
        Un=0;
    MyDataClass.getsqlcom("update tb_Clew set Fate="+numericUpDown1.Value+",
    Unlock="+Un+" where Kind="+this.Tag);
}
```

(4) 编写 CheckBox 控件的 CheckChanged 事件 checkBox1_CheckedChanged，如代码 7-45 所示。

代码 7-45 CheckBox 控件的 CheckChanged 事件。

```
private void checkBox1_CheckedChanged(object sender,EventArgs e)
{
    bool Tbool=true;
    if (checkBox1.Checked==true)
        Tbool=true;
    else
        Tbool=false;
    groupBox1.Enabled=Tbool;
}
```

7.2.6 设计制作人事档案管理界面 F_ManFile.cs

人事档案管理是企业人事管理系统的核心功能，其功能是对员工的人事信息进行管理。人事档案管理的功能包括：分类查询、浏览上一条或下一条信息、显示员工人事信息、员工照片管理、职工基本信息管理、工作简历管理、家庭关系管理、培训记录管理、奖惩记录管理、个人简历管理等。“人事档案管理”的设计界面如图 7-40 所示。

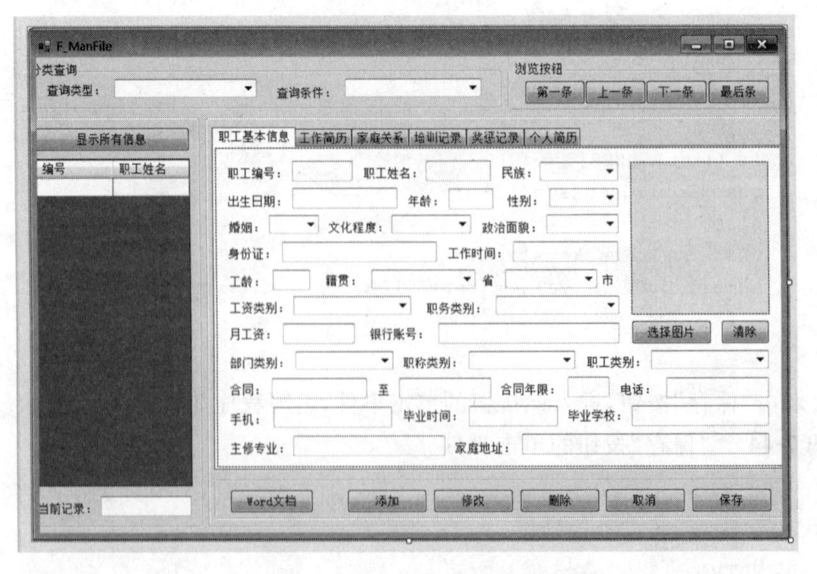

图 7-40 “人事档案管理”的设计界面

1. 设计界面

人事档案管理界面的设计步骤为：首先拖入 5 个 GroupBox 控件，用于整个界面的布局，这 5 个 GroupBox 控件分别用于“分类查询”、“显示所有信息”、“浏览按钮”、“职工基本信息”和“添加/删除”按钮的布局。

(1) 在“分类查询”部分，拖入 2 个 Label 控件，用于“查询类型”和“查询条件”标签的显示。然后拖入 2 个 ComboBox 控件，设置第一个 ComboBox 控件的 Items 属性如图 7-41 所示。

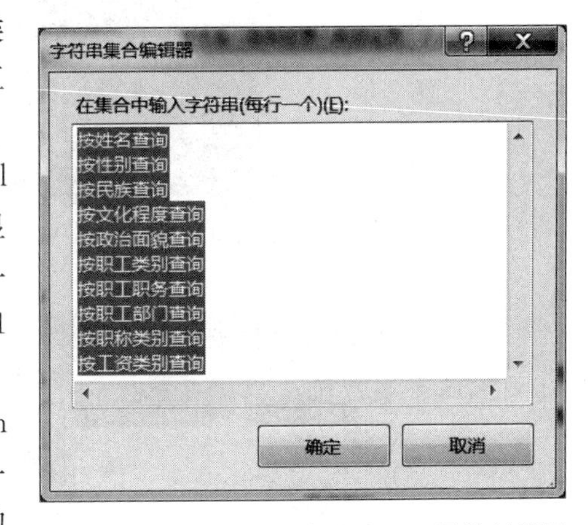

图 7-41　ComboBox 控件的 Items 属性的设置

(2) 在“浏览按钮”部分，拖入 4 个 Button 控件，分别作为“第一条”、“上一条”、“下一条”和“最后条”按钮，分别用于查询对应条的数据。

(3) 在“显示所有信息”部分，拖入 1 个 Button 控件，用作“显示所有信息”按钮。然后拖入 1 个 DataGridView 控件，用于显示职工信息。单击 DataGridView 控件右上角的智能标签，首先编辑列，如图 7-42 所示。然后选择“启动添加”、“启动编辑”、“启动删除”选项，如图 7-43 所示。

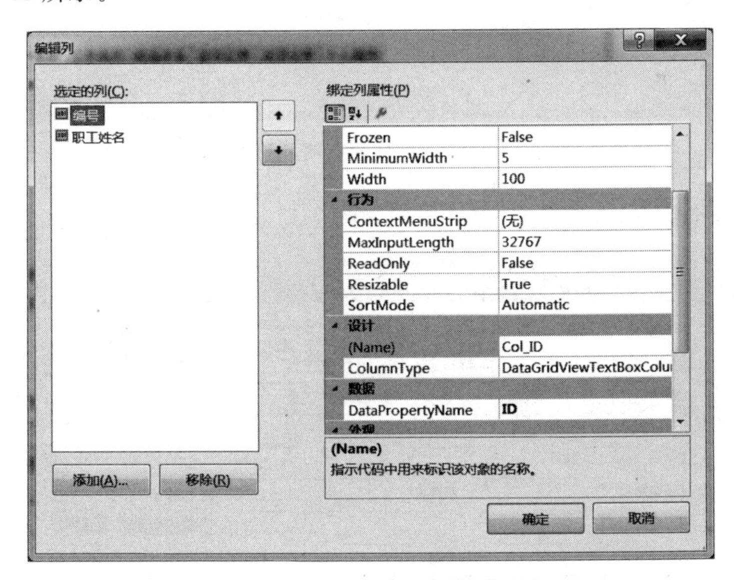

图 7-42　DataGridView 控件的“编辑列”对话框

最后拖入 1 个 Label 控件，1 个 TextBox 控件，用于显示当前记录。

(4) 在“职工基本信息”部分，拖入 1 个 TabControl 控件，编辑该控件的 TabPages，添加职工基本信息、工作简历、家庭关系、培训记录、奖惩记录和个人简历共 6 个选项卡，编辑选项卡属性的界面如图 7-44 所示。

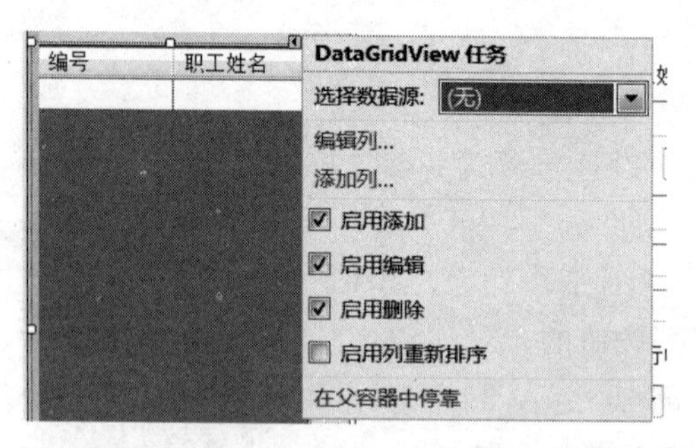

图 7-43　DataGridView 控件的智能标签的编辑

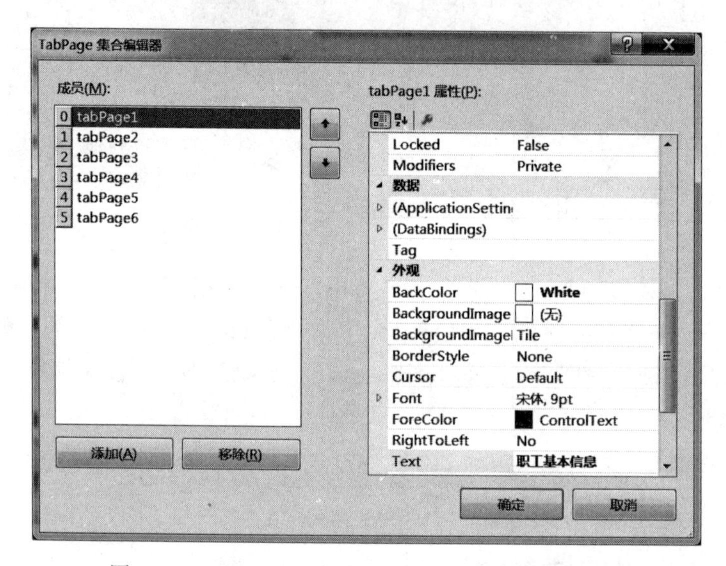

图 7-44　TabControl 控件的选项卡的属性编辑界面

在"职工基本信息"选项卡中,设计界面如图 7-45 所示。

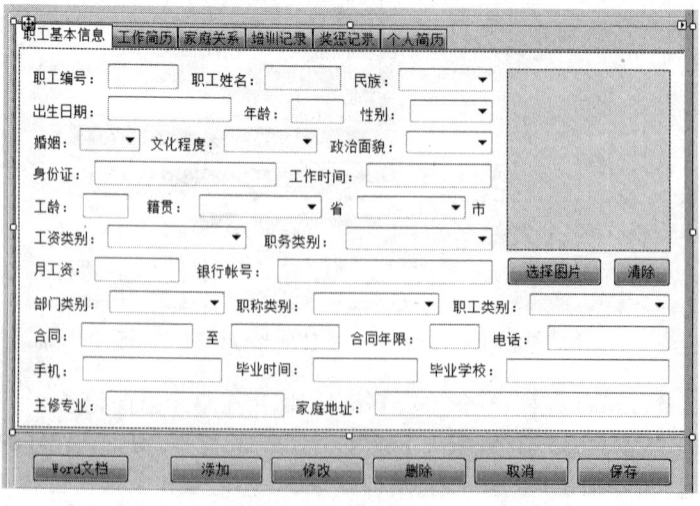

图 7-45　"职工基本信息"选项卡的设计界面

在“工作简历”选项卡中，设计界面如图 7-46 所示。

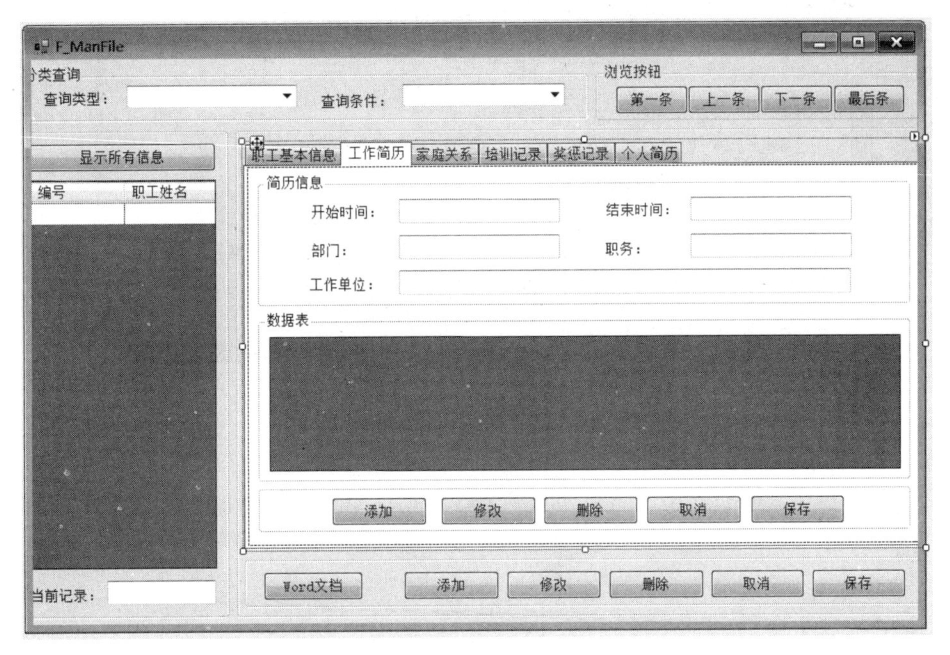

图 7-46　“工作简历”选项卡的设计界面

在“家庭关系”选项卡中，设计界面如图 7-47 所示。

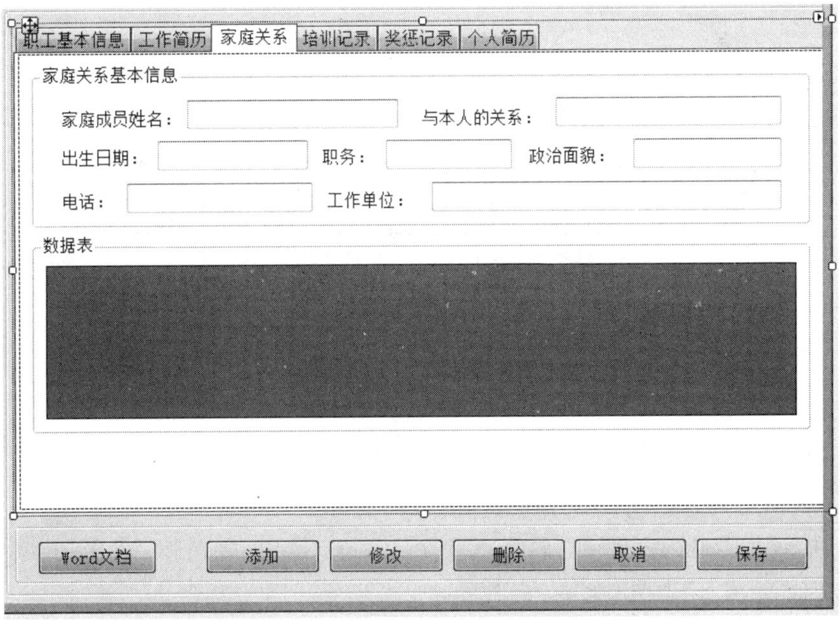

图 7-47　“家庭关系”选项卡的设计界面

在“培训记录”选项卡中，设计界面如图 7-48 所示。

在“奖惩记录”选项卡中，设计界面如图 7-49 所示。

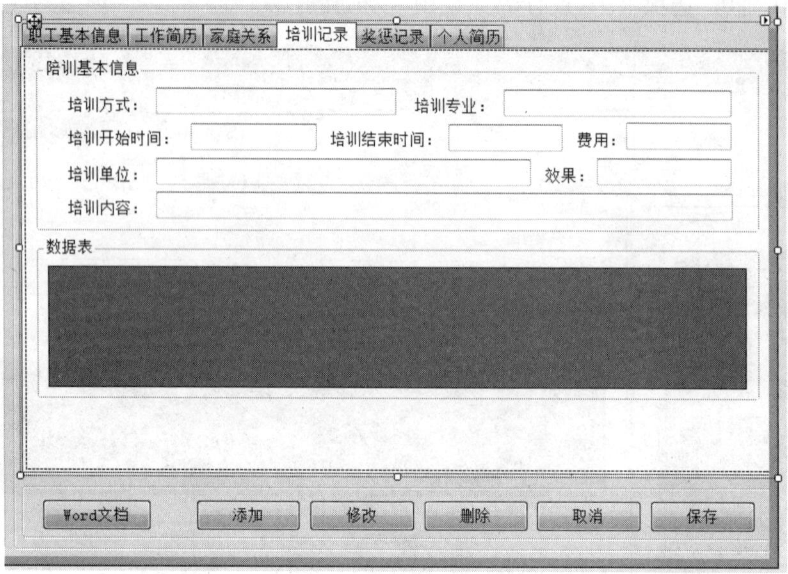

图 7-48 “培训记录”选项卡的设计界面

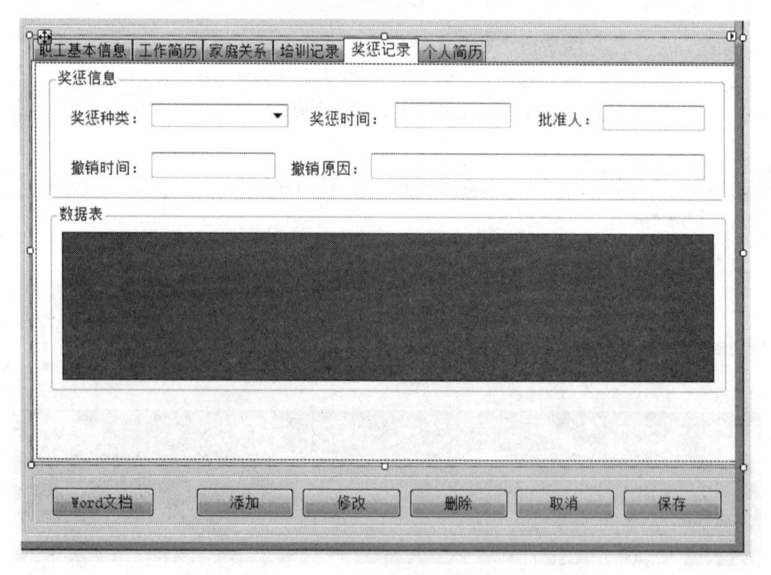

图 7-49 “奖惩记录”选项卡的设计界面

在“个人简历”选项卡中，设计界面如图 7-50 所示。

(5) 在“添加/删除按钮”部分，拖入 6 个 Button 按钮，分别作为“Word 文档”、“添加”、“修改”、“删除”、“取消”和“保存”按钮。

2. 编写代码

(1) 首先定义窗体的公共变量，如代码 7-46 所示。

代码 7-46 定义窗体的公共变量。

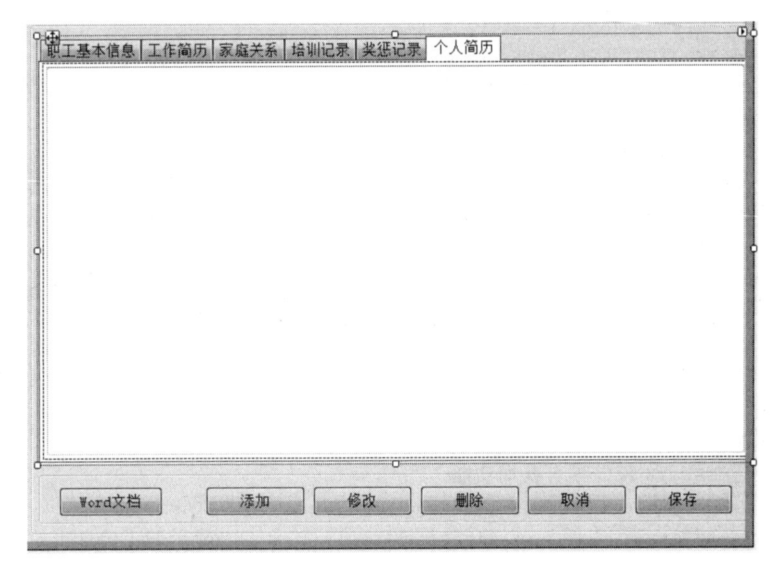

图 7-50 “个人简历”选项卡的设计界面

```
#region  当前窗体的所有公共变量
DataClass.MyMeans MyDataClass=new RENSHI.DataClass.MyMeans();
ModuleClass.MyModule MyMC=new RENSHI.ModuleClass.MyModule();
public static DataSet MyDS_Grid;
public static string tem_Field="";
public static string tem_Value="";
public static string tem_ID="";
public static int hold_n=0;
public static byte[] imgBytesIn;                    //用来存储图片的二进制数
public static int Ima_n=0;                          //判断是否对图片进行操作
public static string Part_ID="";                    //存储数据表的 ID 信息
#endregion
```

(2) 编写窗体的 Form_Load 事件 F_ManFile_Load，如代码 7-47 所示。

代码 7-47 窗体的 Form_Load 事件 F_ManFile_Load。

```
private void F_ManFile_Load(object sender,EventArgs e)
{
    //用 DataGridView1 控件显示职工的名称
    MyDS_Grid=MyDataClass.getDataSet(DataClass.MyMeans.AllSql,"tb_Stuffbusic");
    dataGridView1.DataSource=MyDS_Grid.Tables[0];
    dataGridView1.AutoGenerateColumns=true;         //判断是否自动创建列
    dataGridView1.Columns[0].Width=60;
    dataGridView1.Columns[1].Width=80;
    for (int i=2; i<dataGridView1.ColumnCount; i++)
    //隐藏 dataGridView1 控件中不需要的列字段
    {
        dataGridView1.Columns[i].Visible=false;
    }
    MyMC.MaskedTextBox_Format(S_3);                  //指定 MaskedTextBox 控件的格式
```

```
    MyMC.MaskedTextBox_Format(S_10);
    MyMC.MaskedTextBox_Format(S_21);
    MyMC.MaskedTextBox_Format(S_27);
    MyMC.MaskedTextBox_Format(S_28);
    MyMC.CoPassData(S_2,"tb_Folk");                //向"民族类别"列表框中添加信息
    MyMC.CoPassData(S_5,"tb_Kultur");              //向"文化程度"列表框中添加信息
    MyMC.CoPassData(S_8,"tb_Visage");              //向"政治面貌"列表框中添加信息
    MyMC.CoPassData(S_12,"tb_EmployeeGenre");      //向"职工类别"列表框中添加信息
    MyMC.CoPassData(S_13,"tb_Business");           //向"职务类别"列表框中添加信息
    MyMC.CoPassData(S_14,"tb_Laborage");           //向"工资类别"列表框中添加信息
    MyMC.CoPassData(S_15,"tb_Branch");             //向"部门类别"列表框中添加信息
    MyMC.CoPassData(S_16,"tb_Duthcall");           //向"职称类别"列表框中添加信息
    MyMC.CityInfo(S_23,"select distinct beaware from tb_City",0);
    S_23.AutoCompleteMode=AutoCompleteMode.SuggestAppend;
    //使 S_BeAware 控件具有查询功能
    S_23.AutoCompleteSource=AutoCompleteSource.ListItems;
    textBox1.Text=Grid_Inof(dataGridView1);        //显示职工信息表的首记录
    DataClass.MyMeans.AllSql="Select * from tb_Stuffbusic";
}
```

(3) 编写 DataGridView 数据显示控件的 CellEnter 事件 dataGridView1_CellEnter，如代码 7-48 所示。

代码 7-48 DataGridView 数据显示控件的 CellEnter 事件 dataGridView1_CellEnter。

```
private void dataGridView1_CellEnter(object sender,DataGridViewCellEventArgs e)
{
    try
    {
        if (dataGridView1.CurrentCell.RowIndex>-1)
        {
            textBox1.Text=Grid_Inof(dataGridView1);  //显示职工信息表的当前记录
            MyMC.Ena_Button(N_First,N_Previous,N_Next,N_Cauda,1,1,1,1);
            //使窗体中的编辑按钮可用
            //获取工作简历表中的信息
            DataSet WDset=MyDataClass.getDataSet("select Sut_ID,ID,BeginDate
            as 开始时间,EndDate as 结束时间,Branch as 部门,Business as 职务,
            WordUnit as 工作单位 from tb_WordResume where Sut_ID='"+tem_ID+"'","
            tb_WordResume");
            MyMC.Correlation_Table(WDset,dataGridView2);
                                      //将 WDset 存储的信息显示在 DataGridView2 控件中
            if (WDset.Tables[0].Rows.Count<1)          //当 WDset 中没有信息时
            //清空相应的控件
               MyMC.Clear_Grids(WDset.Tables[0].Columns.Count,groupBox7.
               Controls,"Word_");
            //获取家庭关系表中的信息
            DataSet FDset=MyDataClass.getDataSet("select Sut_ID,ID,LeaguerName
            as 家庭成员名称,Nexus as 与本人的关系,BirthDate as 出生日期,WordUnit as
            工作单位,Business as 职务,Visage as 政治面貌,Phone as 电话 from tb_
            Family where Sut_ID='"+tem_ID+"'","tb_Family");
```

```
            MyMC.Correlation_Table(FDset,dataGridView3);
            if (FDset.Tables[0].Rows.Count<1)
            MyMC.Clear_Grids(FDset.Tables[0].Columns.Count,groupBox10.Controls,"
            Famity_");
            //获取工作简历表中的信息
            DataSet TDset = MyDataClass. getDataSet ( " select Sut _ ID, ID,
            TrainFashion as 培训方式,BeginDate as 培训开始时间,EndDate as 培训结束
            时间,Speciality as 培训专业,TrainUnit as 培训单位,KulturMemo as 培训内
            容,Charge as 费用,Effect as 效果 from tb_TrainNote where Sut_ID='"+tem
            _ID+"'","tb_TrainNote");
            MyMC.Correlation_Table(TDset,dataGridView4);
            if (TDset.Tables[0].Rows.Count<1)
            MyMC.Clear_Grids(TDset.Tables[0].Columns.Count,groupBox12.Controls,"
            TrainNote_");
            //获取奖惩记录表中的信息
            DataSet RDset=MyDataClass.getDataSet("select Sut_ID,ID,RPKind as 奖
            惩种类,RPDate as 奖惩时间,SealMan as 批准人,QuashDate as 撤销时间,
            QuashWhys as 撤销原因 from tb_RANDP where Sut_ID='"+tem_ID+"'","tb_
            RANDP");
            MyMC.Correlation_Table(RDset,dataGridView5);
            if (RDset.Tables[0].Rows.Count<1)
            MyMC.Clear_Grids(RDset.Tables[0].Columns.Count,groupBox14.Controls,"
            RANDP_");
            //获取个人简历表中的信息
            SqlDataReader Read _Memo = MyDataClass. getcom ( " Select * from tb _
            Individual where ID='"+tem_ID+"'");
            if (Read_Memo.Read())
            Ind_Mome.Text=Read_Memo[1].ToString();
            else
            Ind_Mome.Clear();
        }
    }
    catch {}
}
```

(4) 编写"查询类型"ComboBox 控件的 TextChanged 事件，如代码 7-49 所示。

代码 7-49 "查询类型"ComboBox 控件的 TextChanged 事件。

```
private void comboBox1_TextChanged(object sender,EventArgs e)
{
    switch (comboBox1.SelectedIndex)        //向 comboBox2 控件中添加相应的查询条件
    {
        case 0:
        {
            MyMC. CityInfo ( comboBox2," select distinct StuffName from tb _
            Stuffbusic",0);                 //职工姓名
            tem_Field="StuffName";
            break;
        }
        case 1:                             //性别
```

```
{
    comboBox2.Items.Clear();
    comboBox2.Items.Add("男");
    comboBox2.Items.Add("女");
    tem_Field="Sex";
    break;
}
case 2:
{
    MyMC.CoPassData(comboBox2,"tb_Folk");                //民族类别
    tem_Field="Folk";
    break;
}
case 3:
{
    MyMC.CoPassData(comboBox2,"tb_Kultur");              //文化程度
    tem_Field="Kultur";
    break;
}
case 4:
{
    MyMC.CoPassData(comboBox2,"tb_Visage");              //政治面貌
    tem_Field="Visage";
    break;
}
case 5:
{
    MyMC.CoPassData(comboBox2,"tb_EmployeeGenre");       //职工类别
    tem_Field="Employee";
    break;
}
case 6:
{
    MyMC.CoPassData(comboBox2,"tb_Business");            //职务类别
    tem_Field="Business";
    break;
}
case 7:
{
    MyMC.CoPassData(comboBox2,"tb_Branch");              //部门类别
    tem_Field="Branch";
    break;
}
case 8:
{
    MyMC.CoPassData(comboBox2,"tb_Duthcall");            //职称类别
    tem_Field="Duthcall";
    break;
}
```

```
        case 9:
        {
            MyMC.CoPassData(comboBox2,"tb_Laborage");            //工资类别
            tem_Field="Laborage";
            break;
        }
    }
}
```

(5) 编写“查询条件”ComboBox 控件的 TextChanged 事件，如代码 7-50 所示。

代码 7-50 “查询条件”ComboBox 控件的 TextChanged 事件。

```
private void comboBox2_TextChanged(object sender,EventArgs e)
{
    try
    {
        tem_Value=comboBox2.SelectedItem.ToString();
        Condition_Lookup(tem_Value);
    }
    catch
    {
        comboBox2.Text="";
        MessageBox.Show("只能以选择方式查询.");
    }
}
```

(6) 双击“第一条”按钮，进入该按钮的单击事件，将显示第一条员工信息，编写程序如代码 7-51 所示。

代码 7-51 “第一条”按钮的单击事件。

```
private void N_First_Click(object sender,EventArgs e)
{
    try
    {
        int ColInd=0;
        if(dataGridView1.CurrentCell.ColumnIndex==-1||dataGridView1. CurrentCell.
        ColumnIndex>1)
            ColInd=0;
        else
            ColInd=dataGridView1.CurrentCell.ColumnIndex;
        if (((Button)sender).Name)=="N_First")
        {
            dataGridView1.CurrentCell=this.dataGridView1[ColInd,0];
            MyMC.Ena_Button(N_First,N_Previous,N_Next,N_Cauda,0,0,1,1);
        }
        if (((Button)sender).Name)=="N_Previous")
        {
        if (dataGridView1.CurrentCell.RowIndex==0)
        {
```

```
            MyMC.Ena_Button(N_First,N_Previous,N_Next,N_Cauda,0,0,1,1);
        }
        else
        {
            dataGridView1.CurrentCell=this.dataGridView1[ColInd,
            dataGridView1.CurrentCell.RowIndex-1];
            MyMC.Ena_Button(N_First,N_Previous,N_Next,N_Cauda,1,1,1,1);
        }
        }
    if ((((Button)sender).Name)=="N_Next")
    {
        if(dataGridView1.CurrentCell.RowIndex==dataGridView1.RowCount-2)
        {
            MyMC.Ena_Button(N_First,N_Previous,N_Next,N_Cauda,1,1,0,0);
        }
        else
        {
            dataGridView1.CurrentCell=this.dataGridView1[ColInd,
            dataGridView1.CurrentCell.RowIndex+1];
            MyMC.Ena_Button(N_First,N_Previous,N_Next,N_Cauda,1,1,1,1);
        }
    }
        if ((((Button)sender).Name)=="N_Cauda")
        {
            dataGridView1.CurrentCell=this.dataGridView1[ColInd,
            dataGridView1.RowCount-2];
            MyMC.Ena_Button(N_First,N_Previous,N_Next,N_Cauda,1,1,0,0);
        }
    }
    catch {}
}
```

(7) 双击“上一条”按钮，进入该按钮的单击事件，编写程序如代码7-52所示。

代码7-52 “上一条”按钮的单击事件。

```
private void N_Previous_Click(object sender,EventArgs e)
{
    N_First_Click(sender,e);
}
```

(8) 双击“下一条”按钮，进入该按钮的单击事件，编写程序如代码7-53所示。

代码7-53 “下一条”按钮的单击事件。

```
private void N_Next_Click(object sender,EventArgs e)
{
    N_First_Click(sender,e);
}
```

(9) 双击“最后条”按钮，进入该按钮的单击事件，编写程序如代码7-54所示。

代码7-54 “最后条”按钮的单击事件。

```
private void N_Cauda_Click(object sender,EventArgs e)
{
    N_First_Click(sender,e);
}
```

(10) 双击“显示所有信息”按钮,进入该按钮的单击事件,编写程序如代码 7-55 所示。

代码 7-55　“显示所有信息”按钮的单击事件。

```
private void button1_Click(object sender,EventArgs e)
{
    //用 DataGridView1 控件显示职工的名称
    MyDS_Grid=MyDataClass.getDataSet(DataClass.MyMeans.AllSql,"tb_Stuffbusic");
    DataGridView1.DataSource=MyDS_Grid.Tables[0];
    DataGridView1.AutoGenerateColumns=true;                    //是否自动创建列
    DataGridView1.Columns[0].Width=60;
    DataGridView1.Columns[1].Width=80;
    for (int i=2; i<dataGridView1.ColumnCount; i++)
    //隐藏 DataGridView1 控件中不需要的列字段
    {
        DataGridView1.Columns[i].Visible=false;
    }
}
```

(11) 双击“选择图片”按钮,进入该按钮的单击事件,编写程序如代码 7-56 所示。

代码 7-56　“选择图片”按钮的单击事件。

```
private void Img_Save_Click(object sender,EventArgs e)
{
    Read_Image(openFileDialog1,S_Photo);
    Ima_n=1;
}
```

(12) 双击“清除”按钮,进入该按钮的单击事件,编写程序如代码 7-57 所示。

代码 7-57　“清除”按钮的单击事件。

```
private void Img_Clear_Click(object sender,EventArgs e)
{
    S_Photo.Image=null;
    imgBytesIn=new byte[65536];
    Ima_n=2;
}
```

(13) 在“职工基本信息”选项卡中,双击“添加”按钮,进入该按钮的单击事件,编写程序如代码 7-58 所示。

代码 7-58　“添加”按钮的单击事件。

```
private void Sut_Add_Click(object sender,EventArgs e)
{
    MyMC.Clear_Control(tabControl1.TabPages[0].Controls);
    //清空职工基本信息的相应文本框
```

```
    S_0.Text=MyMC.GetAutocoding("tb_Stuffbusic","ID"); //自动添加编号
    hold_n=1;                                          //用于记录添加操作的标识
    MyMC.Ena_Button(Sut_Add,Sut_Amend,Sut_Cancel,Sut_Save,0,0,1,1);
    groupBox5.Text="当前正在添加信息";
    Img_Clear.Enabled=true;                            //使图片选择按钮为可用状态
    Img_Save.Enabled=true;
}
```

(14) 在“职工基本信息”选项卡中，双击“修改”按钮，进入该按钮的单击事件，编写程序如代码 7-59 所示。

代码 7-59 “修改”按钮的单击事件。

```
private void Sut_Amend_Click(object sender,EventArgs e)
{
    hold_n=2;                               //用于记录修改操作的标识
    MyMC.Ena_Button(Sut_Add,Sut_Amend,Sut_Cancel,Sut_Save,0,0,1,1);
    groupBox5.Text="当前正在修改信息";
    Img_Clear.Enabled=true;                 //使图片选择按钮为可用状态
    Img_Save.Enabled=true;
}
```

(15) 在“职工基本信息”选项卡中，双击“删除”按钮，进入该按钮的单击事件，编写程序如代码 7-60 所示。

代码 7-60 “删除”按钮的单击事件。

```
private void Sut_Delete_Click(object sender,EventArgs e)
{
    if (DataGridView1.RowCount<2)          //判断 DataGridView1 控件中是否有记录
    {
        MessageBox.Show("数据表为空,不可以删除.");
        return;
    }
    //删除职工信息表中的当前记录,及其他相关表中的信息
    MyDataClass.getsqlcom("delete tb_Stuffbusic where ID='"+S_0.Text.Trim()+"'");
    MyDataClass.getsqlcom("delete tb_WordResume where Sut_ID='"+S_0.Text.Trim()+"'");
    MyDataClass.getsqlcom("delete tb_Family where Sut_ID='"+S_0.Text.Trim()+"'");
    MyDataClass.getsqlcom("delete tb_TrainNote where Sut_ID='"+S_0.Text.Trim()+"'");
    MyDataClass.getsqlcom("delete tb_RANDP where Sut_ID='"+S_0.Text.Trim()+"'");
    MyDataClass.getsqlcom("delete tb_WordResume where Sut_ID='"+S_0.Text.Trim()+"'");
    MyDataClass.getsqlcom("delete tb_Individual where ID='"+S_0.Text.Trim()+"'");
    Sut_Cancel_Click(sender,e);            //调用"取消"按钮的单击事件
}
```

(16) 在“职工基本信息”选项卡中，双击“取消”按钮，进入该按钮的单击事件，编写程序如代码 7-61 所示。

代码 7-61 “取消”按钮的单击事件。

```
private void Sut_Cancel_Click(object sender,EventArgs e)
{
```

```
        hold_n=0;                                    //恢复原始标识
        MyMC.Ena_Button(Sut_Add,Sut_Amend,Sut_Cancel,Sut_Save,1,1,0,0);
        groupBox5.Text="";
        Ima_n=0;
        if (tem_Field=="")
            button1_Click(sender,e);
        else
            Condition_Lookup(tem_Value);
        Img_Clear.Enabled=false;
        Img_Save.Enabled=false;
    }
```

(17) 在"职工基本信息"选项卡中,双击"保存"按钮,进入该按钮的单击事件,编写程序如代码 7-62 所示。

代码 7-62 "保存"按钮的单击事件。

```
private void Sut_Save_Click(object sender,EventArgs e)
{
    if (tabControl1.SelectedTab.Name=="tabPage6")  //如果当前是"个人简历"选项卡
    {
        //通过 MyMeans 公共类中的 getcom()方法查询当前职工是否添加了个人简历
        SqlDataReader Read_Memo=MyDataClass.getcom("select * from tb_Individual
        where ID='"+tem_ID+"'");
        if (Read_Memo.Read())                        //如果有记录
        //将当前设置的个人简历进行修改
        MyDataClass.getsqlcom("update tb_Individual set Memo='"+Ind_Mome.Text
        +"'where ID='"+tem_ID+"'");
        else
        //如果没有记录,则进行添加操作
        MyDataClass.getsqlcom("insert into tb_Individual (ID,Memo) values('"+
       tem_ID+"','"+Ind_Mome.Text+"')");
    }
    else //如果当前是"职工基本信息"选项卡
    {
        //定义字符串变量,并存储"职工基本信息表"中的所有字段
        string All_Field="ID,StuffName,Folk,Birthday,Age,Kultur,Marriage,Sex,
        Visage,IDCard,Workdate,WorkLength,Employee,Business,Laborage,Branch,
        Duthcall, Phone, Handset, School, Speciality, GraduateDate, Address,
        BeAware,City,M_Pay,Bank,Pact_B,Pact_E,Pact_Y";
        if (hold_n==1||hold_n==2)                 //判断当前是添加,还是修改操作
        {
            ModuleClass.MyModule.ADDs="";    //清空 MyModule 公共类中的 ADDs 变量
            //用 MyModule 公共类中的 Part_SaveClass()方法组合添加或修改的 SQL 语句
            MyMC.Part_SaveClass(All_Field,S_0.Text.Trim(),"",
            tabControl1.TabPages[0].Controls,"S_","tb_Stuffbusic",30,hold_n);
            //如果 ADDs 变量不为空,则通过 MyMeans 公共类中的 getsqlcom()方法执行添
            加、修改操作
            if (ModuleClass.MyModule.ADDs !="")
            MyDataClass.getsqlcom(ModuleClass.MyModule.ADDs);
```

```
        }
        if (Ima_n>0)                            //如果图片标识大于 0
        {
            //通过 MyModule 公共类中 r 的 SaveImage()方法将图片存入数据库中
            MyMC.SaveImage(S_0.Text.Trim(),imgBytesIn);
        }
        Sut_Cancel_Click(sender,e);             //调用"取消"按钮的单击事件
    }
}
```

(18) 在“工作简历”选项卡中，双击“添加”按钮，进入该按钮的单击事件，编写程序如代码 7-63 所示。

代码 7-63 “添加”按钮的单击事件。

```
private void Part_Add_Click(object sender,EventArgs e)
{
    hold_n=1;
    if (tabControl1.SelectedTab.Name=="tabPage2")
    {
        MyMC.Clear_Control(this.groupBox7.Controls);
        Part_ID=MyMC.GetAutocoding("tb_WordResume","ID");      //自动添加编号
    }
    if (tabControl1.SelectedTab.Name=="tabPage3")
    {
        MyMC.Clear_Control(this.groupBox10.Controls);
        Part_ID=MyMC.GetAutocoding("tb_Family","ID");          //自动添加编号
    }
    if (tabControl1.SelectedTab.Name=="tabPage4")
    {
        MyMC.Clear_Control(this.groupBox12.Controls);
        Part_ID=MyMC.GetAutocoding("tb_TrainNote","ID");       //自动添加编号
    }
    if (tabControl1.SelectedTab.Name=="tabPage5")
    {
        MyMC.Clear_Control(this.groupBox14.Controls);
        Part_ID=MyMC.GetAutocoding("tb_RANDP","ID");           //自动添加编号
    }
    MyMC.Ena_Button(Part_Add,Part_Amend,Part_Cancel,Part_Save,1,0,1,1);
}
```

(19) 在“工作简历”选项卡中，双击“修改”按钮，进入该按钮的单击事件，编写程序如代码 7-64 所示。

代码 7-64 “修改”按钮的单击事件。

```
private void Part_Amend_Click(object sender,EventArgs e)
{
    hold_n=2;
    MyMC.Ena_Button(Part_Add,Part_Amend,Part_Cancel,Part_Save,0,1,1,1);
}
```

(20) 在"工作简历"选项卡中,双击"修改"按钮,进入该按钮的单击事件,编写程序如代码 7-65 所示。

代码 7-65　"修改"按钮的单击事件。

```
private void Part_Delete_Click(object sender,EventArgs e)
{
    string Delete_Table="";
    string Delete_ID="";
    if (tabControl1.SelectedTab.Name=="tabPage2")
    {
        if (dataGridView2.RowCount<2)
        {
            MessageBox.Show("数据表为空,不可以删除.");
            return;
        }
        MyMC.Clear_Control(this.groupBox7.Controls);
        Delete_ID=DataGridView2[1,DataGridView2.CurrentCell.RowIndex].
        Value.ToString();
        Delete_Table="tb_WordResume";
    }
    if (tabControl1.SelectedTab.Name=="tabPage3")
    {
        if (DataGridView3.RowCount<2)
        {
            MessageBox.Show("数据表为空,不可以删除.");
            return;
        }
        MyMC.Clear_Control(this.groupBox10.Controls);
        Delete_ID=DataGridView3[1,DataGridView3.CurrentCell.RowIndex].
        Value.ToString();
        Delete_Table="tb_Family";
    }
    if (tabControl1.SelectedTab.Name=="tabPage4")
    {
        if (DataGridView4.RowCount<2)
        {
            MessageBox.Show("数据表为空,不可以删除.");
            return;
        }
        MyMC.Clear_Control(this.groupBox12.Controls);
        Delete_ID=DataGridView4[1,DataGridView4.CurrentCell.RowIndex].
        Value.ToString();
        Delete_Table="tb_TrainNote";
    }
    if (tabControl1.SelectedTab.Name=="tabPage5")
    {
        if (DataGridView5.RowCount<2)
        {
            MessageBox.Show("数据表为空,不可以删除.");
```

```
                return;
            }
            MyMC.Clear_Control(this.groupBox14.Controls);
            Delete_ID=DataGridView5[1,DataGridView5.CurrentCell.RowIndex].
            Value.ToString();
            Delete_Table="tb_RANDP";
        }
        if ((Delete_ID.Trim()).Length>0)
        {
            MyDataClass.getsqlcom("delete "+Delete_Table+" where ID='"+Delete_ID+"'");
            Part_Cancel_Click(sender,e);
        }
    }
```

(21) 在“工作简历”选项卡中，双击“取消”按钮，进入该按钮的单击事件，编写程序如代码7-66所示。

代码7-66 “取消”按钮的单击事件。

```
private void Part_Cancel_Click(object sender,EventArgs e)
{
    if (tabControl1.SelectedTab.Name=="tabPage2")
    {
        DataSet WDset=MyDataClass.getDataSet("select Sut_ID,ID,BeginDate as 开
        始时间,EndDate as 结束时间,Branch as 部门,Business as 职务,WordUnit as 工作
        单位 from tb_WordResume where Sut_ID='"+tem_ID+"'","tb_WordResume");
        MyMC.Correlation_Table(WDset,dataGridView2);
    }
    if (tabControl1.SelectedTab.Name=="tabPage3")
    {
        DataSet FDset=MyDataClass.getDataSet("select Sut_ID,ID,LeaguerName as
        家庭成员名称,Nexus as 与本人的关系,BirthDate as 出生日期,WordUnit as 工作单
        位,Business as 职务,Visage as 政治面貌,Phone as 电话 from tb_Family where Sut_
        ID='"+tem_ID+"'","tb_Family");
        MyMC.Correlation_Table(FDset,dataGridView3);
    }
    if (tabControl1.SelectedTab.Name=="tabPage4")
    {
        DataSet TDset=MyDataClass.getDataSet("select Sut_ID,ID,TrainFashion as
        培训方式,BeginDate as 培训开始时间,EndDate as 培训结束时间,Speciality as 培
        训专业,TrainUnit as 培训单位,KulturMemo as 培训内容,Charge as 费用,Effect
        as 效果 from tb_TrainNote where Sut_ID='"+tem_ID+"'","tb_TrainNote");
        MyMC.Correlation_Table(TDset,dataGridView4);
    }
    if (tabControl1.SelectedTab.Name=="tabPage5")
    {
        DataSet RDset=MyDataClass.getDataSet("select Sut_ID,ID,RPKind as 奖惩种
        类,RPDate as 奖惩时间,SealMan as 批准人,QuashDate as 撤销时间,QuashWhys as
        撤销原因 from tb_RANDP where Sut_ID='"+tem_ID+"'","tb_RANDP");
        MyMC.Correlation_Table(RDset,dataGridView5);
```

```
    }
    hold_n=0;                                              //恢复原始标识
    MyMC.Ena_Button(Part_Add,Part_Amend,Part_Cancel,Part_Save,1,1,0,0);
}
```

(22) 在“工作简历”选项卡中,双击“取消”按钮,进入该按钮的单击事件,编写程序如代码 7-67 所示。

代码 7-67　“取消”按钮的单击事件。

```
private void Part_Save_Click(object sender,EventArgs e)
{
    string s="";
    if (tabControl1.SelectedTab.Name=="tabPage2")
    {
        s="ID,Sut_ID,BeginDate,EndDate,Branch,Business,WordUnit";
        ModuleClass.MyModule.ADDs="";
        if (hold_n==2)
        {
        if (DataGridView2.RowCount<2)
        {
            MessageBox.Show("数据表为空,不可以修改");
        }
        else
            Part_ID=DataGridView2[1,DataGridView2.CurrentCell.RowIndex].
            Value.ToString();
        }
        MyMC.Part_SaveClass(s,tem_ID,Part_ID,this.groupBox7.Controls,"Word_","tb_
        WordResume",7,hold_n);
    }
    if (tabControl1.SelectedTab.Name=="tabPage3")
    {
        s="ID,Sut_ID,LeaguerName,Nexus,BirthDate,WordUnit,Business,Visage,
        Phone";
        ModuleClass.MyModule.ADDs="";
        if (hold_n==2)
        {
            if (DataGridView3.RowCount<2)
            {
                MessageBox.Show("数据表为空,不可以修改");
            }
            else
                Part_ID=DataGridView3[1,DataGridView3.CurrentCell.RowIndex].
                Value.ToString();
        }
        MyMC.Part_SaveClass(s,tem_ID,Part_ID,this.groupBox10.Controls,"Famity_",
        "tb_Family",9,hold_n);
    }
    if (tabControl1.SelectedTab.Name=="tabPage4")
    {
```

```
            s="ID,Sut_ID,TrainFashion,BeginDate,EndDate,Speciality,TrainUnit,
            KulturMemo,Charge,Effect";
            ModuleClass.MyModule.ADDs="";
            if (hold_n==2)
            {
                if (dataGridView4.RowCount<2)
                {
                    MessageBox.Show("数据表为空,不可以修改");
                }
                else
                    Part_ID=DataGridView4[1,DataGridView4.CurrentCell.RowIndex].
                    Value.ToString();
            }
            MyMC.Part_SaveClass(s,tem_ID,Part_ID,this.groupBox12.Controls,"TrainNote
            _","tb_TrainNote",10,hold_n);
        }
        if (tabControl1.SelectedTab.Name=="tabPage5")
        {
            s="ID,Sut_ID,RPKind,RPDate,SealMan,QuashDate,QuashWhys";
            ModuleClass.MyModule.ADDs="";
            if (hold_n==2)
            {
                if (DataGridView5.RowCount<2)
                {
                    MessageBox.Show("数据表为空,不可以修改");
                }
                else
                    Part_ID=DataGridView5[1,DataGridView5.CurrentCell.RowIndex].
                    Value.ToString();
            }
            MyMC.Part_SaveClass(s,tem_ID,Part_ID,this.groupBox14.Controls,"RANDP
            _","tb_RANDP",7,hold_n);
        }
        if (ModuleClass.MyModule.ADDs !="")
            MyDataClass.getsqlcom(ModuleClass.MyModule.ADDs);
        Part_Cancel_Click(sender,e);
    }
```

7.2.7 设计制作人事资料查询界面 F_Find.cs

“人事资料查询功能”的设计界面如图7-51所示。人事资料查询功能包括按照“基本信息”查询和“个人信息”查询。“基本信息”查询包括按照“民族类别”、“文化程度”、“政治面貌”、“职工类别”、“职务类别”、“工资类别”、“部门类别”和“职称类别”进行查询。“个人信息”查询包括按照“性别”、“婚姻”、“年龄”、“工龄”、“籍贯”、“月工资”、“合同年限”、“工作时间”、“毕业学校”、“主修专业”等进行查询。其中查询条件之间可以选择“与”运算或者“或”运算。查询结果显示在界面下面的DataGridView控件中。

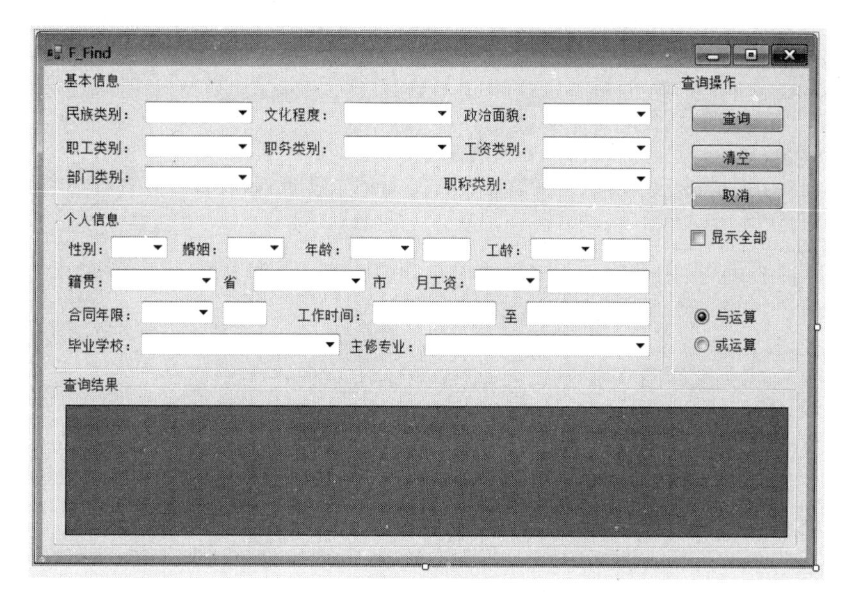

图 7-51 “人事资料查询功能”的设计界面

1. 设计界面

人事资料查询界面的设计步骤为：拖入 4 个 GroupBox 控件，分别作为“基本信息”、“查询操作”、“个人信息”和“查询结果”的布局。

（1）在“基本信息”部分，拖入 8 个 Label 控件和 8 个 ComboBox 控件，分别用于“民族类别”、“文化程度”、“政治面貌”、“职工类别”、“职务类别”、“工资类别”、“部门类别”和“职称类别”的标签和显示字段内容。

（2）在“个人信息”部分，拖入 13 个 Label 控件，10 个 ComboBox 控件，6 个 TextBox 控件，分别用于“性别”、“婚姻”、“年龄”、“工龄”、“籍贯”、“月工资”、“合同年限”、“工作时间”、“毕业学校”和“主修专业”选项。

（3）在“查询结果”部分，拖入 1 个 DataGridView 控件，用于显示查询结果。

（4）在“查询操作”部分，拖入 3 个 Button 控件，分别用作“查询”、“清空”和“取消”按钮。拖入 1 个 CheckBox 控件，用作“显示全部”选项。拖入 2 个 RadioButton 控件，用于“与”运算和“或”运算。

2. 编写代码

（1）首先定义窗体的公共变量，如代码 7-68 所示。

代码 7-68 定义窗体的公共变量。

```
ModuleClass.MyModule MyMC=new renshi.ModuleClass.MyModule();
DataClass.MyMeans MyDataClass=new renshi.DataClass.MyMeans();
public static DataSet MyDS_Grid;
public string ARsign=" AND ";
public static string Sut_SQL="select ID as 编号,StuffName as 职工姓名,Folk as 民族类
```

别,Birthday as 出生日期,Age as 年龄,Kultur as 文化程度,Marriage as 婚姻,Sex as 性别,Visage as 政治面貌,IDCard as 身份证号,Workdate as 单位工作时间,WorkLength as 工龄,Employee as 职工类别,Business as 职务类别,Laborage as 工资类别,Branch as 部门类别,Duthcall as 职称类别,Phone as 电话,Handset as 手机,School as 毕业学校,Speciality as 主修专业,GraduateDate as 毕业时间,M_Pay as 月工资,Bank as 银行账号,Pact_B as 合同开始时间,Pact_E as 合同结束时间,Pact_Y as 合同年限,BeAware as 籍贯所在省,City as 籍贯所在市 from tb_Stuffbusic";

(2) 双击"查询"按钮,进入该按钮的单击事件,编写程序如代码 7-69 所示。

代码 7-69 "查询"按钮的单击事件。

```
private void button1_Click(object sender,EventArgs e)
{
    ModuleClass.MyModule.FindValue="";        //清空存储查询语句的变量
    string Find_SQL=Sut_SQL;                  //存储显示数据表中所有信息的 SQL 语句
    MyMC.Find_Grids(groupBox1.Controls,"Find",ARsign);
    //将指定控件集下的控件组合成查询条件
    MyMC.Find_Grids(groupBox2.Controls,"Find",ARsign);
    //当合同的起始日期和结束日期不为空时
    if (MyMC.Date_Format(Find1_WorkDate.Text) !="" &&
    MyMC.Date_Format(Find2_WorkDate.Text) !="")
    {
        if (ModuleClass.MyModule.FindValue !="")      //如果 FindValue 字段不为空
        //用 ARsign 变量连接查询条件
        ModuleClass.MyModule.FindValue=ModuleClass.MyModule.FindValue+ARsign;
        //设置合同日期的查询条件
        ModuleClass.MyModule.FindValue=ModuleClass.MyModule.FindValue+" ("+
        "workdate>='"+Find1_WorkDate.Text+"' AND workdate<='"+Find2_WorkDate.
        Text+"')";
    }
    if (ModuleClass.MyModule.FindValue !="")          //如果 FindValue 字段不为空
        //将查询条件添加到 SQL 语句的尾部
        Find_SQL=Find_SQL+" where "+ModuleClass.MyModule.FindValue;
        //按照指定的条件进行查询
    MyDS_Grid=MyDataClass.getDataSet(Find_SQL,"tb_Stuffbusic");
    //在 DataGridView1 控件中显示查询的结果
    DataGridView1.DataSource=MyDS_Grid.Tables[0];
    DataGridView1.AutoGenerateColumns=true;
    CheckBox1.Checked=false;
}
```

(3) 双击"清空"按钮,进入该按钮的单击事件,编写程序如代码 7-70 所示。

代码 7-70 "清空"按钮的单击事件。

```
private void button2_Click(object sender,EventArgs e)
{
    Clear_Box(7,GroupBox1.Controls,"Find_");
    Clear_Box(12,GroupBox2.Controls,"Find");
    Clear_Box(4,GroupBox2.Controls,"Sign");
}
```

(4) 这段代码中,调用了 Clear_Box 方法,编写该方法的程序如代码 7-71 所示。

代码 7-71　Clear_Box 方法。

```
#region  清空控件集上的控件信息
//<summary>
//清空 GroupBox 控件上的控件信息
//</summary>
//<param name="n">控件个数</param>
//<param name="GBox">GroupBox 控件的数据集</param>
//<param name="TName">获取信息控件的部分名称</param>
private void Clear_Box(int n,Control.ControlCollection GBox,string TName)
{
    for (int i=0; i<n; i++)
    {
        foreach (Control C in GBox)
        {
            if (C.GetType().Name=="TextBox"|C.GetType().Name=="MaskedTextBox"
            |C.GetType().Name=="ComboBox")
            if (C.Name.IndexOf(TName)>-1)
            {
                C.Text="";
            }
        }
    }
}
#endregion
```

(5) 双击"取消"按钮,进入该按钮的单击事件,编写程序如代码 7-72 所示。

代码 7-72　"取消"按钮的单击事件。

```
private void button3_Click(object sender,EventArgs e)
{
    this.Close();
}
```

(6) 编写"显示全部"选项的 CheckBox 控件的 Click 事件,编写程序如代码 7-73 所示。

代码 7-73　"显示全部"选项的 CheckBox 控件的 Click 事件。

```
private void checkBox1_Click(object sender,EventArgs e)
{
    if (checkBox1.Checked==true)
    {
        MyDS_Grid=MyDataClass.getDataSet(Sut_SQL,"tb_Stuffbusic");
        dataGridView1.DataSource=MyDS_Grid.Tables[0];
        dataGridView1.AutoGenerateColumns=true;
    }
}
```

(7) 编写"与"运算对应的 radioButton 控件的 CheckChanged 事件,编写程序如代码7-74所示。

代码7-74 “与”运算对应的radioButton控件的CheckChanged事件。

```
private void radioButton1_CheckedChanged(object sender,EventArgs e)
{
    ARsign=" AND ";
}
```

(8) 编写“或”运算对应的radioButton控件的CheckChanged事件,编写程序如代码7-75所示。

代码7-75 “或”运算对应的radioButton控件的CheckChanged事件。

```
private void radioButton2_CheckedChanged(object sender,EventArgs e)
{
    ARsign=" OR ";
}
```

7.2.8 设计制作人事资料统计界面F_Stat.cs

“人事资料统计”功能的设计界面如图7-52所示。人事资料统计的功能是按照统计条件统计每类员工的人数。左边统计条件可以按“民族类别统计”、“年龄统计”等,右边显示选择的统计条件下每个分类的人数。

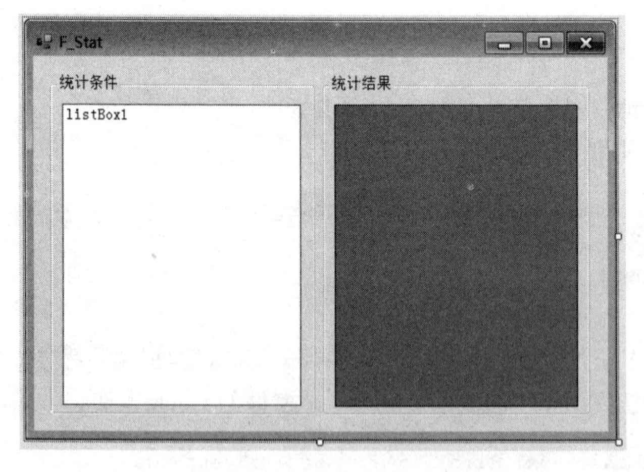

图7-52 “人事资料统计”功能的设计界面

1. 设计界面

人事资料统计界面的设计步骤为:拖入2个GroupBox控件,分别用于“统计条件”和“统计结果”的布局。在“统计条件”部分拖入1个ListBox控件,用于显示统计条件。在“统计结果”部分拖入1个DataGridView控件,用于显示统计结果。

2. 编写代码

(1) 首先定义窗体的公共变量，编写程序如代码 7-76 所示。

代码 7-76　窗体的公共变量。

```
DataClass.MyMeans MyDataClass=new renshi.DataClass.MyMeans();
public static string Term _ Field =" Folk, Age, Kultur, Marriage, Sex, Visage,
WorkLength,
Employee,Business,Laborage,Branch,Duthcall,School,Speciality,Pact_Y,BeAware,
City";
public static string Term_Value="民族类别,年龄,文化程度,婚姻,性别,政治面貌,工龄,
职工类别,职务类别,工资类别,部门类别,职称类别,毕业学校,主修专业,合同年限,籍贯所在省,
籍贯所在市";
public static string[] A_Field=Term_Field.Split(Convert.ToChar(','));
public static string[] A_Value=Term_Value.Split(Convert.ToChar(','));
public static DataSet MyDS_Grid;
```

(2) 编写窗体的 Form_Load 事件 F_Stat_Load，程序如代码 7-77 所示。

代码 7-77　窗体的 Form_Load 事件 F_Stat_Load。

```
private void F_Stat_Load(object sender,EventArgs e)
{
    listBox1.Items.Clear();
    for (int i=0; i<A_Value.Length; i++)
        listBox1.Items.Add("按"+A_Value[i]+"统计");
    Stat_Class(0);
}
```

(3) 这段代码中调用了 Stat_Class 方法，编写程序如代码 7-78 所示。

代码 7-78　Stat_Class 方法。

```
public void Stat_Class(int n)
{
    MyDS_Grid=MyDataClass.getDataSet("select "+A_Field[n]+" as '"+A_Value[n]+
    "',count("+A_Field[n]+") as'人数'from tb_stuffbusic group by "+A_Field[n],"
    tb_Stuffbusic");
    dataGridView1.DataSource=MyDS_Grid.Tables[0];
    dataGridView1.Columns[0].Width=120;
    dataGridView1.Columns[1].Width=55;
}
```

(4) 编写 ListBox 控件的 Click 事件 listBox1_Click 的程序，如代码 7-79 所示。

代码 7-79　ListBox 控件的 Click 事件。

```
private void listBox1_Click(object sender,EventArgs e)
{
    Stat_Class(listBox1.SelectedIndex);
}
```

7.2.9 设计制作日常记事界面 F_WordPad.cs

“日常记事”功能的设计界面如图7-53所示。该界面的功能是添加、修改、删除和保存记事信息，可以按照记事时间和记事类别进行查询，并显示出记事内容。

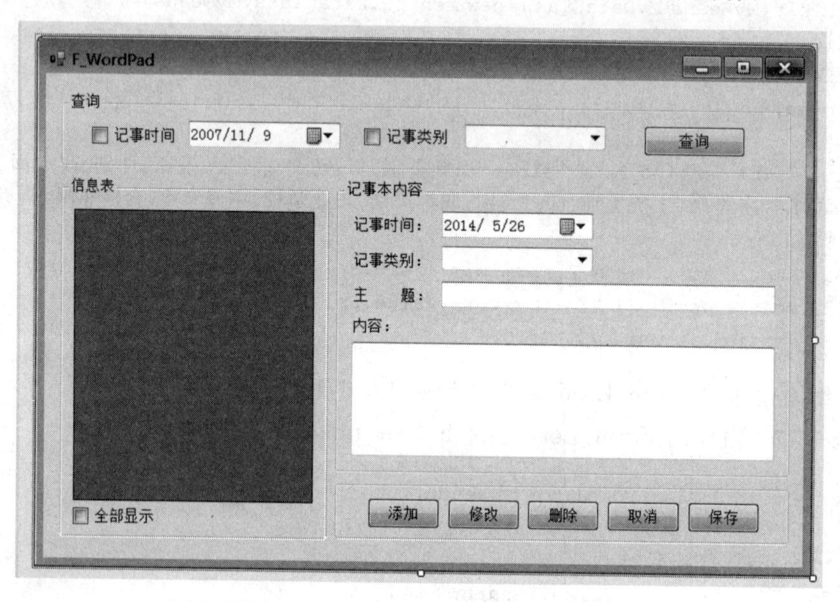

图7-53 “日常记事”功能的设计界面

1. 设计界面

“日常记事”界面的设计步骤为：首先拖入4个GroupBox控件，分别作为“查询”、“信息表”、“记事本内容”和“添加/修改”按钮的布局。在查询部分拖入2个CheckBox控件，分别作为“记事时间”和“记事类别”选项。然后拖入2个ComboBox控件。最后拖入1个Button控件，作为“查询”按钮。

在“信息表”部分，拖入1个DataGridView控件，用于显示查询结果。拖入1个CheckBox控件，用作“全部显示”选项。

在“记事本内容”部分，拖入4个Label控件，分别用于显示标签“记事时间”、“记事类别”、“主题”和“内容”。拖入1个DateTimePicker控件，用于“记事时间”内容的显示。拖入1个ComboBox控件，用于“记事类别”选项内容的显示。拖入2个TextBox控件，用于显示标签“主题”和“内容”。

在“添加/修改”按钮部分，拖入5个Button控件，分别用作“添加”、“修改”、“删除”、“取消”和“保存”按钮。

2. 编写代码

(1) 首先定义窗体的公共变量，如代码7-80所示。

代码 7-80 定义窗体的公共变量。

```
ModuleClass.MyModule MyMC=new renshi.ModuleClass.MyModule();
DataClass.MyMeans MyDataClass=new renshi.DataClass.MyMeans();
public static string AllSql="select ID,BlotterDate as 记事时间,BlotterSort as 记
事类别,Motif as 主题,Wordpa from tb_DayWordPad";
public static DataSet MyDS_Grid;                    //存储数据表信息
public static string Word_ID="";                    //存储添加信息时的自动编号
public static int Word_S=0;
```

(2) 编写窗体的 Form_Load 事件,如代码 7-81 所示。

代码 7-81 窗体的 Form_Load 事件。

```
private void F_WordPad_Load(object sender,EventArgs e)
{
    //用 DataGridView1 控件显示职工的名称
    MyDS_Grid=MyDataClass.getDataSet(AllSql,"tb_DayWordPad");
    DataGridView1.DataSource=MyDS_Grid.Tables[0];
    DataGridView1.AutoGenerateColumns=true;       //确认是否自动创建列
    DataGridView1.Columns[1].Width=80;
    DataGridView1.Columns[2].Width=80;
    DataGridView1.Columns[3].Width=100;
    //隐藏 DataGridView1 控件中不需要的列字段
    DataGridView1.Columns[0].Visible=false;
    DataGridView1.Columns[4].Visible=false;
    MyMC.CoPassData(WordPad_2,"tb_WordPad");      //向"记事类别"列表框中添加信息
    MyMC.CoPassData(ComboBox1,"tb_WordPad");
    MyMC.Ena_Button(Word_Add,Word_Amend,Word_Cancel,Word_Save,1,1,0,0);
}
```

(3) 双击"查询"按钮,进入该按钮的单击事件,编写程序如代码 7-82 所示。

代码 7-82 "查询"按钮的单击事件。

```
private void button1_Click(object sender,EventArgs e)
{
    string Fing_Sql="";
    if (CheckBox1.Checked==true)
    {
        Fing_Sql=" (BlotterDate='"+(Convert.ToDateTime
        (DateTimePicker1.Value.ToString())).ToShortDateString()+"')";
    }
    if (CheckBox2.Checked==true)
    {
        if ((ComboBox1.Text.Trim()).Length==0)
        {
            MessageBox.Show("请填写查询条件.");
            return;
        }
        if (Fing_Sql !="")
            Fing_Sql=Fing_Sql+" AND "+" (BlotterSort='"+comboBox1.Text+"')";
```

```
    }
    if (Fing_Sql !="")
        Fing_Sql=AllSql+" where "+Fing_Sql;
    else
        Fing_Sql=AllSql;
        //用 DataGridView1 控件显示职工的名称
        MyDS_Grid=MyDataClass.getDataSet(Fing_Sql,"tb_DayWordPad");
        DataGridView1.DataSource=MyDS_Grid.Tables[0];
        CheckBox3.Checked=false;
        if (MyDS_Grid.Tables[0].Rows.Count<1) //如果查询结果为空,清除相关文本
        {
            WordPad_2.Text="";
            WordPad_3.Text="";
            WordPad_4.Text="";
            Word_ID="";
        }
}
```

(4) 编写 DataGridView 控件的 CellEnter 事件,程序如代码 7-83 所示。

代码 7-83 DataGridView 控件的 CellEnter 事件。

```
private void DataGridView1_CellEnter(object sender,DataGridViewCellEventArgs e)
{
    Show_N();
}
```

(5) 代码 7-83 中调用了 Show_N()方法,编写该方法的程序,如代码 7-84 所示。

代码 7-84 Show_N()方法。

```
public void Show_N()
{
    if (dataGridView1.RowCount>0)
    {
        try
        {
            WordPad_1.Value=Convert.ToDateTime(dataGridView1[1,
            DataGridView1.CurrentCell.RowIndex].Value.ToString());
            WordPad_2.Text=DataGridView1[2,
            DataGridView1.CurrentCell.RowIndex].Value.ToString();
            WordPad_3.Text=DataGridView1[3,
            DataGridView1.CurrentCell.RowIndex].Value.ToString();
            WordPad_4.Text=DataGridView1[4,
            DataGridView1.CurrentCell.RowIndex].Value.ToString();
            Word_ID=DataGridView1[0,
            DataGridView1.CurrentCell.RowIndex].Value.ToString();
        }
        catch
        {
            WordPad_2.Text="";
            WordPad_3.Text="";
```

```
                WordPad_4.Text="";
                Word_ID="";
            }
        }
        else
        {
            MyMC.Clear_Control(GroupBox3.Controls);
            Word_ID="";
            WordPad_1.Value=Convert.ToDateTime(System.DateTime.Now.ToString());
        }
    }
```

(6) 编写“全部显示 CheckBox 控件”的 Click 事件,如代码 7-85 所示。

代码 7-85 “全部显示 CheckBox 控件”的 Click 事件。

```
private void checkBox3_Click(object sender,EventArgs e)
{
    if (((CheckBox)sender).Checked==true)
        Word_Cancel_Click(sender,e);
}
```

(7) 双击“添加”按钮,进入该按钮的单击事件,编写程序如代码 7-86 所示。

代码 7-86 “添加”按钮的单击事件。

```
private void Word_Add_Click(object sender,EventArgs e)
{
    MyMC.Clear_Control(groupBox3.Controls);
    WordPad_1.Value=Convert.ToDateTime(System.DateTime.Now.ToString());
    Word_ID=MyMC.GetAutocoding("tb_DayWordPad","ID");        //自动添加编号
    Word_S=1;
    MyMC.Ena_Button(Word_Add,Word_Amend,Word_Cancel,Word_Save,1,0,1,1);
}
```

(8) 双击“修改”按钮,进入该按钮的单击事件,编写程序如代码 7-87 所示。

代码 7-87 “修改”按钮的单击事件。

```
private void Word_Amend_Click(object sender,EventArgs e)
{
    if (MyDS_Grid.Tables[0].Rows.Count>0)
    {
        Word_S=2;
        MyMC.Ena_Button(Word_Add,Word_Amend,Word_Cancel,Word_Save,0,1,1,1);
    }
    else
        MessageBox.Show("当前为空记录,无法进行修改.");
}
```

(9) 双击“删除”按钮,进入该按钮的单击事件,编写程序如代码 7-88 所示。

代码 7-88 “删除”按钮的单击事件。

```
private void Word_Delete_Click(object sender,EventArgs e)
{
    if (DataGridView1.RowCount<2)
    {
        MessageBox.Show("数据表为空,不可以删除.");
        return;
    }
    if (Word_ID=="")
    {
        MessageBox.Show("无法删除空记录.");
        return;
    }
    MyDataClass.getsqlcom("delete tb_DayWordPad where ID='"+Word_ID+"'");
    Word_Cancel_Click(sender,e);
}
```

(10) 双击“取消”按钮,进入该按钮的单击事件,编写程序如代码 7-89 所示。

代码 7-89 “取消”按钮的单击事件。

```
private void Word_Cancel_Click(object sender,EventArgs e)
{
    Word_S=0;
    MyMC.Ena_Button(Word_Add,Word_Amend,Word_Cancel,Word_Save,1,1,0,0);
    //用 DataGridView1 控件显示职工的名称
    MyDS_Grid=MyDataClass.getDataSet(AllSql,"tb_DayWordPad");
    DataGridView1.DataSource=MyDS_Grid.Tables[0];
}
```

(11) 双击“保存”按钮,进入该按钮的单击事件,编写程序如代码 7-90 所示。

代码 7-90 “保存”按钮的单击事件。

```
private void Word_Save_Click(object sender,EventArgs e)
{
    string All_Field="";
    string All_Value="";
    if (Word_S==1)
    {
        All_Field="ID,BlotterDate,BlotterSort,Motif,Wordpa";
        All_Value="'"+Word_ID+"',"+"'"+Convert.ToDateTime((WordPad_1.Value.
        ToString())).ToShortDateString()+"',"+"'"+WordPad_2.Text+"',"+"'"+
       WordPad_3.Text+"',"+"'"+WordPad_4.Text+"'";
        MyDataClass.getsqlcom("insert into tb_DayWordPad ("+All_Field+")
        values ("+All_Value+")");
    }
    if (Word_S==2)
    {
        All_Value="ID='"+Word_ID+"',"+"BlotterDate='"+Convert.ToDateTime
        ((WordPad_1.Value.ToString())).ToShortDateString()+"',"+"BlotterSort
        ='"+WordPad_2.Text+"',"+"Motif='"+WordPad_3.Text+"',"+"Wordpa='"+
       WordPad_4.Text+"'";
```

```
        MyDataClass.getsqlcom("update tb_DayWordPad set "+All_Value+" where ID
        ='"+Word_ID+"'");
    }
    Word_Cancel_Click(sender,e);
}
```

7.2.10 设计制作管理通讯录界面 F_AddressList.cs

“管理通讯录”功能的设计界面如图 7-54 所示。该界面具有如下功能：按照“查询类型”和“查询条件”查询通讯录、显示查询结果、添加/修改/删除通讯录功能。

图 7-54 “管理通讯录”功能的设计界面

在单击“添加通讯录”按钮之后，会弹出来一个“添加通讯录信息”界面，如图 7-55 所示。

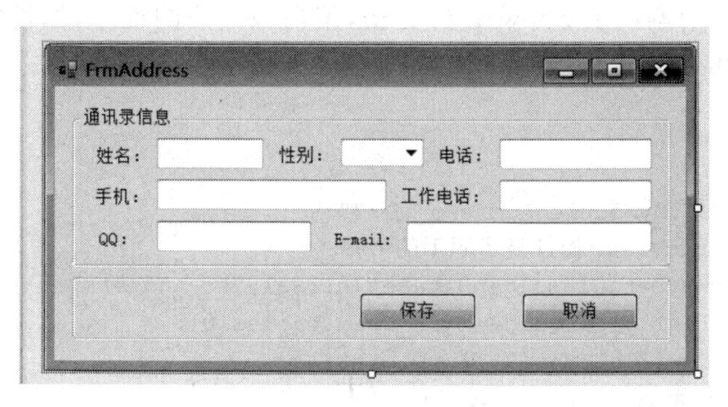

图 7-55 “添加通讯录信息”的设计界面

1. 设计界面

“管理通讯录”界面的设计步骤为：拖入 3 个 GroupBox 控件，用于显示“查询”部分、“数据表”部分和“添加/删除”按钮部分。“查询”部分的设计步骤为：拖入 2 个 Label 控件,用于“查询类型”和“查询条件”标签的显示,拖入1个ComboBox控件、1个TextBox控件来输入查询类型和条件。最后拖入2个Button控件,用作“查询”和“全部”按钮。在“数据表”显示部分,拖入1个DataGridView控件。在“添加/删除”按钮部分,拖入4个Button控件,分别作为“添加”、“修改”、“删除”和“退出”按钮。

“添加通讯录”界面的设计步骤为:首先拖入2个GroupBox控件,用于设置两个选项组。在“通讯录信息”部分,拖入7个Label控件,分别作为“姓名”、“性别”、“电话”、“手机”、“工作电话”、“QQ”和“E-mail”标签。再拖入6个TextBox控件和1个ComboBox控件,用于显示通讯录信息。最后拖入2个Button控件,分别作为“保存”和“取消”按钮。

2. 编写代码

(1) 首先定义窗体的公共变量,如代码7-91所示。

代码7-91 定义窗体的公共变量。

```
DataClass.MyMeans MyDataClass=new renshi.DataClass.MyMeans();
ModuleClass.MyModule MyMC=new renshi.ModuleClass.MyModule();
public static DataSet MyDS_Grid;
public static string AllSql="select ID,Name as 姓名,Sex as 性别,Phone as 电话,
WordPhone as 工作电话,Handset as 手机,QQ as QQ号,E-mail as 邮箱地址 from tb_
AddressBook";
public static string Find_Field="";
```

(2) 编写窗体的Form_Load事件F_AddressList_Load,如代码7-92所示。

代码7-92 窗体的Form_Load事件。

```
private void F_AddressLis t_Load(object sender,EventArgs e)
{
    ShowAll();
}
```

(3) 代码7-92中调用了ShowAll()方法,编写该方法的程序,如代码7-93所示。

代码7-93 ShowAll()方法。

```
public void ShowAll()
{
    ModuleClass.MyModule.Address_ID="";
    //用DataGridView1控件显示职工的名称
    MyDS_Grid=MyDataClass.getDataSet(AllSql,"tb_AddressBook");
    DataGridView1.DataSource=MyDS_Grid.Tables[0];
    DataGridView1.Columns[0].Visible=false;
    if (DataGridView1.RowCount>1)
    {
        Address_Amend.Enabled=true;
        Address_Delete.Enabled=true;
    }
    else
    {
        Address_Amend.Enabled=false;
```

```
            Address_Delete.Enabled=false;
        }
    }
```

(4) 编写查询类型 ComboBox 控件的 TextChanged 事件，如代码 7-94 所示。

代码 7-94 查询类型 ComboBox 控件的 TextChanged 事件。

```
private void comboBox1_TextChanged(object sender,EventArgs e)
{
    switch (((ComboBox)sender).SelectedIndex)
    {
        case 0:
        {
            Find_Field="Name";
            break;
        }
        case 1:
        {
            Find_Field="Sex";
            break;
        }
        case 2:
        {
            Find_Field="E_Mail";
            break;
        }
    }
}
```

(5) 双击“查询”按钮，进入该按钮的单击事件，编写程序如代码 7-95 所示。

代码 7-95 “查询”按钮的单击事件。

```
private void button5_Click(object sender,EventArgs e)
{
    if (textBox1.Text=="")
    {
        MessageBox.Show("请输入查询条件.");
        return;
    }
    ModuleClass.MyModule.Address_ID="";
    //用 DataGridView1 控件显示职工的名称
    MyDS_Grid=MyDataClass.getDataSet(AllSql+" where "+Find_Field+" like '%"+
   textBox1.Text.Trim()+"%'","tb_AddressBook");
    DataGridView1.DataSource=MyDS_Grid.Tables[0];
    DataGridView1.Columns[0].Visible=false;
    if (dataGridView1.RowCount>1)
    {
        Address_Amend.Enabled=true;
```

```
        Address_Delete.Enabled=true;
    }
    else
    {
        Address_Amend.Enabled=false;
        Address_Delete.Enabled=false;
    }
}
```

(6) 双击“全部”按钮,进入该按钮的单击事件,编写程序如代码 7-96 所示。

代码 7-96 “全部”按钮的单击事件。

```
private void button1_Click(object sender,EventArgs e)
{
    ShowAll();
}
```

(7) 双击“添加”按钮,进入该按钮的单击事件,编写程序如代码 7-97 所示。该事件将打开添加通讯录的界面。

代码 7-97 “添加”按钮的单击事件。

```
private void Address_Add_Click(object sender,EventArgs e)
{
    InfoAddForm.F_Address FrmAddress=new renshi.InfoAddForm.F_Address();
    FrmAddress.Text="通讯录添加操作";
    FrmAddress.Tag=1;
    FrmAddress.ShowDialog(this);
    ShowAll();
}
```

(8) 双击“修改”按钮,进入该按钮的单击事件,编写程序如代码 7-98 所示。

代码 7-98 “修改”按钮的单击事件。

```
private void Address_Amend_Click(object sender,EventArgs e)
{
    InfoAddForm.F_Address FrmAddress=new PWMS.InfoAddForm.F_Address();
    FrmAddress.Text="通讯录修改操作";
    FrmAddress.Tag=2;
    FrmAddress.ShowDialog(this);
    ShowAll();
}
```

(9) 双击“删除”按钮,进入该按钮的单击事件,编写程序如代码 7-99 所示。

代码 7-99 “删除”按钮的单击事件。

```
private void Address_Delete_Click(object sender,EventArgs e)
{
    if (MessageBox.Show("确定要删除该条信息吗?","提示",MessageBoxButtons.
    OKCancel,MessageBoxIcon.Question)==DialogResult.OK)
```

```
        {
            MyDataClass.getsqlcom("Delete tb_AddressBook where ID='"+ModuleClass.
            MyModule.Address_ID+"'");
            ShowAll();
        }
    }
```

(10) 在“添加通讯录”界面中,编写窗体的公共变量,程序如代码 7-100 所示。

代码 7-100　“添加通讯录”窗体的公共变量。

```
DataClass.MyMeans MyDataClass=new renshi.DataClass.MyMeans();
ModuleClass.MyModule MyMC=new renshi.ModuleClass.MyModule();
public static DataSet MyDS_Grid;
public static string Address_ID="";
```

(11) 编写窗体的 Form_Load 事件,编写程序如代码 7-101 所示。

代码 7-101　窗体的 Form_Load 事件。

```
private void F_Address_Load(object sender,EventArgs e)
{
    if ((int)(this.Tag)==1)
    {
        Address_ID=MyMC.GetAutocoding("tb_AddressBook","ID");
    }
    if ((int)this.Tag==2)
    {
        MyDS_Grid=MyDataClass.getDataSet("select ID,Name,Sex,Phone,Handset,
        WordPhone,QQ,E_Mail from tb_AddressBook where ID='"+ModuleClass.
        MyModule.Address_ID+"'","tb_AddressBook");
        Address_ID=MyDS_Grid.Tables[0].Rows[0][0].ToString();
        this.Address_1.Text=MyDS_Grid.Tables[0].Rows[0][1].ToString();
        this.Address_2.Text=MyDS_Grid.Tables[0].Rows[0][2].ToString();
        this.Address_3.Text=MyDS_Grid.Tables[0].Rows[0][3].ToString();
        this.Address_4.Text=MyDS_Grid.Tables[0].Rows[0][4].ToString();
        this.Address_5.Text=MyDS_Grid.Tables[0].Rows[0][5].ToString();
        this.Address_6.Text=MyDS_Grid.Tables[0].Rows[0][6].ToString();
        this.Address_7.Text=MyDS_Grid.Tables[0].Rows[0][7].ToString();
    }
}
```

(12) 双击“保存”按钮,进入该按钮的单击事件,编写程序如代码 7-102 所示。

代码 7-102　“保存”按钮的单击事件。

```
private void button1_Click(object sender,EventArgs e)
{
    if (this.Address_1.Text !="")
    {
        MyMC.Part_SaveClass("ID,Name,Sex,Phone,Handset,WordPhone,QQ,E_Mail",
        Address_ID,"",this.groupBox1.Controls,"Address_","tb_AddressBook",8,
```

```
            (int)this.Tag);
            MyDataClass.getsqlcom(ModuleClass.MyModule.ADDs);
            this.Close();
        }
        else
            MessageBox.Show("人员姓名不能为空.");
    }
```

7.2.11 设计制作用户管理界面 F_User.cs

“用户管理”的设计界面如图 7-56 所示。用户管理的功能有：显示用户信息，添加、修改、删除用户信息，修改用户权限。

单击“添加”和“修改”命令，将会弹出“添加/修改”用户信息的界面，如图 7-57 所示。

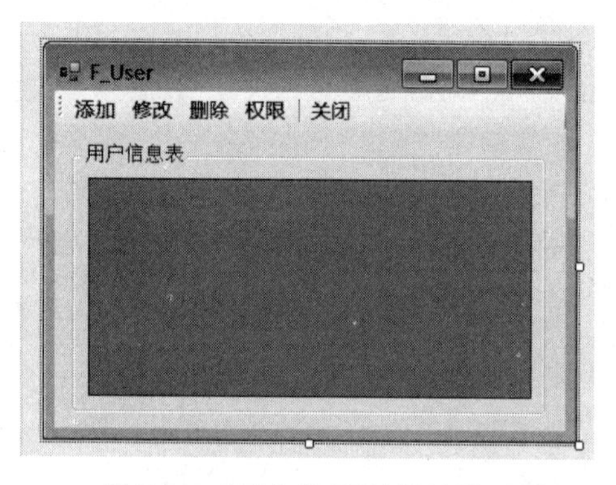

图 7-56 “用户管理”的设计界面

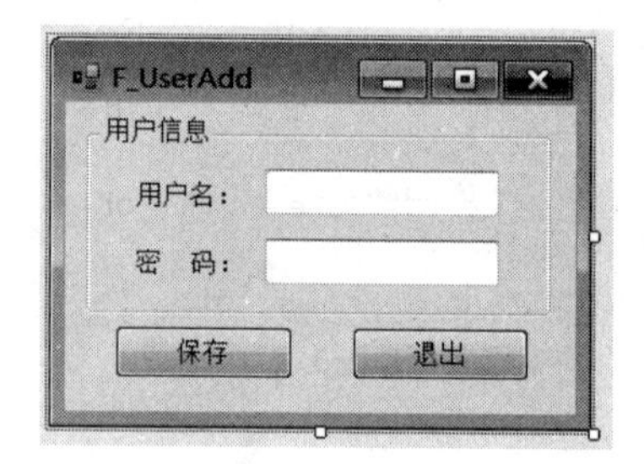

图 7-57 “添加/修改”用户信息的设计界面

单击“权限”命令，将会弹出“修改用户权限”的设计界面，如图 7-58 所示。

图 7-58 “修改用户权限”的设计界面

1. 设计界面

用户管理界面的设计步骤为：在界面中拖入 1 个 ToolStrip 控件，添加 5 个 ToolStripButton 控件。再拖入 1 个 GroupBox 控件，用于“用户信息表”选项组。然后拖入 1 个 DataGridView 控件。

“添加/修改用户信息”界面的设计步骤为：拖入 1 个 GroupBox 控件，然后拖入 2 个 Label 控件，再拖入 2 个 TextBox 控件。最后拖入 2 个 Button 控件，用作“保存”和“退出”按钮。

2. 编写代码

(1) 首先定义用户管理窗体的公共变量，如代码 7-103 所示。

代码 7-103　定义用户管理窗体的公共变量。

```
DataClass.MyMeans MyDataClass=new renshi.DataClass.MyMeans();
public static DataSet MyDS_Grid;
```

(2) 编写用户管理窗体的 Form_Load 事件，如代码 7-104 所示。

代码 7-104　用户管理窗体的 Form_Load 事件。

```
private void F_User_Load(object sender,EventArgs e)
{
    MyDS_Grid=MyDataClass.getDataSet("select ID as 编号,Name as 用户名 from tb_
    Login","tb_Login");
    DataGridView1.DataSource=MyDS_Grid.Tables[0];
}
```

(3) 编写用户管理窗体的 DataGridView 控件的 CellEnter 事件，如代码 7-105 所示。

代码 7-105　DataGridView 控件的 CellEnter 事件。

```
private void DataGridView1_CellEnter(object sender,DataGridViewCellEventArgs e)
{
    if (DataGridView1.RowCount>1)
    {
        ModuleClass.MyModule.User_ID=dataGridView1[0,
        DataGridView1.CurrentCell.RowIndex].Value.ToString();
        ModuleClass.MyModule.User_Name=dataGridView1[1,
        DataGridView1.CurrentCell.RowIndex].Value.ToString();
        tool_UserAmend.Enabled=true;
        tool_UserDelete.Enabled=true;
        tool_UserPopedom.Enabled=true;
    }
    else
    {
        ModuleClass.MyModule.User_ID="";
        ModuleClass.MyModule.User_Name="";
        tool_UserAmend.Enabled=false;
```

```
                tool_UserDelete.Enabled=false;
                tool_UserPopedom.Enabled=false;
            }
        }
```

(4) 双击"添加"按钮,进入该按钮的单击事件,编写程序如代码 7-106 所示。该事件将打开"添加/修改用户信息"的界面。

代码 7-106 "添加"按钮的单击事件。

```
private void tool_UserAdd_Click(object sender,EventArgs e)
{
    PerForm.F_UserAdd FrmUserAdd=new F_UserAdd();
    FrmUserAdd.Tag=1;
    FrmUserAdd.Text=tool_UserAdd.Text+"用户";
    FrmUserAdd.ShowDialog(this);
}
```

(5) 双击"修改"按钮,进入该按钮的单击事件,编写程序如代码 7-107 所示。该事件将打开"添加/修改用户信息"的界面。

代码 7-107 "修改"按钮的单击事件。

```
private void tool_UserAmend_Click(object sender,EventArgs e)
{
    if (ModuleClass.MyModule.User_ID.Trim()=="0001")
    {
        MessageBox.Show("不能修改超级用户.");
        return;
    }
    PerForm.F_UserAdd FrmUserAdd=new F_UserAdd();
    FrmUserAdd.Tag=2;
    FrmUserAdd.Text=tool_UserAmend.Text+"用户";
    FrmUserAdd.ShowDialog(this);
}
```

(6) 双击"删除"按钮,进入该按钮的单击事件,编写程序如代码 7-108 所示。

代码 7-108 "删除"按钮的单击事件。

```
private void tool_UserDelete_Click(object sender,EventArgs e)
{
    if (ModuleClass.MyModule.User_ID !="")
    {
        if (ModuleClass.MyModule.User_ID.Trim()=="0001")
        {
            MessageBox.Show("不能删除超级用户.");
            return;
        }
        MyDataClass.getsqlcom("Delete tb_Login where ID='"+
        ModuleClass.MyModule.User_ID.Trim()+"'");
```

```
        MyDataClass.getsqlcom("Delete tb_UserPope where ID='"+
        ModuleClass.MyModule.User_ID.Trim()+"'");
        MyDS_Grid=MyDataClass.getDataSet("select ID as 编号,Name as 用户名 from
        tb_Login","tb_Login");
        DataGridView1.DataSource=MyDS_Grid.Tables[0];
    }
    else
        MessageBox.Show("无法删除空数据表.");
}
```

(7) 双击“权限”按钮，进入该按钮的单击事件，编写程序如代码 7-109 所示。

代码 7-109　“权限”按钮的单击事件。

```
private void tool_UserPopedom_Click(object sender,EventArgs e)
{
    if (ModuleClass.MyModule.User_ID.Trim()=="0001")
    {
        MessageBox.Show("不能修改超级用户权限.");
        return;
    }
    F_UserPope FrmUserPope=new F_UserPope();
    FrmUserPope.Text="用户权限设置";
    FrmUserPope.ShowDialog(this);
}
```

(8) 定义添加修改用户信息界面的公共变量，程序如代码 7-110 所示。

代码 7-110　添加修改用户信息界面的公共变量。

```
DataClass.MyMeans MyDataClass=new renshi.DataClass.MyMeans();
ModuleClass.MyModule MyMC=new renshi.ModuleClass.MyModule();
public DataSet DSet;
public static string AutoID="";
```

(9) 编写“添加/修改用户信息”窗体的 Form_Load 事件，程序如代码 7-111 所示。

代码 7-111　“添加/修改用户信息”窗体的 Form_Load 事件。

```
private void F_UserAdd_Load(object sender,EventArgs e)
{
    if ((int)this.Tag==1)
    {
        text_Name.Text="";
        text_Pass.Text="";
    }
    else
    {
        string ID=ModuleClass.MyModule.User_ID;
        DSet=MyDataClass.getDataSet("select Name,Pass from tb_Login where ID='"
        +ID+"'","tb_Login");
        text_Name.Text=Convert.ToString(DSet.Tables[0].Rows[0][0]);
```

```
        text_Pass.Text=Convert.ToString(DSet.Tables[0].Rows[0][1]);
    }
}
```

(10) 双击"保存"按钮,进入该按钮的单击事件,程序如代码 7-112 所示。

代码 7-112　"保存"按钮的单击事件。

```
private void button1_Click(object sender,EventArgs e)
{
    if (text_Name.Text=="" && text_Pass.Text=="")
    {
        MessageBox.Show("请将用户名和密码添加完整.");
        return;
    }
    DSet=MyDataClass.getDataSet("select Name from tb_Login where Name='"+text_
    Name.Text+"'","tb_Login");
    if ((int)this.Tag==2 && text_Name.Text==ModuleClass.MyModule.User_Name)
    {
        MyDataClass.getsqlcom("update tb_Login set Name='"+text_Name.Text+"',
        Pass='"+text_Pass.Text+"' where ID='"+ModuleClass.MyModule.User_ID+
        "'");
        return;
    }
    if (DSet.Tables[0].Rows.Count>0)
    {
        MessageBox.Show("当前用户名已存在,请重新输入.");
        text_Name.Text="";
        text_Pass.Text="";
        return;
    }
    if ((int)this.Tag==1)
    {
        AutoID=MyMC.GetAutocoding("tb_Login","ID");
        MyDataClass.getsqlcom("insert into tb_Login (ID,Name,Pass) values('"+
       AutoID+"','"+text_Name.Text+"','"+text_Pass.Text+"')");
        MyMC.ADD_Pope(AutoID,0);
        MessageBox.Show("添加成功.");
    }
    else
    {
        MyDataClass.getsqlcom("update tb_Login set Name='"+text_Name.Text+"',
        Pass='"+text_Pass.Text+"' where ID='"+ModuleClass.MyModule.User_ID +
       "'");
        if (ModuleClass.MyModule.User_ID==DataClass.MyMeans.Login_ID)
            DataClass.MyMeans.Login_Name=text_Name.Text;
        MessageBox.Show("修改成功.");
    }
    this.Close();
}
```

项目小结

本项目设计制作了一个企业人事管理系统，通过本项目的设计制作，让读者掌握 C# 开发数据库系统的流程，以及编写数据库应用程序的方法。在各功能的代码设计上，展示了 C# 语言的各种用法，以及与控件的配合应用，重点介绍了 C# 操作控件、读写数据库的各种方法。读者可以根据本项目举一反三，在设计类似项目时，参考本项目的设计思路和部分功能的界面及代码。

项目拓展

本项目设计制作的是企业人事管理系统，读者可以根据项目特点，模仿设计制作一个学生档案管理系统，从数据库设计、整体功能设计到详细设计，练习软件的开发流程。